"十二五""十三五"国家重点图书出版规划项目

新 能 源 发 电 并 网 技 术 丛 书

葛维春　邢作霞　朱建新 等　编著

固体电蓄热及
新能源消纳技术

U0238244

中国水利水电出版社

www.waterpub.com.cn

·北京·

内 容 提 要

本书为《新能源发电并网技术丛书》之一，共有 7 章，第 1 章分析了"三北地区"弃风限电状况和各类储能系统特点及固体电蓄热系统特点与应用情况；第 2 章介绍了电蓄热装置研制技术中的材料遴选和匹配设计方法；第 3 章介绍了固体电蓄热系统的热力计算与设计方法；第 4 章基于多物理场耦合原理，对电蓄热结构体耦合建模与分析方法进行了介绍；第 5 章介绍了系统运行控制策略；结合调度和弃风消纳技术，分别在第 6 章和第 7 章阐述了基于柔性负荷特征的新能源消纳技术和多域新能源调度监控技术。书中融合了理论研究和工程测试验证技术，阐述了全面的柔性负荷固体电制热储能设备的研发和新能源消纳动态调度技术，可指导实际工程应用设计和应用基础理论研究。

本书可作为从事相关专业的研究和工程技术人员参考使用，也可为新能源专业的教师和学生提供借鉴。

图书在版编目（CIP）数据

固体电蓄热及新能源消纳技术 / 葛维春等编著. --
北京 ：中国水利水电出版社，2018.12
　　（新能源发电并网技术丛书）
　　ISBN 978-7-5170-7262-1

Ⅰ．①固… Ⅱ．①葛… Ⅲ．①新能源－发电－电力工
程 Ⅳ．①TM61

中国版本图书馆CIP数据核字（2018）第297672号

书　　　名	新能源发电并网技术丛书 **固体电蓄热及新能源消纳技术** GUTI DIAN XURE JI XIN NENGYUAN XIAONA JISHU
作　　　者	葛维春　邢作霞　朱建新　等 编著
出版发行	中国水利水电出版社 （北京市海淀区玉渊潭南路 1 号 D 座　100038） 网址：www.waterpub.com.cn E-mail：sales@waterpub.com.cn 电话：（010）68367658（营销中心）
经　　　售	北京科水图书销售中心（零售） 电话：（010）88383994、63202643、68545874 全国各地新华书店和相关出版物销售网点
排　　　版	中国水利水电出版社微机排版中心
印　　　刷	北京瑞斯通印务发展有限公司
规　　　格	184mm×260mm　16 开本　14.75 印张　331 千字
版　　　次	2018 年 12 月第 1 版　2018 年 12 月第 1 次印刷
定　　　价	**56.00 元**

丛书编委会

主 任 丁 杰

副主任 朱凌志 吴福保

委 员（按姓氏拼音排序）

陈 宁 崔 方 赫卫国 秦筱迪

陶以彬 许晓慧 杨 波 叶季蕾

张军军 周 海 周邺飞

本书编委会

主　　编	葛维春	邢作霞		
副 主 编	朱建新	陈　雷	王顺江	李家珏
参编人员	于洪霞	张明远	李　媛	齐凤升
	颜　宁	邢军强	姜立兵	张宇献
	许增金	葛延峰	陈　群	

序
XU

　　随着全球应对气候变化呼声的日益高涨以及能源短缺、能源供应安全形势的日趋严峻，风能、太阳能、生物质能、海洋能等新能源以其清洁、安全、可再生的特点，在各国能源战略中的地位不断提高。其中风能、太阳能相对而言成本较低、技术较成熟、可靠性较高，近年来发展迅猛，并开始在能源供应中发挥重要作用。我国于2006年颁布了《中华人民共和国可再生能源法》，政府部门通过特许权招标，制定风电、光伏分区上网电价，出台光伏电价补贴机制等一系列措施，逐步建立了支持新能源开发利用的补贴和政策体系。至此，我国风电进入快速发展阶段，连续5年实现增长率超100%，并于2012年6月装机容量超过美国，成为世界第一风电大国。截至2014年年底，全国光伏发电装机容量达到2805万kW，成为仅次于德国的世界光伏装机第二大国。

　　根据国家规划，我国风电装机容量2020年将达到2亿kW。华北、东北、西北等"三北"地区以及江苏、山东沿海地区的风电主要以大规模集中开发为主，装机规模约占全国风电开发规模的70%，将建成9个千万千瓦级风电基地；中部地区则以分散式开发为主。光伏发电装机容量预计2020年将达到1亿kW。与风电开发不同，我国光伏发电呈现"大规模开发，集中远距离输送"与"分散式开发，就地利用"并举的模式，太阳能资源丰富的西北、华北等地区适宜建设大型地面光伏电站，中东部发达地区则以分布式光伏为主，我国新能源在未来一段时间仍将保持快速发展的态势。

　　然而，在快速发展的同时，我国新能源也遇到了一系列亟待解决的问题，其中新能源的并网问题已经成为社会各界关注的焦点，如新能源并网接入问题、包含大规模新能源的系统安全稳定问题、新能源的消纳问题以及新能源分布式并网带来的配电网技术和管理问题等。

　　新能源并网技术已经得到了国家、地方、行业、企业以及全社会的广泛关注。自"十一五"以来，国家科技部在新能源并网技术方面设立了多个"973""863"以及科技支撑计划等重大科技项目，行业中诸多企业也在新能源并网技术方面开展了大量研究和实践，在新能源并网技术方面取得了丰硕的成果，有力地促进了新能源发电产业的发展。

中国电力科学研究院作为国家电网公司直属科研单位，在新能源并网等方面主持和参与了多项国家"973""863"以及科技支撑计划和国家电网公司科技项目，开展了大量与生产实践相关的针对性研究，主要涉及新能源并网的建模、仿真、分析、规划等基础理论和方法，新能源并网的实验、检测、评估、验证及装备研制等方面的技术研究和相关标准制定，风电、光伏发电功率预测及资源评估等气象技术研发应用，新能源并网的智能控制和调度运行技术研发应用，分布式电源、微电网以及储能的系统集成及运行控制技术研发应用等。这些研发所形成的科研成果与现场应用，在我国新能源发电产业高速发展中起到了重要的作用。

本次编著的《新能源发电并网技术丛书》内容包括电力系统储能应用技术、风力发电和光伏发电预测技术、光伏发电并网试验检测技术、微电网运行与控制、新能源发电建模与仿真技术、数值天气预报产品在新能源功率预测中的应用、光伏发电认证及实证技术、新能源调度技术与并网管理、分布式电源并网运行控制技术、电力电子技术在智能配电网中的应用等多个方面。该丛书是中国电力科学研究院等单位在新能源发电并网领域的探索、实践以及在大量现场应用基础上的总结，是我国首套从多个角度系统化阐述大规模及分布式新能源并网技术研究与实践的著作。希望该丛书的出版，能够吸引更多国内外专家、学者以及有志从事新能源行业的专业人士，进一步深化开展新能源并网技术的研究及应用，为促进我国新能源发电产业的技术进步发挥更大的作用！

中国科学院院士、中国电力科学研究院名誉院长：

前　言
QIANYAN

　　储能系统是智能电网发展必不可少的支撑技术，在大规模新能源接入、分布式发电、微电网和电动汽车等应用领域将发挥重要作用。随着我国经济快速发展，我国电力系统面临着负荷增长迅速、电力波峰波谷差距增大、电网调峰能力不足、电源结构不合理等问题，经储能系统与传统发电设施、新能源发电相结合，是有效解决新能源弃风、弃光和环境恶化问题，维护电力系统稳定的重要手段。

　　依据当前储能技术的发展现状，接入电力系统的大容量储能主要集中于抽水蓄能、电池储能、电蓄热储能以及压缩空气储能等，可平衡电力系统的新能源等波动电源进行调峰、调频。随着技术发展和原材料的创新性应用，电蓄热储能技术凭借其超大容量、低成本、高可靠性、电热解耦长时调峰特性等优势脱颖而出，成为新能源消纳的重要方式。

　　大容量蓄热的电-热联合系统，考虑电源和电能负荷（电、热负荷）的匹配，结合调度系统的 AGC 动态弃风控制，调节能力和灵活性强，能够有效解决弃风消纳和电力系统调峰等问题。目前国内针对大容量电热储能方式，如相变材料蓄热、固态蓄热、高压水储热等技术都开展了一定研究，电热解耦和联合运行模式的初期探索，以固态非金属材料（如氧化镁）等为蓄热介质的显热蓄热已达到较高水平。以大容量高电压固态蓄热柔性负荷为基础的电—热联合动态弃风调控系统，成功地解决了我国新能源发展中的弃风限电消纳问题。在东北地区，结合清洁供暖取得了显著成效，体现出大容量、高可靠性、高效能、低成本的明显优势。

　　本书首先针对我国清洁能源的消纳情况，分析了"三北地区"弃风限电状况和各类储能系统特点及固体电蓄热系统特点与应用情况，分别对大容量固体电蓄热装置的研制技术与接入电网调峰技术进行了介绍。针对设备研制技术中的材料遴选和匹配设计进行了描述，介绍了固体电蓄热系统的热力计算与设计方法，基于多物理场耦合原理，对电蓄热结构体耦合建模与分析方法进行了介绍，并阐述了系统运行控制策略。结合调度和弃风消纳技术，分别阐述了基于柔性负荷特征的新能源消纳技术和多域新能源调度监控技术。书中融合了材料创新技术、传热分析与多物理场耦合建模仿真技术，并引入实际工程算例和试验、验证方法，阐述了全面的柔性负荷设备研发和动态调度技术，可指导实际工程应用设计和应用基础理论研究。

本书由葛维春、邢作霞主编，策划并审核了书籍的主要章节和相关内容；朱建新、陈雷、王顺江、李家珏为副主编，在系统应用、装置结构设计、新能源消纳调度技术方面做了主要工作。

此外，颜宁参与编写了第1章；陈雷、张明远参与编写了第2章和第3章；陈雷、齐凤升、邢军强参与编写了第4章；于洪霞、张宇献参与编写了第5章；李媛负责全书校核工作。姜立兵为本书提供了具体工程案例和运行数据。

本书在编写过程中还得到了许增金老师和赵海川、樊金鹏、董佳仪、杨成祥、张雪平等硕士研究生们的大力支持，参与了部分内容的编写、文字录入及查图绘制工作；同时得到沈阳世杰集团、沈阳兰昊新能源科技有限公司等的大力支持，在此向他们表示感谢。书中另外参考了众多文献，在此向其作者一并表示感谢。

限于作者水平和实践经验有限，书中难免有不足和待改进之处，恳请读者批评指正。

作者

2018 年 11 月

序

前言

第1章　绪论 ··· 1

1.1　清洁能源发展现状 ·································· 1

1.2　典型储能技术 ··· 10

1.3　固体电蓄热技术 ····································· 26

1.4　本章小结 ·· 33

参考文献 ··· 33

第2章　高温固体电蓄热系统的材料应用技术 ········ 35

2.1　蓄热材料 ·· 35

2.2　电热材料 ·· 47

2.3　电热元件与蓄热材料传热适配性建模与分析 ···· 52

2.4　本章小结 ·· 59

参考文献 ··· 59

第3章　固体电蓄热系统设计与计算 ················· 61

3.1　固体电蓄热系统 ····································· 61

3.2　固体电蓄热系统热力计算方法 ·············· 64

3.3　固体电蓄热系统设备选型计算与经济性分析 ···· 89

3.4　固体电蓄热系统试验验证 ····················· 96

3.5　本章小结 ·· 104

参考文献 ··· 105

第4章　固体电蓄热系统多物理场耦合建模与分析 ···· 106

4.1　固体电蓄热系统计算流体力学仿真方法 ·········· 106

4.2　固体电蓄热系统多物理场耦合建模 ········ 110

4.3　多物理场耦合仿真实例分析 ·················· 120

4.4　本章小结 ·· 138

　　　参考文献 ……………………………………………………………………… 139

第 5 章　固体电蓄热系统运行控制策略 ……………………………………… 140

　　5.1　单体固体电蓄热系统运行控制原理 ……………………………………… 140

　　5.2　基于天气预报的蓄热量预测模型 ………………………………………… 145

　　5.3　基于天气预报的前馈加反馈的温度模糊控制策略 ……………………… 150

　　5.4　运行数据分析与控制策略验证 …………………………………………… 155

　　5.5　本章小结 …………………………………………………………………… 161

　　　参考文献 ……………………………………………………………………… 161

第 6 章　基于大容量固体电蓄热柔性负荷控制的新能源消纳技术 ………… 163

　　6.1　固体电蓄热柔性负荷特性 ………………………………………………… 163

　　6.2　固体电蓄热柔性负荷控制策略 …………………………………………… 170

　　6.3　基于固体电蓄热负荷的新能源消纳模型 ………………………………… 175

　　6.4　含固体电蓄热负荷电网的新能源消纳模型验证 ………………………… 177

　　6.5　本章小结 …………………………………………………………………… 181

　　　参考文献 ……………………………………………………………………… 181

第 7 章　含固体电蓄热电网的调度技术与多域新能源消纳 ………………… 183

　　7.1　多区域电网的频率控制 …………………………………………………… 183

　　7.2　含固体电蓄热与新能源发电的电网调度策略 …………………………… 190

　　7.3　面向大容量固体电蓄热的多域新能源消纳系统 ………………………… 196

　　7.4　新能源消纳全过程监控及验证平台 ……………………………………… 200

　　7.5　本章小结 …………………………………………………………………… 203

　　　参考文献 ……………………………………………………………………… 203

附录 ……………………………………………………………………………… 205

　　附录 A　各地区温度参数 ……………………………………………………… 205

　　附录 B　水及水蒸气焓值表 …………………………………………………… 214

　　附录 C　设备选型表 …………………………………………………………… 215

　　附录 D　居民供暖面积测算 …………………………………………………… 216

　　附录 E　换热风机参数型号 …………………………………………………… 218

　　附录 F　常用保温材料热物理性能计算参数 ………………………………… 220

　　附录 G　商品电热合金线材计算用数据表 …………………………………… 221

第1章 绪 论

1.1 清洁能源发展现状

1.1.1 世界清洁能源总体消纳情况

进入 21 世纪，人类正面临着资源和环境的严峻考验，大力发展清洁能源和实现经济社会可持续发展已成为当今世界的主流认识。如今，全球能源仍处于石油时代，其中：中东地区清洁能源的份额非常低，天然气及原油占主导地位；中南美洲由于水电比例较高，清洁能源发展迅速；欧洲由于光伏和生物质资源丰富，清洁能源份额非常高，利用率很高。

21 世纪初，全球清洁能源总装机容量约为 388GW，其中：风电为 193GW，小水电为 80GW，生物质和废物能源发电为 65GW，太阳能发电为 43GW，地热发电为 7GW，海洋能发电为 0.27GW。至 2016 年，全球清洁能源（核电＋水电＋新能源发电）的平均水平为 14.6%，我国的清洁能源份额为 13.0%，低于世界平均水平，也比美国低 14.7%。但我国的清洁能源发展很快，从 2012 年到 2016 年，当世界清洁能源发展平均水平增长 1.5% 时，我国增长了 3.7%，而美国仅增长 1.2%，我国加快了清洁能源高效利用的脚步。全球典型清洁能源发电量排行如图 1-1 所示。

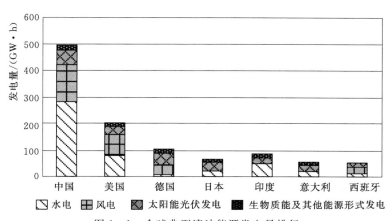

图 1-1 全球典型清洁能源发电量排行

截至 2017 年年底，美国风电装机容量接近 90GW，其中大部分是在过去 15 年安装并网的，美国风力发电占国内发电总量的 6.3%，其中爱荷华州占全国风力发电量的

37%，高于美国其他州。美国能源部估计，未来 30 年，美国风电装机容量将从 90GW 增加到 400GW 以上。

21 世纪初，德国太阳能利用的领导地位继续得到巩固，太阳能发电装机容量达到 18GW。此后，德国对清洁能源的投资也集中在小型屋顶太阳能项目上，其中 88% 的投资涉及太阳能技术，83% 的投资用于小规模太阳能项目。

截至 2016 年年底，全球水电、风电和光伏发电等可再生能源发电装机容量达 18.9 亿 kW，约占总装机容量的 30.6%。其中，欧洲和东亚是可再生能源发展程度较高的两个地区。

我国已成为新能源市场的领导者，截至 2017 年年底，全国发电装机容量达到 17.7 亿 kW，其中新能源产生 38.1%，比 2012 年增长 9.6 个百分点，是历史上增长最快的时期。据我国电力协会预测，到 2020 年，我国清洁能源发电装机容量将达到 8.1 亿 kW，占总装机容量的 41%；清洁能源发电量为 2.6 万亿 kW·h，占总发电量的 32%；到 2030 年，我国清洁能源发电装机容量将达到 15.2 亿 kW，占总装机容量的 50%，清洁能源发电量将达到 5 万亿 kW·h，占总发电量的 42%；2030 年之后，我国将不再建造新的燃煤发电厂；到 2050 年，我国清洁能源发电装机容量将达到 24.8 亿 kW，占总装机容量的 62%，清洁能源发电量将达到 8.1 万亿 kW·h，占总发电量的 58%。未来几十年，我国将持续保持清洁能源的快速增长，发电和输电技术继续维持国际先进水平。

1.1.2 我国清洁能源总体消纳情况

近年来，我国清洁能源快速发展，装机容量和发电量逐年大幅提高，截至 2017 年年底，我国清洁能源装机容量达 6.85567 亿 kW，占总装机容量（17.76 亿 kW）的 38.6%，其中水电 3.41 亿 kW（占 19.20%），风电 1.64 亿 kW（占 9.23%），太阳能发电 1.30 亿 kW（占 7.32%），核电 3580.7 万 kW（占 2.02%），生物质发电 1476 万 kW（占 0.83%），地热能、海洋能等其他能源装机容量 3 万 kW（占 0.0017%）。2017 年，我国清洁能源发电量 19453.7 亿 kW·h，占总发电量（62758 亿 kW·h）的 31.0%，其中水电 11945 亿 kW·h（占 19.0%），风电 3057 亿 kW·h（占 4.9%），太阳能发电 1182 亿 kW·h（占 1.9%），核电 2474.69 亿 kW·h（占 3.9%），生物质发电 795 亿 kW·h（占 1.3%），地热能、海洋能发电 1.5 亿 kW·h（占 0.0024%）。2017 年，我国清洁能源消费总量可折算为 6.48 亿 t 标准煤，占一次能源消费总量（44.9 亿 t 标准煤）的 14.4%，呈现快速提升态势，在推动能源转型、防治大气污染、促进绿色发展中发挥了重要的作用。

然而，我国清洁能源在高速发展过程中，却陷入了"三弃"的困境。2016 年，全国共弃水电量 500 亿 kW·h、弃风电量 497 亿 kW·h、弃光电量 74 亿 kW·h，弃水、弃风和弃光率分别达 4.1%、17% 和 11%。"三弃"问题集中表现在：①"三弃"增长迅猛，2016 年弃水、弃风、弃光分别同比增加 76.7%、46.6%、57.4%；②"三弃"

分布集中，主要集中在华北、东北、西北"三北"和西南等地区；③清洁能源企业全面亏损，受上网消纳难和补贴不到位的双重影响，"三北"弃风、弃光严重地区的风力发电、太阳能发电及配套企业几乎全部陷入亏损状态，严重影响产业发展后劲和企业积极性。2017年，弃风419亿kW·h，同比减少78亿kW·h，弃风率13.7%，同比下降3.3个百分点；弃光73亿kW·h，弃光率6.2%，同比下降4.8个百分点；全年弃水515亿kW·h，水能利用率达到约96%。由此可以看出，我国"三弃"问题有了较大幅度的缓解，但离清洁能源健康发展的要求还有较大差距。

在清洁能源消纳难的同时，我国煤电装机容量持续增加，2016年新开工和投产煤电装机容量分别为3470万kW和4300万kW，煤电发电量保持1.3%的增长态势，当年全国煤炭消费量高达37.8亿t，加之煤炭清洁化利用程度低，燃煤导致华北等地雾霾日趋严重，清洁能源发电消纳难与燃煤污染急剧恶化之间的矛盾日益突出。清洁能源发电消纳已经不只是能源问题和经济问题，而是成为各界普遍关注的重大社会问题，必须引起高度重视。

2016年12月20日，《国务院关于印发"十三五"节能减排综合工作方案的通知》（国发〔2016〕74号）要求建立和完善以市场为导向的节能减排机制，实行合同能源管理、绿色标签认证、第三方环境污染控制。

1.1.3　"三北"地区新能源消纳情况

近年来，新能源的持续快速发展远远超过了电网的承载能力，新能源的消纳矛盾十分突出。"三北"地区自2009年以来首次出现弃风现象，2013年首次弃光，且范围逐渐扩大，弃光、弃风的电量逐年增加，2015年，弃光、弃风电量达到历史最高值，弃光、弃风电量分别为4.65亿kW·h和269.4亿kW·h，弃风率、弃光率分别达18.7%、14.9%。2016年第一季度，"三北"地区弃风总电量为145.7亿kW·h，同比增加75%，弃风比例达31%；弃光电量18.8亿kW·h，同比增加103%，弃光比例达21%。2017年，甘肃、吉林、辽宁等地弃风率分别为10.01%、20.62%、32.88%，弃风现象有所改善，但弃风率仍超过全国平均水平。"三北"地区部分省份和地区2015—2017年发电情况及弃风情况如图1-2和图1-3所示。

"三北"地区中，西北弃风最严重（占"三北"地区弃风总电量的60%），其次是东北地区（占"三北"弃风总电量的30%）。弃光、弃风的范围相对集中，弃风集中在甘肃、新疆、吉林和辽宁，总弃风率高达74%。"三北"地区部分省份和地区2015—2017年供暖期弃风情况如图1-4所示。

国家能源局数据显示，2016年，西北五省（自治区）中，甘肃、新疆风电运行形势最为严峻，弃风率分别为43.11%和38.37%。光伏发电方面，新疆、甘肃弃光率分别为32.23%和30.45%。国家电网数据显示，2016年，新疆、甘肃合计弃风电量占全网总弃风电量的61%，弃光电量占全网总弃光电量的80%。截至2016年年底，甘肃电网总装机容量为45762MW，其中风电12773MW，光伏发电6801MW，其中约90%的

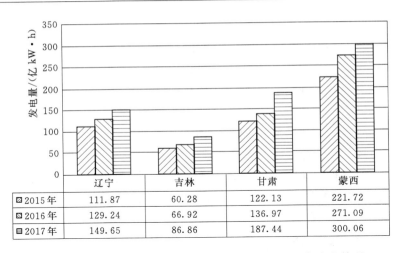

图 1-2 "三北"地区部分省份和地区 2015—2017 年发电情况

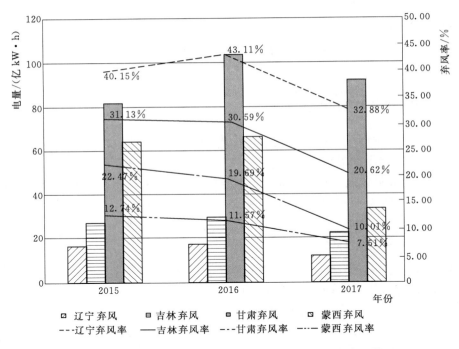

图 1-3 "三北"地区部分省份和地区 2015—2017 年弃风情况

风力发电和光伏发电集中在河西地区。2016 年甘肃省最大负荷为 13391MW，发电最大负荷为 2700MW。即使输出功率计算到负载中，装机容量与最大发电负荷之比也高达 2.84：1，电力供应严重超过需求。国家能源局西北监管局对西北地区新能源发展规划及运行进行监管，发布了《西北区域新能源发展规划及运行监管报告》（以下简称《报告》）。《报告》通过模拟评估 2020 年西北各省（自治区）新能源消纳水平，经与 2015 年情况对比，预测到 2020 年西北弃风率、弃光率仍然偏高，无法实现新能源全额消纳的目标，其中甘肃和新疆即使新建直流工程进行新能源外送消纳，甘肃弃风率、弃光率

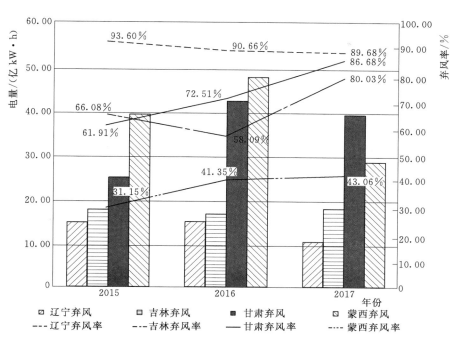

图 1-4 "三北"地区部分省份和地区 2015—2017 年供暖期弃风情况

仍然会达到 26.6% 和 29.6%，新疆弃风率、弃光率仍会达到 25.84% 和 22.38%，消纳压力较大；若不考虑新建直流工程，2020 年甘肃的弃风率和弃光率将攀升至 41.9% 和 49.1%。宁夏、青海整体弃新能源率在 10% 左右，还存在部分消纳的压力。以甘肃为例，截至 2016 年年底，甘肃电网总装机容量为 45762MW，其中，风电 12773MW，光伏发电 6801MW，甘肃省最大负荷为 13391MW，发电最大负荷为 2700MW，新能源装机容量与最大发电负荷之比高达 2.84∶1，电力供应严重超过需求。大规模集中并网的新能源受电网、电源结构和新能源运行特性的影响，使新能源消纳面临电网用电空间"装不下"、输电通道"送不完"，安全运行"裕度低"、新能源出力变化"摸不准"等重重困难。此外，受新能源随机性波动性强、网内供热机组规模逐渐增大、黄河中上游大型水电综合利用等影响，西北电网存在调峰缺口，无法满足快速增长的新能源消纳需求，网内弃风、弃光情况严重，合理地提出新能源消纳的方法，有效地提高新能源的利用率是现在迫切需要解决的问题。

截至 2015 年 10 月底，华北电网风电装机容量已经达到 3544 万 kW，同比增长 20%，占全国风电总装机容量的 33%；光伏发电装机容量 590 万 kW，同比增长 259%。新能源装机容量占比的不断提高，使新能源发电的随机波动性愈加明显，给电网运行和新能源消纳带来挑战。如位于张家口北部的沽源 500kV 变电站，每到大风季，500kV 沽太双回线有功潮流经常在 300 万 kW 以上，而最大输电能力只有 330 万 kW，严重威胁电网的安全稳定运行。

2018 年 1—6 月，东北新能源发电量 377.33 亿 kW·h，同比增长 30.24%，占各类电源总发电量的 15.32%，提高了 2.24 个百分点。其中，风电发电量 330.71 亿 kW·h，同比增长 22.37%；光伏发电量 46.62 亿 kW·h，同比增长 143.57%。截至 6 月底，东北地区新能源总装机容量达 3638 万 kW，占各类电源总装机容量的 25.62%。其中，风电装机容量 2796 万 kW，光伏装机容量 842 万 kW。光伏装机容量超过水电（813 万 kW），成为东北地区第三大电源。

通过扩大东北电力调峰辅助服务市场，积极促进热电厂灵活性改造，东北电网在新能源消纳方面取得显著成绩。2018 年上半年，东北全网新能源弃电量大幅下降，弃电量 18.72 亿 kW·h，同比减少 62.22%，其中弃风电量为 18.19 亿 kW·h，同比减少 62.48%，弃光电量 0.53 亿 kW·h，同比减少 50.62%；东北全网新能源弃电率 4.73%，同比减少近 10 个百分点。

1.1.4 其他地区清洁能源消纳情况

"十三五"期间，华中、华南及华东地区陆上风电增量将达到 4200 万 kW，海上风电增量将达到 400 万 kW，超过"三北"地区的 3500 万 kW，弃风的情况将更加严峻。

近年来，光伏发电、风电等新能源在广西迅速发展。截至 2018 年 6 月，广西光伏发电装机容量已突破 100 万 kW，达到 100.14 万 kW，同比增长 414.9%；风电装机容量 190.42 万 kW，同比增长 69.71%。2018 年上半年，广西光伏发电量达 3.73 亿 kW·h，同比增长 301.6%，风力发电达 21.07 亿 kW·h，同比增长 95.7%，为电网新能源消纳带来很大压力。

在我国西南地区，水电开发需求逐年增加。"十三五"期间，四川将安装并投入水电机组约 4100 万 kW。预计到 2020 年，四川水电装机容量将达到 116 亿 kW。虽然四川电网等已形成"四交、三通"互联模式，但如果超高压出境通道建设滞后，四川水电出境将面临严重的瓶颈。

抽水储能继续以中国西南河流为开发重点，积极有序推进大型水电基地建设，合理优化和控制中小型盆地的发展，以满足高峰负荷调节和安全稳定的需要。"十三五"期间，我国新建的抽水蓄能电站装机容量约 6000 万 kW，抽水蓄能电站投入运行安装 4000 万 kW。同时，抽水蓄能电站运行管理系统和电价形成机制应进一步合理化。

1.1.5 发展清洁能源供暖的必要性

随着我国社会工业化进程的不断加快，人口大规模向城镇化集中，工业化的发展带动了经济的腾飞，同时也给城市环境带来了极大的压力，甚至破坏。环境问题已成为一个不可避免的问题，限制并严重影响社会发展。

我国北方每年至少有 5 个月的采暖期，煤是主要的热源，冬季煤烟造成严重的空气污染，加之天气条件不利导致空气质量急剧下降。

随着风电、光伏装机容量的不断增长，我国弃风、弃光限电形势逐年加剧。截至 2016 年年底，我国风电装机容量 1.49 亿 kW，约占世界的 1/3，发电量 2100

亿 kW·h，弃风电量却达到 496 亿 kW·h，而大规模电蓄热负荷既能增加电网灵活性，又能实现清洁供暖，是促进风电消纳的有效途径。大规模固体电蓄热推广使用后，将获得更多的收益。

党的十九大报告指出，要加快生态文明体制改革，促进绿色发展，建设美好国家，就要加强环境治理，着力解决突出的环境问题。作为环境问题的重要影响因素，燃煤污染每年占我国空气污染物排放的 70% 以上，引起了全国的关注。为了满足北方冬季采暖的需求和环境保护的要求，可使用以下清洁供暖方式：

（1）天然气供暖。天然气供暖是以天然气为燃料，使用脱氮改造后的燃气锅炉等集中式供暖设施或壁挂炉等分散式供暖设施向用户供暖的方式，包括燃气热电联产、天然气分布式能源、燃气锅炉、分户式壁挂炉等，具有燃烧效率较高、基本不排放烟尘和二氧化硫的优势。截至 2016 年年底，我国北方地区天然气供暖面积约 22 亿 m^2，占总取暖面积的 11%。

（2）电供暖。电供暖是利用电力向用户供暖的方式，使用电锅炉等集中式供暖设施或发热电缆、电热膜、蓄热电暖器等分散式电供暖设施，以及各类电驱动热泵，布置和运行方式灵活，有利于提高电能占终端能源消费的比重。蓄热式电锅炉还可以配合电网调峰，促进可再生能源消纳。截至 2016 年年底，我国北方地区电供暖面积约 4 亿 m^2，占比 2%。

（3）清洁燃煤集中供暖。清洁燃煤集中供暖是对燃煤热电联产、燃煤锅炉房实施超低排放改造后（即在基准氧含量 6% 条件下，烟尘、二氧化硫、氮氧化物排放浓度分别不高于 $10mg/m^3$、$35mg/m^3$、$50mg/m^3$），通过热网系统向用户供暖的方式，包括达到超低排放的燃煤热电联产和大型燃煤锅炉供暖，环保排放要求高，成本优势大，对城镇民生取暖、清洁取暖、减少大气污染物排放起主力作用。截至 2016 年年底，我国北方地区清洁燃煤集中供暖面积约 35 亿 m^2，均为燃煤热电联产集中供暖，占比 17%。

（4）清洁能源供暖。包括地热、生物质能、太阳能、工业余热等供暖，合计供暖面积约 8 亿 m^2，占比 4%。

1）地热供暖是利用地热资源，使用换热系统提取地热资源中的热量，用以向用户供暖的方式。截至 2016 年年底，我国北方地区地热供暖面积约 5 亿 m^2。

2）生物质能清洁供暖是指利用各类生物质原料，及其加工转化形成的固体、气体、液体燃料，在专用设备中清洁燃烧供暖的方式。主要包括达到相应环保排放要求的生物质热电联产、生物质锅炉等。截至 2016 年年底，我国北方地区生物质能清洁供暖面积约 2 亿 m^2。

3）太阳能供暖是利用太阳能资源，使用太阳能集热装置，配合其他稳定性好的清洁供暖方式向用户供暖。太阳能供暖主要以辅助供暖形式存在，配合其他供暖方式使用，目前供暖面积较小。

4）工业余热供暖是回收工业企业生产过程中产生的余热，经余热利用装置换热，向用户供暖的方式。截至 2016 年年底，我国北方地区工业余热供暖面积约 1 亿 m^2。

1.1.6 典型地区新能源消纳供暖情况

随着我国北方将弃风、弃光应用到供热供暖中，有效地提高新能源利用率，东北地区风电消纳情况见表 1-1。

表 1-1 东北地区风电消纳情况

省份或地区	累计发电量/(亿 kW·h)	同比增长/%	累计弃风电量/(亿 kW·h)	弃风率/%
东北全网	517.51	19.96	72.28	12.26
辽宁	148.13	16.27	11.9	7.44
吉林	84.64	30.82	19.56	18.77
黑龙江	108.01	22.92	17.5	13.94
蒙东	176.73	16.68	23.33	11.66

以辽宁某地区为例，2017 年电网风电消纳措施多元化，在负荷增长、联络线支援、核电合理性调整、火电深度调峰、大容量电蓄热灵活性等措施方面，对风电消纳做出相应贡献，风电消纳现状得到改善，具体情况如下：

（1）辽宁电网电源格局。2017 年，辽宁电网水电、火电、核电、风电、太阳能发电等各类电源发电量分布如图 1-5 所示，其中风电、太阳能发电、核电、水电等清洁能源发电量高达 442.3 亿 kW·h，约占全网的 25%。

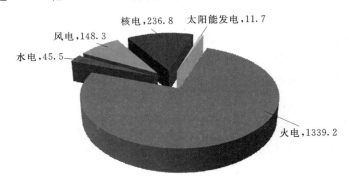

图 1-5 2017 年辽宁电网各类电源发电量分布（单位：亿 kW·h）

辽宁电网 2016—2017 年新能源利用小时数变化情况如图 1-6 所示。

（2）辽宁电网新能源消纳情况。2017 年，辽宁电网累计弃风电量 11.9 亿 kW·h，弃风率 7.43%。其中，调峰占弃风电总量的 97.65%，而电网限制占弃风总电量的 2.35%。全年未发生弃光。风电日最大接纳功率 535 万 kW，同比增长 6.5%，占全省供电负荷的 29%；日最大接纳电量 1.07 亿 kW·h，同比增长 5.9%，占当日全口径用电量的 25%。光伏发电日最大接纳功率 78 万 kW，日最大接纳电量 592 万 kW·h。

预计至 2018 年年底，风电发电量 147 亿 kW·h，同比减少 1.3 亿 kW·h，发电率同比降低 0.88%，利用小时数 1960h，比同期减少 180h。弃风电量达 11.6 亿 kW·h，同比下降了 3200 万 kW·h；弃风率 7.31%，同比降低 2.68%，同比降低 0.12 个百分点。辽宁电网 2018 年风电受阻电量分布如图 1-7 所示。

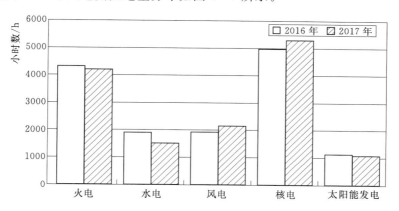

图 1-6　辽宁电网 2016—2017 年新能源利用小时数变化情况

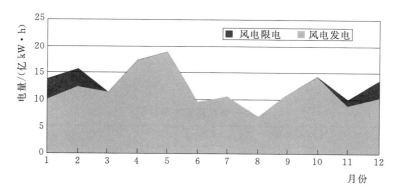

图 1-7　辽宁电网 2018 年风电受阻电量分布图

（3）辽宁电网消纳措施贡献情况。

1）负荷增长方面，为辽宁消纳提供了刚性空间。2017 年供电量完成 1820.75 亿 kW·h，较 2016 年增加 92.14 亿 kW·h，同比增长 5.33%。

2）核电合理性互补调整。2017 年，核电发电量 236.8 亿 kW·h，同比增长 18.5%，占总发电量的 13.3%，核电共参与阶段性出力调整 62 台次，合计调整电量 19.95 亿 kW·h。

3）联络线跨区支援消纳。通过联络线支援吉林、黑龙江及蒙东地区风电消纳。日前联络线计划（发电曲线）支援累计多消纳风电 131.5 亿 kW·h。在此基础上，联络线日内支援共计 376 次，最大支援电力 356 万 kW，累计多消纳风电 9.9 亿 kW·h。合计支援东北区域其他省区多接纳风电 141.4 亿 kW·h。

4）基于大容量蓄热的热电机组灵活性改造。2017 年计划改造 21 台机组，实际完成 11 台，增加调峰能力 112 万 kW。规划到 2018 年年底，完成 7 座电厂、13 台机组改造，增加调峰能力 106 万 kW。弃风小时数按 300h 计算，2017 年多消纳弃风电量 3.36

亿 kW·h，2018 年多消纳弃风电量 3.18 亿 kW·h。

综上所述，2017 年，辽宁电网通过多元消纳措施的应用，风电弃风现状得到改善，同时，随着火电机组灵活性改造工作的推进，低谷调峰形势有所改善，供暖期风电消纳能力明显提升，但大风日的局部时段，风电受限问题仍然存在。2018 年辽宁电网全年平均峰谷差 412 万 kW，最大峰谷差 579 万 kW，消纳问题依然严峻，亟须开展基于大容量蓄热的源-网-荷协同消纳技术研究，从根本上解决清洁能源消纳问题。

1.2 典型储能技术

1.2.1 典型储能技术的分类

能量存储技术的发展随着电力工业发展中的问题而发展，不能存储电能本身，但可以通过将电能转换为化学能、机械能或电磁能来存储。不同的储能方式可分为机械储能、电化学储能、电磁储能和电蓄热储能等，其中：机械储能主要包括抽水蓄能、压缩空气储能、飞轮储能等，电化学储能主要包括锂离子电池储能、全钒液流电池储能、钠硫电池储能等，电磁储能主要包括超导储能（SMES）、超级电容器储能等，电蓄热储能主要包括显热蓄热、相变蓄热和热化学蓄热等。电力系统储能的具体应用见表 1-2。

表 1-2　　　　　储能在电力系统中的应用

储能类型	持续时间	额定功率	应用途径	优 点	缺 点
抽水蓄能	4~10h	100~2000MW	辅助削峰填谷，黑启动和备用电源等	容量大，功率大，成本低	受地理条件限制
压缩空气储能	1~20h	10~300MW	备用电源，黑启动等	容量大，功率大，成本低	受地理条件限制
飞轮储能	1s~30min	5kW~10MW	提高电力系统稳定性，电能质量调节等	寿命长，功率密度高	能量密度低
锂离子电池储能	数小时	100kW~100MW	平滑功率输出波动，削峰填谷辅助	能量密度高，容量大，能量转换效率高，功率密度高	制造成本高，寿命短
全钒液流电池储能	1~20h	5kW~100MW	平滑功率输出波动，削峰填谷辅助	容量大，寿命长	能量密度低，效率不高
钠硫电池储能	数小时	100kW~100MW	平滑功率输出波动，削峰填谷辅助	容量大，功率密度高，能量密度高，能量转换效率高	安全性问题
超导储能	2s~5min	10kW~50MW	提高系统可靠性，电能质量调节	响应速度快	制造成本高，能量密度低
超级电容器储能	1~30s	10kW~1MW	短时电能质量调节，平滑功率输出波动	寿命长，能量转换效率高，功率密度高	能量密度低

储能类型	持续时间	额定功率	应用途径	优 点	缺 点
显热蓄热	数小时	1kW～30MW	提高系统可靠性，削峰填谷辅助	制造成本低	能量密度低
相变蓄热	数小时	100kW～30MW	提高系统可靠性，削峰填谷辅助	制造成本低	不适合于大容量蓄热
热化学蓄热	数小时	1kW～20MW	提高系统可靠性，削峰填谷辅助	储能密度高，可长期储存	成本高

由表 1-2 得到各种储能技术的功率等级及额定功率下可放电时间，如图 1-8 所示。

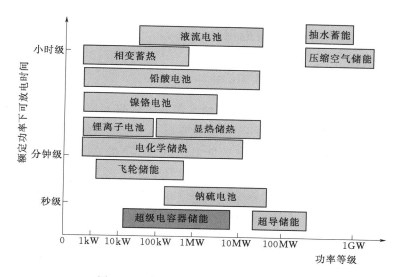

图 1-8 各种储能技术的应用领域比较

多种类型储能技术特点不同，如储能规模、储存自耗散率、运行周期、储能循环效率等都存在差异性，具体如下：

（1）储能规模。储能规模指标包括功率等级和持续放电时间/响应时间，功率等级越高、放电时间越长，储能系统的规模越大。根据各种类型电力储能系统的功率和放电时间进行比较，抽水储能和压缩空气存储适用于超过 100MW 的应用，并且能够持续提供日产量，可用于大规模能源管理，例如负载平衡、输出功率斜坡及负载跟踪等情况；液流电池、大型电池、燃料电池、太阳能电池及蓄热适用于偏中等规模能量管理。

（2）运行周期与能量自耗散率。两者是储能系统性能的具体体现指标。运行周期分为短期（小于 1h）、中期（1h 至 1 周）和长期（大于 1 周）。能量自耗散率等于储能系统自身的能量消耗除以储能总量，通过比较可知，压缩空气储能、金属-空气电池、抽水蓄能、燃料电池、太阳能电池和液流电池等的自耗散率很小，因此均适合长时间储存；铅酸电池、镍镉电池、锂离子电池、电蓄热储能等具有中等自放电率，储存时间以不超过数十天为宜；超导储能、飞轮储能、超级电容器储能每天有较高的自充电比率，只能用在最多几个小时的短循环周期。

（3）储能循环效率。储能循环效率是体现储能系统技术性能最重要的指标之一。储能系统的循环效率大致可以分为：①极高效率时，超导储能、飞轮储能、超级电容器储能和锂离子电池的循环效率超过 90%；②较高效率时，抽水蓄能、压缩空气储能、电池（锂离子电池除外）、液流电池和传统电容器的循环效率可以达到 60%～90%；③低效率时，金属-空气电池、太阳能电池、电蓄热储能的效率低于 60%。

基于热力学第一定律的储能循环效率的计算公式为

$$\eta = \frac{释放的能量}{储存的能量} \tag{1-1}$$

式（1-1）适用于能量以机械能或电磁能形式储存的储能系统。

1.2.2 典型储能技术的发展与应用

1.2.2.1 典型机械储能技术的发展与应用

抽水蓄能是机械储能的典型代表，以抽水蓄能为代表介绍机械储能技术应用的特点。抽水蓄能电站是一种特殊类型的水电站，它以一定量的水作为能量载体，通过能量转换将水的重力势能转换为电能。抽水蓄能电站是一种解决低负荷与峰值负荷之间供需矛盾的间接储能方法。抽水蓄能电站可根据自然径流条件或工厂单元的组成和功能、水库的数量和位置、发电厂的形式、水头的水位、单元的类型和规定进行分类。抽水蓄能电站主要由上水库、下水库、引水系统、车间、抽水蓄能机组等部分组成。抽水蓄能电站有抽水和发电两种工况。可逆单元通常是双机器单元，即水轮机和泵合并成机器单元，操作条件的变化取决于转轮的旋转方向：当电网负荷低或水量充足时，下水库中的水通过剩余电能被泵送到上水库，并以势能的形式储存；当电网负荷较高或水量较低时，上水库中的水被释放，驱动水轮发电机组发电并将其送至电力系统，只要地理条件合适，抽水蓄能电站就可以建造相对较大的容量。抽水蓄能电站工作原理图如图 1-9 所示。

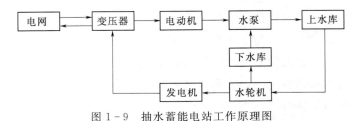

图 1-9 抽水蓄能电站工作原理图

1. 抽水蓄能技术的发展历程

欧洲最大的抽水蓄能电站是英国的 Dinoring 电站，建于 1984 年，是世界上第一个能够在短时间内满负荷运行的抽水蓄能电站。Dinoring 电站的年度经济效益相当可观，年利润可保持在 1 亿多英镑。抽水蓄能电站在电网设备中占有很高的竞争地位，具有价格低、性能高的优点。法国最大的抽水储能电站是 Grand Maison，建于 1987 年。它不仅可以调整法国电网系统的峰值负荷、填谷和储备，而且可以与国外交换 10％的电力，不仅可以稳定法国的电网，而且可以实现国际交流。

美国地域辽阔，经济发展迅速，电力需求很大，因此对抽水蓄能电站的投入巨大。在已建成的众多发电站中，有超过 20 个装机容量大于 20 万 kW 的抽水蓄能电站。1984 年，美国最大的抽水蓄能电站正式投入运营，即 Bathcoanty 电站，它使用起来非常灵活，不仅可以调峰填谷，还可以降低抽水成本，是美国电网系统不可或缺的一部分。

20 世纪 90 年代以后，日本抽水蓄能电站的发展超过了美国。日本周边海域为抽水蓄能电站的发展提供了强有力的条件。随着日本电力需求的快速增长和科技的进步，日本已建成大量抽水蓄能电站，抽水蓄能电站技术在设计、施工、管理和投资方面均位居世界第一。2016 年，日本安装了 11 个抽水储能电站，装机容量超过 100 万 kW。

与日本、美国、法国等发达国家相比，我国的抽水蓄能电站起步较晚，经过多年的努力，我国的抽水蓄能电站在设计、施工和运行管理等方面积累了丰富的经验，趋向成熟，富有成效。截至 2017 年年底，我国抽水蓄能电站装机容量已居世界第一，在运规模 2849 万 kW，在建规模 3871 万 kW，预计到 2020 年，运行总容量将达 4000 万 kW。

由于利用火力进行调峰不利于系统的节能和减排，在当前新能源消纳难的背景下，国内外学者积极研究以抽水蓄能电站联合风电场协同调控，提高风力发电、光伏发电等新能源的消纳能力，减少弃风、弃光率。在风电-抽水蓄能联合系统优化的小型仿真系统中，日本学者对风电-抽水蓄能联合系统与普通风力发电系统进行了对比分析，结果表明，风电-抽水蓄能联合系统可有效降低风电场弃风电量。

目前，我国对风储联合优化的研究尚处于起步阶段，国外学者对此进行了较为深入的研究。从电力系统规划的角度，荷兰学者对抽水蓄能电站和风电场联合运行的装机容量进行了初步研究。通过优化风储联合运行系统，确定了一定风电装机容量下抽水蓄能电站装机容量的优化方法。丹麦学者建立了风电-抽水蓄能联合系统的经济优化模型，优化了抽水蓄能电站的装机容量，最大限度地提高了风电利用率，降低了单位电价的成本。欧洲国家提出了六种不同的风电-抽水蓄能联合系统运行模式，并建立了相应的运行模式和经济评价，该模型利用抽水蓄能电站存储多余的风电，并在高峰负荷期开始抽水蓄能。

随着电力工业改革的深入，电力工业逐渐进入市场环境，风电存储系统已经将越来越多的市场经济因素考虑在内。在电力市场环境下，有学者建立了优化模型，旨在优化风电-抽水蓄能联合系统的整体经济效益。该模型将综合运行系统的经济效益与两个系统单独运行的经济效益进行了比较，并考虑了峰谷价格差异和电网的传输限制，优化了风电-抽水蓄能联合系统，验证了系统的经济可行性，分析了风电-抽水蓄能联合系统运行的电网稳定性和风电渗透率，以及潮流分布的改善效果和经济效益，建立了峰谷电价下风电-抽水蓄能联合系统的能量转换效益评估模型。通过对风电-抽水蓄能联合系统的分析，指出峰谷价格差异可以用来提高组合系统的经济效益。

2. 抽水蓄能技术的应用

抽水蓄能装置具有运行速度快、响应灵活的优点，既可以用作电源也可以用作负载。它在电网调峰、填谷、调频、改善电网运行状况和提高运行经济效益方面的作用得到了充分验证，技术成熟可靠。

抽水蓄能电站不仅是在低谷时吸收电能的用户（抽水条件），而且是在峰值负荷下提供电力的水电站（发电条件）。利用抽水蓄能电站的蓄电功能可以作为风电的调节电源，可以充分发挥抽水蓄能和风能之间的互补性，可以有效解决风电运行中的消纳问题，减少电网连接难度、电力限制和市场难度等问题。

（1）调峰功能。在白天电网负荷高峰时，抽水蓄能电站存储在上水库的水驱动水轮发电机组发电，将电能快速输送给电网，而抽水蓄能机组从停止到满负荷发电运行一般仅需 2min。另外相比于传统煤电的单向调峰，抽水蓄能调峰是双向调峰，就解决弃风问题而言，其调峰弹性要远胜煤电。且煤电只能在其自身装机能力范围内通过增减负荷来调峰，抽水蓄能电站却可以吸收过剩风电，调峰更具灵活性。

（2）填谷功能。在夜间的用电低谷，抽水蓄能电站借助多余电能，如火电站、核电站和风电场产生的电能，将水抽送到上水库储存起来，等到负荷量比较大时再进行发电。它具有启动灵活、爬坡速度快的特点，能够很好地缓解稳定性和连续性差的风电给电力系统带来的不利影响。

（3）调频功能。在设计上，抽水蓄能机组就考虑了迅速启动和跟踪负荷状态的效果。一般的抽水蓄能机组从静止到满载所花的时间很短，调节出力的速度也非常快，达到 10000kW/s，而且允许转换的次数也很多。

1.2.2.2　典型电化学储能技术的发展与应用

电化学储能系统可以快速调节接入点的有功功率和无功功率，可提高系统的稳定性，提高电源质量。当容量足够大时，它甚至可以实现调峰。随着大功率逆变技术的不断成熟和电池技术的不断发展，电化学储能系统在电力系统中的应用前景越来越广泛。

1. 电化学储能技术的发展历程

目前，发达国家都把电化学储能技术作为能源领域的战略新兴产业进行支持，并取得相应成果：由于政府政策支持和经济发展的激励，日本从 20 世纪 70 年代即开始投入大量人力和物力支持电化学储能技术的发展；在欧洲，西班牙马德里 20 世纪 90 年代后期建造了 1MW/（4MW·h）的大型铅酸电池储能系统，德国 Herne 市建造了 1.2MW/（1.2MW·h）的用于减少电网波动的铅酸电池储能电站；在美国，南加利福尼亚州于 2009 年 8 月建立了 32MW·h 的当时世界上最大的锂离子电站。

我国的储能技术也得到了广泛应用，2006 年年底，中国科学院上海硅酸盐研究所成功研制了具有自主知识产权的大容量储能用钠硫单体电池；2010 年，上海世博会上展示运行了 100kW/(800kW·h) 的钠硫电池储能装置，并建设了三个储能示范电站（漕溪站、前卫站、白银站）；2011 年 6 月，中国国际清洁能源博览会上展示了新型能源发电储能电站系列产品；2011 年 9 月，南方电网整合比亚迪环保铁电池技术在深圳龙岗建立了 3MW×4h 储能电站，同时比亚迪同国家电网合作在河北省张北县建成投产一座 140MW 的可再生能源电站，是集风力发电、光伏发电、储能、智能输电于一体的新能源综合利用平台。

电化学储能技术发展非常迅速，铅酸蓄电池储能系统是一种比较成熟的储能系统，包括由铅及其氧化物制成的电极和由硫酸溶液构成的电解质，铅酸蓄电池商业应用较为广泛，例如德国柏林 DEWAG 电厂使用的 8.5MW×1h 储能系统，以及西班牙马德里 Evidelderola 技术示范中心的 4MW×1h 系统，PREPA 在波多黎各采用的 20MW×0.7h 机组。目前最大的铅酸蓄电池储能系统是美国加利福尼亚州建造的 10MW×4h 系统，见表 1-3。

表 1-3 国内外铅酸电池储能应用一览表

安装地点	系统规模	应 用 功 能
德国柏林	8.5MW×1h	热备用，电力调峰与调频
美国加利福尼亚州	10MW×4h	热备用，平衡负荷，电能质量控制
波多黎各	20MW×0.7h	热备用，频率控制
西班牙马德里	1MW×4h	平衡负荷
德国	1.2MW×1h	削峰填谷，改善电能质量
美国得克萨斯州	36MW×0.25h	风场的调频，削峰填谷，改善电能质量

硫化钠电池具有高效率和大容量的特点，是一种新型有前途的大容量电能储能电池，具有广阔的发展前景。它的体积可以减少到普通铅酸蓄电池的 1/5，便于运输、安装和模块化制造。其效率可达 80% 以上，循环寿命可超过 6000 次。在钠硫电池的研究和应用方面，日本的相关技术处于领先地位。

锂离子电池对于电能的存储取决于阴极和阳极材料中锂离子的嵌入和脱嵌。锂离子电池储能技术近年来发展十分迅速，表 1-4 列出了国内外锂离子电池储能系统的应用情况。目前，以钛酸锂为负极的锂离子电池储能技术正成为研究和应用的热点。2008年，Altaimano 开发出 1MW 钛酸锂电池系统；2010 年，东芝使用钛酸锂作为负极材料来开发超级锂电池并已成功商业化。

表 1-4 国内外锂离子电池储能系统应用一览表

安装地点	系统规模	应 用 功 能
中国深圳	1MW×4h	改善电能质量，平抑峰值负荷，提高系统的稳定性，新能源灵活接入，削峰填谷
美国西弗吉尼亚州	32MW×0.25h	98MW 风电场的爬坡控制与频率调节
美国加利福尼亚州	8MW×4h	削峰填谷，备用电源，改善电能质量

续表

安装地点	系统规模	应用功能
美国俄勒冈州	5MW×0.25h	辅助设施，提高配电系统的可靠性，向电网提供功率支持
中国辽宁锦州塘坊风场	5MW×2h	减少弃风，提高风电场的电能质量，高接纳能力
中国张北国家风电检测中心	1MW×1h	辅助按计划曲线出力，平抑出力波动，削峰填谷
中国东莞	1MW×2h	改善电能质量，削峰填谷，备用电源

2. 电化学储能技术的应用

随着各种电化学储能技术的发展及广泛应用，储能电池将应用于电力系统的各个方面，如发电、输电、配电、使用和调度等，改变现有电力系统的生产、运输和使用方式，有助于传统电力系统向"互联互通、智能化、互动性、灵活性、安全性和可行性"的新一代电力系统改造。

（1）发电侧。锂离子电池和液流电池将成为支持新能源大规模开发的重要储能技术，推动新能源成为新一代电力系统的主要电源。截至 2017 年年底，国内风电和光伏并网容量已达 2.93 亿 kW，占全部装机容量的 17%。根据国家非化石能源发展目标和碳减排目标，减缓水电和核电装机容量，截至 2030 年年底，我国风电、光伏发电等新能源发电总装机容量应至少达到 8.8 亿 kW，新能源作为主要电源将成为我国新一代电力系统的主要特征。为此，锂离子电池和液流电池必须在短期大功率输出和快速响应性能方面取得进一步突破，有效抑制大规模新能源发电输出的波动，灵活跟踪发电计划的输出曲线，实现新能源电厂的可衡量与可控。

（2）电网侧。液流电池因其可作为大容量电网级储能电站而备受青睐，可为电网提供各种辅助服务，增强电网调度控制的灵活性和安全性。液流电池具有循环寿命长、容量大、响应速度快、安全性高的优点，预计将取代目前投入运行的锂离子储能电站，并在未来发展成 10 万 kW 以上的电网级储能电站。液流电池电网级储能电站可提供多种辅助服务，如调峰、调频和调压。同时，围绕大型能源基地、变电站、负荷中心、电网终端等领域建设大容量液流储能电站，可以充分发挥储能电站在促进电力平衡中的重要作用。

（3）用户侧。锂离子电池将成为推动分布式小型电池储能系统发展的主要技术，而新型电池可作为锂离子电池的辅助应用。未来，锂离子电池技术将进一步突破，能量密度将接近 600W·h/kg，充电时间将缩短至 30min，使用寿命将达到 15 年，满足小型分布式储能、移动电源的性能要求。新型电池可与锂离子电池组合，实现电动汽车、家用分布式储能等领域的融合应用。在未来，可以选择分布式光存储系统以独立地供电，以便为具有大潜力、电力需求小和对电网依赖性低的一些用户带来经济效益。

1.2.2.3 典型电磁储能技术的发展与应用

1. 电磁储能技术的发展历程

近几年，超导储能的研究一直是超导电力技术的热点之一。超导储能的概念在 20

世纪 70 年代一经提出，其能量存储能力便受到关注。随着技术的发展，超导储能不仅可作为一种储能装置以平衡电力系统的日负荷曲线，还可以作为一种可以参与电力系统运行和控制的有源和无功电源，通过积极参与电力系统的电力补偿提高电力系统的稳定性、输电能力和电能质量。

1969 年，Ferrier 提出了使用超导电感来存储电能的概念。20 世纪 70 年代早期，威斯康星大学应用超导中心（USC）使用超导电感线圈和三相 AC/DC Graetz 桥电路来分析和研究 Graetz 桥在储能单元和储能单元之间相互作用中的作用。为了有效地抑制波动，电力系统中广泛地应用超导储能。20 世纪 70 年代中期，LASL 和 BPA（Bonneville 电力管理局）联合开发了 30MJ/10MW 超导储能系统，并将其安装在华盛顿州塔科马市，以解决从西北太平洋到南加州的双回路 500kV 交流输电线路的低频振荡问题。BPA 电网为了提高输电线路的输电能力，采用 30MJ 超导储能系统进行性能测试，超导储能可以有效地解决 BPA 电网中从西北太平洋到南加州的双回路 500kV 交流输电线路的低频振荡问题。

1987 年，美国核防御办公室启动了 SMES - ETM 计划，开展了大容量（1～5GW·h）超导储能的方案论证、工程设计和研究。到 1993 年年底，R. Bechtel 团队建成了 500MW/（1MW·h）的示范样机，并将其安装于加利福尼亚州布莱斯，可将南加利福尼亚输电线路的负荷传输极限提高 8%。

1999 年，德国 ACCEEL、AEG 和 DEW 联合开发了 2MJ/800kW 超导储能系统，以解决 DEW 实验室敏感负载供电质量问题。日本九州电力公司已开发出 30kJ 和 3.6MJ/1MW 超导储能系统，日本中央电力公司、关西电力公司、国际超导研究中心也开展了超导储能系统研究工作。

中国科学院电气工程研究所和中国科学院合肥分院等离子体物理研究所很早就开始研究超导磁体。在超导磁体分离、磁流体推进、核磁共振甚至磁约束核聚变托卡马克磁体方面做了大量工作。进入 21 世纪，随着高温超导技术的发展，清华大学开发了 3.45kJ Bi - 2223 中小型企业超导磁体和 150kVA 的低温超导储能系统，并用它来提高实验室研究的电能质量。2005 年，华中科技大学开发出 35kJ/7.5kW 直冷 HTS 超导储能系统原型，开发了基于超导储能的限流器方案和实验样机，并于 2006 年启动了 1MJ/0.5MVA 高温超导储能系统的研究项目。

超级电容器的开发始于 20 世纪 80 年代。Helmholz 于 1879 年发现了电化学双层界面的电容特性，并提出了双层理论。1957 年，贝克尔获得了第一个高比表面积活性炭电化学电容器作为电极材料的专利（提出小型电化学电容器可用作储能装置）。1962 年，标准石油公司生产了一种以活性炭作为电极材料和硫酸水溶液作为电解质的 6V 型超级电容器。1979 年，NEC 开始为电动汽车的启动系统生产超级电容器，并开始大规模商业化应用电化学电容器，并由此提出了超级电容器的概念。几乎同时，松下研究了使用活性炭作为电极材料和有机溶液作为电解质的超级电容器。此后，随着材料和关键技术的突破，超级电容器的质量和性能稳步提高，超级电容器已大规模工业化。

超级电容器的工业化始于 20 世纪 80 年代。20 世纪 90 年代，Econd 和 ELIT 推出了适用于大功率启动应用的电化学电容器。松下、NEC、爱普科斯、麦克斯韦、NESS 等公司都非常积极地开展超级电容器研究。目前，美国、日本和俄罗斯的产品几乎占据了整个超级电容器市场，每个国家在产品性能和价格方面都有自己的特点和优势。自问世以来，超级电容器已被世界上许多国家广泛接受，全球的需求快速扩张，已成为化学电源领域的新兴产业亮点。根据美国能源管理局的数据，超级电容器的市场容量从 2007 年的 40 亿美元增加到 2013 年的 120 亿美元。2013 年我国超级电容器的市场容量达到 31 亿元。

2. 电磁储能的应用

电磁储能主要是指利用电磁超导现象、超级电容器进行能量的存储和释放的技术，主要包括超导储能、超级电容器储能，性能对比见表 1-5。

表 1-5　　　　　　　　　　　　　电 磁 储 能 性 能 对 比

分 类	优 点	缺 点
超导储能	功率大，反应快，易维护	制造成本高，材料研制滞后
超级电容器储能	寿命长，充电时间短，功率密度高，可靠性高	能量密度低，生产成本高

超导储能是一种使用超导线圈直接存储电磁能量并在需要时将其返回电网或其他负载的电力设施。它通常由超导线圈、低温容器、制冷装置、转换器和测量与控制系统组成。

超导储能可用于调节电力系统的峰值和谷值（例如，当电网负荷较低时存储多余的能量，并在电网负荷达到峰值时将存储的能量发送回电网）减少甚至消除电网的低频功率振荡，以改善电网的电压和频率特性。同时，它还可用于调节无功功率和功率因数，以提高电力系统的稳定性。

超导储能因其快速响应特性而广泛应用于电力系统。其主要功能是提高电网稳定性，提高供电质量。为提高电网的稳定性，超导储能系统可以抑制电网的低频振荡，提高电网的输电能力。此外，通过向电网提供有功和无功功率，超导储能系统可以防止由发电机故障或连接到电网的重负载引起的电压降，从而稳定电压。提高供电质量主要体现在：①提高 FACTS 设备的性能；②补偿负载波动；③提高电网的对称性；④作为备用电源；⑤保护重要负荷。

超级电容器具有高功率密度和快速充放电的特点，特别适用于脉动功率操作和快速响应。超级电容器还可以与蓄电池混合使用，结合两者的优点，大大扩展应用范围，提高经济性。

超级电容器在电动汽车领域备受瞩目，并逐渐扩展到低功率电子设备、消费电子和军事领域。超级电容器还广泛应用于电力系统，如电能质量调节、风力发电和太阳能发电并网，以及大规模储能等场合。超级电容器可有效调节电能质量，缓解电压骤降、跳变和失真，实现电力系统电压动态稳定，确保系统波动时敏感负载的稳定性，典型应用是动态电压恢复器（DVR）和静态同步补偿器（STATCOM）。ABB 开发的基于超级电容器的 DVR 已成功应用于新加坡的 4MW 半导体工厂，可实现 160ms 的低电压穿越。由中国科学院电气工程研究所和无锡力豪科技有限公司共同开发的基于超级电容器的 DVR 可以实现补偿输出，大大降低 DVR 的运行成本。超级电容器储能系统也可用于控制非线性输出发电系统的有功功率波动，有效抑制直流侧过电压，为系统提供动态无功功率支持，减少对电网的影响，提高故障后机组的稳定性。因此，超级电容器可用于调节和控制风力发电和太阳能发电系统的功率输出。2005 年，美国加利福尼亚州为 950kW 风力涡轮机建造了 450kW 超级电容器储能系统，以调节从机组到电网的电力传输波动。

超级电容器作为备用电源和直流电源可应用于发电厂和变压器/配电站中的控制、保护、信号和通信设备。例如，超级电容器开关装置可克服电解电容器储能硅整流器开关装置的缺点，如容量有限、漏电流大、可靠性差等，可实现连续频繁操作，并可通过电路浮充快速充电。超级电容器还可以用作风电机组和 FTU 的备用电源，以实现快速充电和放电。使用大容量超级电容器储能元件的 DVR 设备甚至可以取代不间断电源（UPS），作为电网中短期电压中断的补救措施。清华大学与漳州科华联合开发的储能超级电容器不间断电源系统可实现双输出电压的高精度控制，允许负载输出 100% 不平衡，实现输出电压精度达 2%。

超级电容器还可以应用于大容量能量管理，例如调峰和大规模储能。特别是超级电容/电池混合储能由于投资少、运行成本低，被认为是未来储能的发展方向。在混合储能系统中，超级电容器充当滤波器，可在负载短时突变和短路的情况下提供高功率接入，平滑电池的充电和放电电流，避免大电流对电池的影响，减少充放电循环，延长储能系统的使用寿命。通过改进算法和优化容量，混合储能系统还可以有效地降低投资和运营成本。

1.2.2.4 典型电蓄热储能技术的发展及其应用

1. 典型电蓄热技术国内外发展

大规模蓄热技术的研究和应用始于 20 世纪 70 年代初。由于全球油价上涨，美国、法国、英国等发达国家出现了严重的能源危机，从而意识到了能源合理化利用的紧迫性和重要性。因此，美国率先开展了电蓄热技术研究，并开始在相关领域进行研究和开发。

我国电蓄热装置主要分布在电力系统和电力充足的地区。近年来，由于水电和核电的快速崛起，以及煤炭、石油等传统能源价格的上涨，电热蓄热装置在市场上具有很强的竞争力。随着电力峰谷之间的差距逐年扩大，为了进一步改善生活环境，国家电力部门已经出台了各种优惠政策，将电蓄热装置转变为更好的供暖形式，这是提高能源效率和保护环境的重要手段。

2. 典型电蓄热锅炉的应用

电蓄热储能技术主要包括显热储能（油、液态金属、固体非金属类等）、相变潜热储能（有机材料、无机盐等）、水蒸气蓄热、吸附蓄热、热化学蓄热等。从对比上看，显热储能容易做到大容量，且储能周期长，技术成熟度高。在高温 500℃ 以上的，储能周期达到 1d 以上的电蓄热储能方式只有熔盐类、热化学类储能。水蒸气蓄热虽也可做到大容量，储能周期也较长，但需要热水温度达到 120～300℃，且占地面积庞大。热化学蓄热在可行性上可以满足大容量、长周期储能的需求，但是目前正在研发过程中，没有商业化应用。

电蓄热储能的典型代表为电极水蓄热锅炉系统，主要由电极锅炉、储水罐、循环水泵、恒压供水设备、换热器等设备组成。其工作过程是将电能转换为热能，并将热能转移到介质中，介质（水）从低温加热至高温，然后通过循环水泵送至供热用户，释放能量，之后介质（水）从高温下降到低温，进入电极锅炉，并保持热平衡往复运动。

电极水蓄热锅炉系统的特点如下：

（1）电极水蓄热锅炉效率高达 99.8%，加热速度快。

（2）10kV 高压电直接供电，可减少变压器的初投资。

（3）可根据用户负荷变化自动实现无级调节。

（4）蓄热模式可储能高压热水，但热水罐的体积庞大，热散失率高。

电极水蓄热锅炉通常配备有两个电极板。将电极板浸入水中并通电后，可利用水电阻发热将水转化为高温水，高温水可以通过锅炉的外部热交换器储存，也可以直接用于加热用户。电极水蓄热锅炉利用水的电导直接加热，因此所有的电能都转化为热能，这与传统的锅炉不同。通过调节锅炉内水位，可实现调节运行负荷的效果。当锅炉缺水时，电极板之间的电流通道自然切断，高压电极锅炉通过调节电阻相应地调节热负荷，与传统锅炉相比，电极水蓄热锅炉系统调节范围更广，其结构如图 1-10 所示。

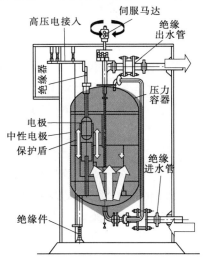

图 1-10　电极水蓄热锅炉结构图

电极水蓄热锅炉可分为喷射式和浸没式两种。具体如下：

（1）喷射式电极水蓄热锅炉通过将炉水直接喷射到电极上进行加热。交流电流从相电极流出，使用水作为导体，通过中性点流向另一相电极。由于水具有电阻，电流可直接在水中产生热量。喷射式电极水蓄热锅炉的结构如图1-11所示。

根据中央水室承压方式的不同，喷射式电极水蓄热锅炉分为承压和不承压两种类型，其中承压型的射流远且水流形状不变，可保护锅炉不受电弧放电损伤、出力控制范围更广，具体的结构对比如图1-12所示。

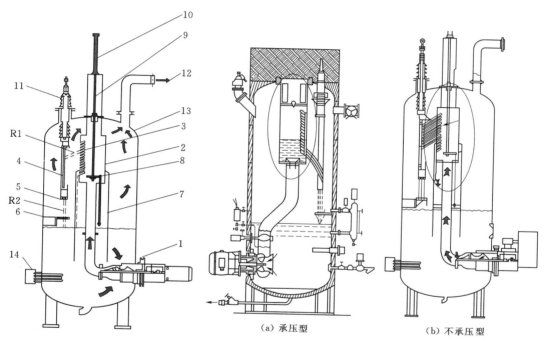

图1-11　喷射式水蓄热电极锅炉结构图
1—循环泵；2—喷嘴筒；3—喷嘴；4—电极板；5—喷嘴板；6—接地电极；7—拦截套筒；8—控制连接；9—控制轴；10—控制圆筒；11—绝缘器；12—蒸汽出口；13—锅壳；14—备用加热器；R1—高位射流；R2—低位射流

图1-12　承压型和不承压型电极水蓄热锅炉的结构对比
（a）承压型　　（b）不承压型

（2）浸没式电极水蓄热锅炉采用电极直接浸没入炉水的方式加热，通过电极加热炉水、炉内水循环、炉外给水3个环节实现，其结构如图1-13所示。

这两种电极水蓄热锅炉型式具有不同的特点及应用范围，喷射式电极水蓄热锅炉利用水的电阻特性加热，电能转化热能的效率高达100%；浸没式电极水蓄热锅炉对水质要求较高，电极浸泡于炉水中，使用寿命比喷射式电极水蓄热锅炉短。

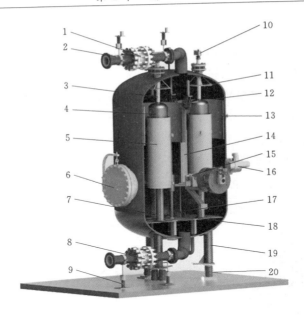

图 1-13 浸没式电极水蓄热锅炉结构图

1—出水绝缘管；2—绝缘管吊架；3—电极瓷套管；4—相电极；5—移动保护盾；
6—检查人孔；7—下部保护盾；8—回水绝缘管；9—回水绝缘管支架；10—电极
接线点；11—上部保护盾；12—保护盾滑轮组；13—零点电极；14—保护
盾保持架；15—保护盾调整装置；16—伺服马达；17—保护盾调节
导轨；18—安装底板；19—锅炉支腿；20—绝缘支柱

3. 电蓄热储能技术的应用

热电厂通过安装电蓄热设施来解决"以热定电"的限制，实现大规模调峰。热电厂配置电蓄热系统示意如图 1-14 所示。在此方案下，参与调峰的热电厂的运行机制为：①在低谷期间蓄热，并在此期间减少（甚至关闭）电力输出，参与调峰；②用电高峰时，需要配备备用锅炉，以确保在正常供暖的情况下火电机组的供热能力充足。分析表明，通过配置蓄热可以实现电-热解耦，提升系统调峰能力，增加新能源并网空间。

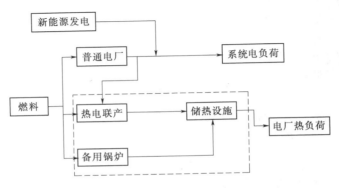

图 1-14 热电厂配置电蓄热系统示意图

通过分配蓄热量来参与调峰，可以保证热电厂的热负荷要求，同时在低负荷期间可以降低功率输出。通过灵活操作，可以提高机组的调峰能力，并可以为新能源并网提供额外空间。蓄热可以很好地抑制热负荷峰值期间的热负荷波动，减轻热负荷的压力，避免使用昂贵的热源，如尖峰锅炉；也可以在低热负荷期间储存多余的热量，以避免加热电源的关闭。

热电机组的工作原理和蓄热器的配置方案可以改变热电机组的运行特性，通过配置蓄热实现灵活运行，增加电力输出的可调范围，为新能源并网提供空间，将带有蓄热的热电机组纳入当前的电力调度系统，可以形成电力和热力综合调度系统，提高系统对新能源的接受程度。

通过使用蓄热可以实现汽轮机和蓄热器的组合运行。根据功耗，一天的电力负荷期可分为高峰期（16：00—21：00）、低谷期（23：00—5：00）和平峰期（其他时间）。汽轮机与蓄热器配合供热原理示意如图 1-15 所示。

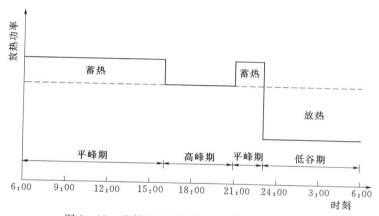

图 1-15 汽轮机与蓄热器配合供热原理示意图

图 1-15 中，在一天的电力负荷平峰期，通过增加汽轮机供热量可以使蓄热器蓄热，然后通过在蓄热器中释放热量来减少汽轮机的热量供应。夜间电力负荷低，具体的组合操作策略取决于蓄热器的最大存储和释放能力。如果蓄热器在电负荷平峰期可以存储足够的热量，则可以根据电负荷的低谷期的特定峰值需求来减小功率输出。蓄热器的补偿加热可以在电负荷的高峰期释放多余的热量。如果蓄热器的蓄热能力不足，可以在平峰期和高峰期（平峰期在高峰期之前）一起储存，然后满足低谷期的调峰需求。

当采用蓄热方案时，热电机组可以在低谷期降低其最小功率输出，由于此时正是新能源发电中风力发电高峰期，可以增加风电的消纳。采用蓄热方案前后系统消纳风电空间变化示意如图 1-16 所示。

考虑到限电负荷的不稳定性和供暖用户对稳定热源的需求，应选择具有足够容量的蓄热装置，以确保在提升风电场功率限制期间稳定的热源输出。因此，风电供暖方式一般包括大容量蓄热装置、配电装置、加热管道等部件，大容量蓄热的电热结合系统是弃风供暖加热的有效形式之一。

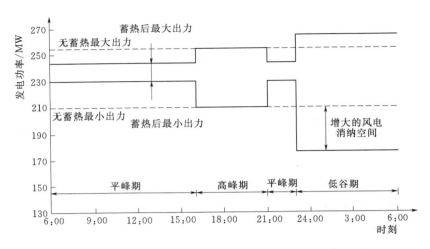

图 1-16 采用蓄热方案前后系统消纳风电空间变化示意图

（1）电-热联合系统调峰。当在电-热联合系统中考虑能量存储时，存储能量输入和输出的形式不一定都是电能。在广义能量存储（热存储/冷却）中，输入是电能，输出是终端消耗所需的热能，技术更简单，更容易满足大容量、高可靠性和低价格的大规模新能源消纳的要求。成熟的水、耐火砖等介质的显热蓄热和相变蓄热的储能效率很高，在大容量蓄热中广泛应用，电-热联合系统可以通过更简单、更经济的方式解决我国能源发展中新能源发电效率及能源消纳提升的关键问题，其机理如图 1-17 所示。

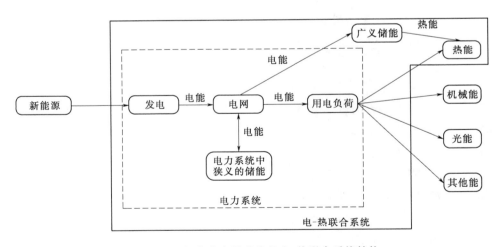

图 1-17 包含大容量蓄热的电-热联合系统结构

（2）弃风电蓄热供热调峰。电网峰值负荷调节能力不足是制约风电消纳的重要因素，储能是缓解风电热储存问题的有效措施。与飞轮储能、锂电池储能、压缩空气储能、抽水蓄能等储能方式相比，电蓄热储能在功率和容量方面具有更大的经济效益，成本为 $300\sim1000$ 美元/kW，$30\sim100$ 美元/（kW·h）。因此，如果以热能的形式使用能量，则热量储存是最佳选择。

我国政府在北方推广应用电蓄热技术并开展了项目试点，一些欧洲国家也开展了相应的研究。从电网年度弃风规律及电网蓄热运行特性可以看出，由于峰值负荷调节能力不足，低谷期，风电与电蓄热用电规律是相匹配的，导致弃风严重，如何将电蓄热供热应用于弃风消纳成为研究的重点，弃风用于电蓄热-供热电量匹配如图1-18所示，省级电网的电力负荷由省内发电①提供，在发电①侧，由于调峰能力不足，弃风将在③和④产生，可间断的电蓄热用户⑤切断连续加热电源，结合分时电价，合理利用风能。

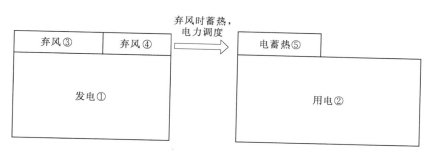

图1-18 弃风电蓄热-供热电力、电量匹配

在蓄热式电采暖端设置了一种新型的蓄热设备，其优点是占地面积小，运行安全水平高，投资成本低，并且在整个过程中平移了负荷高峰时期。按负荷运行方式调节热量的释放，建立了一个可调度、灵活的蓄热装置，可以改善电网接受间歇电热输入，是一种连续输出的新型储能装置。在省级电网调度端建立联合热电调度控制平台，在调度和蓄热之间建立信息交互网络，实现信息交互。在非高峰电力负荷，无风电接纳能力的情况下，需要控制风电输出，由调度端向蓄热站提供蓄热的信息，在很大程度上保证蓄热来自弃风电量，考虑到蓄热设备的热效率和电网风电弃风频率，蓄热设备满负荷储存的热量应保证连续供暖需求1.5~2d，具体的电蓄热示范工程示意图如图1-19所示。

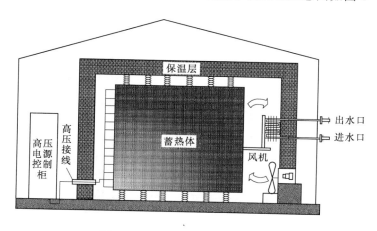

图1-19 电蓄热示范工程示意图

电热-相变蓄热系统使用 10kV 高压电直接加热蓄热体内的相变蓄热材料，加热功率 30MW，蓄热容量 120MW·h，使用空气作为导热交换介质，同时利用循环风机控制换热系统的换热，保证供热出水口热功率。整个系统占地面积约 270m²（高度约 4m）。蓄热系统热输出功率为 3.3MW，可供 10 万 m² 区域供热。

1.3 固体电蓄热技术

1.3.1 固体电蓄热装置基本介绍

现今阶段，电能是一种利用率较高的能源，具有传输方便、使用灵活、对环境无污染等优点，它在能源的利用上具有无可比拟的优越性，尤其是在采暖、供热方面，电能的优点极为明显。

固体电蓄热装置能最大化利用低谷电力，工作效率高，节约能源。固体电蓄热装置的主体是蓄热体，换热器、离心风机等构成装置的附属设备。热用户通过换热器中的热水采暖，从而实现全部或大部分使用低谷电力供热的目的。

固体电蓄热装置是一种高效、经济、节能、安全可靠、减少环境污染的新型电加热设备。利用它将夜间低谷期的电能转化成热能储存起来，用于白天高峰电时的采暖、供热，从而降低用电费用，并且在充分利用电网低谷电力、增加电力有效供给、提高电网的负荷率方面是一种非常有效的手段。

1.3.1.1 固体电蓄热装置供热过程

（1）热量产生。通电之后，机组内的加热元件产热将电能转化为热量。

（2）热量储存。热量产生后通过热交换将热能存储于固体电蓄热体中，储能温度可达到 800℃。

（3）热量控制。蓄热体外层采用高等隔热体，与外环境隔热，以防止热量散失，提高热源利用率。

（4）热量输送。被存储的热量通过变频循环风机有序对外输送。

（5）热量释放。高温空气所输送热量通过外部换热设备等以热水、热气、热油等形式对外输出。

1.3.1.2 固体电蓄热装置分类

固体电蓄热装置按照传热方式的不同可分为热水型、蒸汽型、热风型。

（1）热水型。热水型固体电蓄热装置的工作原理如图 1-20 所示。通过换热器对负荷循环水进行热交换，由负荷水泵将热水提供至末端设备中（比如风机盘管、暖气片或生活热水），达到供热目的。

（2）蒸汽型。蒸汽型固体电蓄热装置的工作原理如图 1-21 所示。通过蒸汽发生器

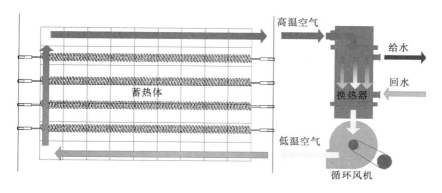

图 1-20 热水型固体电蓄热装置的工作原理

使高温空气和给水进行热交换,加热水至沸腾生成蒸汽,再由负荷水泵将蒸汽提供至末端设备中,以达到为供暖、生产提供蒸汽的目的。

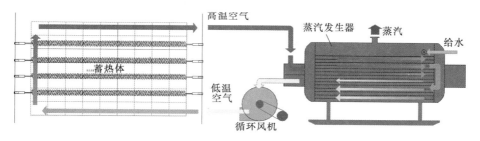

图 1-21 蒸汽型固体电蓄热装置的工作原理

(3) 热风型。热风型固体电蓄热装置的工作原理如图 1-22 所示。通过风温调控装置对空气温度进行调控,来达到生产需求的高温空气温度。

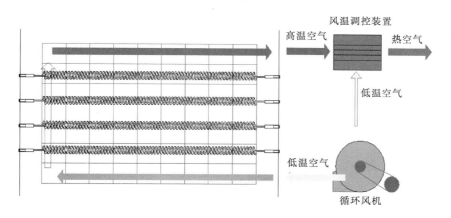

图 1-22 热风型固体电蓄热装置的工作原理

固体电蓄热装置由计算机控制,使得固体电蓄热装置的性能实现智能化、自动化、人性化,从而使装置具有稳定性高、操作简单、使用方便、控制灵活、安全无污染等优点。

1.3.1.3 固体电蓄热装置结构

固体电蓄热装置包括固体电蓄热加热装置（蓄热体、加热元件、换热器、变频风机、炉体外壳、保温等）、附属系统设备［热水循环泵、软化水设备、定压补水系统、低压配电柜、控制系统、热量计量装置及保证设备正常、安全使用的一切辅助设施（含安全底座）等］、备品备件和专用工具等，其结构如图1-23所示。

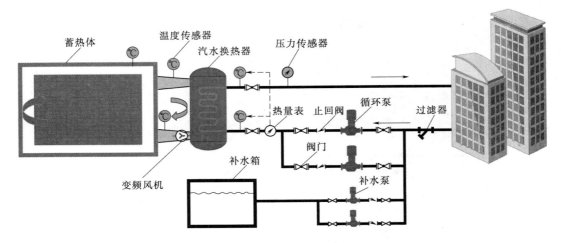

图1-23 固体电蓄热装置结构

1.3.1.4 固体电蓄热装置技术特征

（1）系统集成。模块化、智能化、集约化设计，以电热蓄能模块为基础组合单元，按用户实际需求灵活组合，并可在室内、室外及地下任意位置安装。储能密度高达500kW·h/m³。

（2）蓄热体结构。蓄热体结构的设计具有完全独立自主的知识产权，采用功能性热流体和高温离子热流体技术、专利结构设计制造的特制形体和配比的固体电蓄热材料构建而成，具有结构稳固、紧凑、耐热震等优势，最高可承受850℃高温。

（3）保温隔热技术。保温隔热层采用的是A级耐火材料，符合《绝热用硅酸铝棉及其制品》（GB/T 16400—2015）的规定。

（4）高换热效率。采用的换热系统具有传热系数高、结构紧凑、不易结垢、不易泄漏等特点。

（5）加热元件。采用高品质加热元件通电发热，加热特制的免维护蓄热材料，使用寿命超长，控制系统稳定可靠，操作简单易行。

（6）循环风道均温技术。循环风道采用双流程设计，使空气在蓄热体内的停留时间增加，提高了传热系数，均衡蓄热体内温度，增加与蓄热体热交换量。

（7）大功率发热技术。经过多次技术攻关，采用高电压直接引入发热体，避免变压器等设备的投入，且功率可达百兆瓦级。

（8）高密度热存储技术。采用可以承受高于500℃高温的高密度、高热容量的蓄热材料，由比例合理的无机盐合成材料加工成型，经高温烧结定性定型。具有体积小、热容量大、蓄热能力强、性能稳定、放热稳定等优点。储能密度高达 300kW·h/m³，比水蓄热介质高5～8倍。

（9）水电分离技术。采用独创的水电分离技术，高温蓄热器与热水输出装置之间没有直接关联。由于加热回路和蓄热器相互分离，充分保证了电力设备和加热设备相对独立运行，彻底解决了绝缘问题。

1.3.1.5 蓄热材料

蓄热材料是固体电蓄热装置的构成主体，同时也是影响其蓄释热性能的重要因素之一。不同材料的热力性能各参数有所差异，故选择相对适合的蓄热材料对装置性能必然产生有利的作用。优良的蓄热材料应具有如下性能要求：

（1）具有较高的导热系数和比热容。导热系数体现出蓄热材料本身的热传导性能，导热系数大，装置可以将热源中心处的热量迅速传至表面。蓄热材料的比热容越大，其蓄热能力就越能够充分发挥出来。

（2）热膨胀系数小。固体电蓄热装置在运行中需要考虑反复的加热和冷却工况，因此蓄热材料的热膨胀系数越小，意味着装置在热胀冷缩的作用下具有更好的耐热冲击性，故能延长设备使用寿命。

（3）耐高温且具有较好的结构强度。由于固体电蓄热装置在运行过程中经常处于高温和承重条件下，为了避免装置发生受热变形和受压碎裂，蓄热材料本身在高温下必须具有较高的结构强度。

（4）流体经过的阻力损失小。固体电蓄热装置在释热阶段需要通入取热流体以带走热量，若能提高蓄热材料表面的光滑程度，就可减小流动阻力，在一定程度上降低了风机能耗，节省系统运行成本。

此外，蓄热材料的选择还要适当考虑易于加工和成本因素，蓄热单元不宜加工成过于复杂的形状，否则不利于设备的大规模生产。目前固体电蓄热材料一般采用无机非金属，其中氧化铁的热容量最大，因此在耗电量相同、温度升高相同的情况下，氧化铁所需要的蓄热体积最小；对于氧化铝（90%）和氧化镁（90%）而言，两者的密度和热容量相同，但氧化镁（90%）在导热性能方面优于氧化铝（90%）和氧化铁，也最为耐热。氧化镁（90%）的平均密度为33000kg/m³，平均质量比热容为1000J/(kg·℃)，导热系数为4.5～6.0W/(m·℃)，取其平均值5.25W/(m·℃)，熔点为1600～1700℃。

1.3.2 固体电蓄热技术优势

固体电蓄热装置功能强大，装置由外防护层、换热器、离心风机、保温层、加热丝、温度传感器、控制系统、蓄热砖体等组成。固体电蓄热装置的运行和血液循环原理相似，通过可编程控制器控制其工作流程，利用安装在蓄热体内的温度传感器反馈信息，达到控制装置工况的目的。控制系统为了实现恒温、节能的最优运行原则，不断对蓄热体内的温度进行采集、记录及程序控制调节，从而使蓄热体内温度实现均衡地升高并保持恒温以更好地实现利用低谷电能为热用户提供生活供暖的目的，装置如图1-24所示。

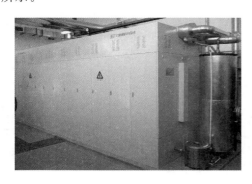

图1-24 固体电蓄热装置

固体电蓄热装置相对于传统的电锅炉或燃煤锅炉设备具备以下优势：

（1）固体电蓄热装置利用耐高温的电加热丝通电发热，整个加热过程不会产生传统锅炉工作中的烟尘、颗粒物质及硫氧化物，这些物质都是导致雾霾天气严重的因素。电蓄热装置代替传统锅炉，将有效减少有害气体排放，缓解雾霾给国民生活带来的不便，保护生态环境，有益于治理雾霾。

（2）固体电蓄热装置利用耐高温的电加热丝通电发热，加热特制的蓄热材料——高比热容、高比重的蓄热砖，再用耐高温、低导热的保温材料将热量保存起来，自动调节热量释放速度，按需取热，节省了不必要的用能浪费，具有显著的节能环保效果，有利于促进国民经济发展。

（3）充分利用电网低谷电力，增加电力有效供给，提高电网负荷率，促进电力资源的优化配置，大批量推广应用后，可提高社会用电综合经济效益，维持电网稳定、经济运行。

（4）固体电蓄热装置工作过程中无污染、无噪声、无废气排放，绿色环保，符合可持续发展及环保政策要求。

（5）外形简单易维修，装置内部的自动温度过热保护器及漏电保护装置确保工作过程安全无害，使用安全可靠。

（6）使用蓄热效率较高的蓄热材料及高性能的加热元件，蓄热效率相较电采暖装置得到较大提高，夜间储存电能满足全天供热需求，极大降低装置运行费用。

（7）装置安装简单，使用维护方便。

在当前倡导节约能源、保护环境的总体趋势下，固体电蓄热装置拥有众多优点，得到日益广泛的应用。与此同时，在传统能源日益紧张的情况下，固体电蓄热装置具有无限的发展前景，但是根据我国目前固体电蓄热装置的使用情况，其应用规模还有待于进一步开发。

固体电蓄热系统和电极锅炉系统、相变蓄热系统对比见表1-6。

对比结果显示，固体电蓄热打破了原有蒸汽高温热水大容量储能的壁垒，采用固体电蓄热的方式，实现了高温大容量吉瓦时级的储能，既可作为调峰电站配合新能源消纳使用，也解决了清洁供热的热负荷问题。

表 1 - 6　　　　固体电蓄热系统和电极式水蓄热系统、相变蓄热系统对比

对比项目	固体电蓄热系统	电极式水蓄热系统	相变蓄热系统	固体电蓄热系统优势
加热方式	电阻	电极	电阻	各有特点
工作电压/kV	10~220	10~35	0.4	可适应更高电压等级
蓄热介质	固体	水	无机盐类	储能介质无腐蚀问题
蓄热方式	氧化镁固体材料	水罐/水箱	相变材料	占地小
工作压力	无压	承压	无压	更安全
蓄热温度/℃	850	145	85	温度高
出水 60℃ 蓄热能力 /(kW·h·m⁻³)	450~500	100	180	供热能力高
电热转换效率/%	>97	>95	>95	相同类似
使用年限/年	20	15	15	较长
占地面积	小，集约化	大	较大	小，集约化
电热响应	快	慢	快	响应快，有优势

1.3.3　固体电蓄热参与新能源消纳

随着新能源发电装机容量的增加，其波动性增加，导致严重的弃风、弃光等问题，严重影响新能源的消纳吸收。为了解决新能源的消纳问题，我国有关部门出台了一系列政策。2016 年年初，国家能源局发布了关于消纳新能源、鼓励新能源企业参与市场交易的重要通知。在能源丰富的地区充分挖掘当地消纳新能源的潜力，深入分析新能源供热的可行性和经济性，研究利用新能源代替燃煤锅炉供暖技术，制定相关方案减少弃风、弃光等问题。

为了解决新能源消耗问题，在现有的调度系统下，有效促进新能源的消纳，减少煤炭等化石燃料的消耗，保护环境。提高新能源消纳程度和电力系统灵活性有以下方式：

（1）针对新能源发电外送困难的问题，有效提高负荷用电量及增加配电系统消纳新能源的能力。

（2）针对系统总体调峰能力不足的问题，通过新能源制电转热、热电厂配置固体电蓄热装置等，有效提高系统调峰能力，增加新能源的消纳能力。

采用固体电蓄热装置参与新能源消纳既能消纳多余的新能源发电，又能用新能源发电替代燃煤锅炉直接进行供暖，有效减少温室气体排放，可大大缓解燃煤锅炉造成的环境问题。

新能源发电具有分散性、随机性的特点，通过研究固体电蓄热系统的协调优化运行和将电蓄热装置安装在电网侧，可以充分发挥热力系统大惯性的性质，协调新能源发电的波动。配备电蓄热装置后的电热联合作用，还将实现电力系统与热力系统的优势互补，消纳更多新能源，解决电网运行的协调和优化等问题，固体电蓄热装置参与新能源消纳如图 1 - 25 所示。

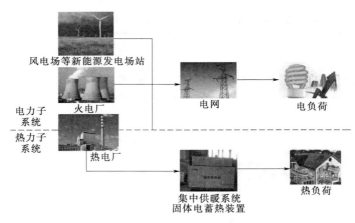

图 1-25 固体电蓄热装置参与新能源消纳

固体电蓄热装置在夜间将电能转换为热能进行加热。一方面，它降低了加热装置的热负荷，最小发电量随着热负荷的减小而降低，操作灵活性提高；另一方面，它在低负荷期间增加了发电厂的电力负荷，并且进一步增加了加热单元的发电量。

以风电为例，风电采暖方案通过配备固体电蓄热装置，可在夜间耗电低谷期利用丰富的电能向固体电蓄热装置储存热能；在峰值负荷期间直接向用户供电，并通过固体电蓄热装置中存储的热能向用户供热，如图 1-26 所示。

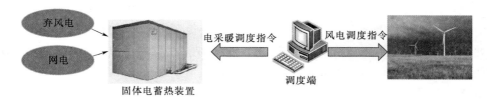

图 1-26 固体电蓄热装置参与风电消纳

该方案不仅可以吸收过剩的风电，还可以通过"储能"和"能量释放"过程稳定负荷波动，提高电网稳定性，是目前最成熟的风力发电消纳技术。

1.3.4 固体电蓄热应用的经济性

固体电蓄热在单位容量占地面积、建设周期、站址选择灵活性、单位容量造价、效率等方面有明显优势，见表 1-7，可以解决大容量规模化储能调峰问题。

表 1-7   典型储能技术应用的经济对比

储能技术	容量	成本 /(元·kW^{-1})	占地 /(m^2·MW^{-1})	建设周期 /年	响应时间	效率 /%	选址
电化学储能	≤100MW	>6000	1000	1	秒级	90	无
抽水蓄能	吉瓦级	>3000	10000	5~8	分钟级	80	有
固体电蓄热	≥300MW	1200	60	0.5	秒级	95	无

国内外规模化电蓄热技术根据蓄热工质的不同分为显热储能（液态金属、油、固态非金属类等）、相变潜热储能（有机材料、无机盐等）、高压水及热水蒸气储能等。以氧化镁为主的固态电蓄热装置在熔点、工作温度范围、储能密度、导热系数、规模化大容量等方面有明显优势，见表1-8。

表1-8　　　　　　　　　国内外电蓄热方式及工作特性对比

应用地点	材料工质	熔点/℃	工作温度范围/℃	储能密度/(kW·h·m⁻³)	导热系数/(W·m⁻¹·K⁻¹)	容量级别
丹麦	水（承压）	120	100～300	60～80	0.593	GW·h级
中国丹东	氧化镁	1700	200～800	300～500	4.5	GW·h级
中国河北	硝酸盐	80	150～560	180～200	0.48	MW·h级

目前，固体电蓄热技术在国外的技术示范工程较少，更没有规模化应用，只有少量几家小容量用户。与国外相比，国内厂家的固体电蓄热系统在电压等级、单体功率、大容量规模化、热能输出方式等方面都具有绝对优势。

1.4 本章小结

本章对国内外清洁能源总体的消纳情况和典型储能技术进行了介绍，说明了固体电蓄热方案参与新能源消纳的基本原理，对比固体电蓄热及各种类型电蓄热技术，分析了固体电蓄热应用的经济性。

<h1 style="text-align:center">参 考 文 献</h1>

［1］曾惠娟，杨青．坚持问题导向，转变发展思路——访国家能源局新能源司［J］．国家电网，2017（7）：46-49.

［2］孙汝超．浅谈新能源在供冷供热中的应用［J］．民营科技，2018（10）：83.

［3］范高锋，张楠，梁志锋，等．我国"三北"地区弃风弃光原因分析［J］．华北电力技术，2016（12）：55-59.

［4］张国维．区域电网风电消纳途径优化研究［D］．北京：华北电力大学，2016.

［5］国家发展改革委员会．可再生能源发展"十三五"规划（上）［J］．太阳能，2017（2）：5-11.

［6］翁爽，董谷媛．从清洁开发到绿色消纳［J］．国家电网，2016（10）：35-37.

［7］毕庆生，吕项羽，李德鑫，等．基于热网及建筑物蓄热特性的大型供热机组深度调峰能力研究［J］．汽轮机技术，2014，56（2）：141-144.

［8］邢振中．火力发电机组深度调峰技术研究［D］．北京：华北电力大学，2013.

［9］Quan L，Hao J，Chen T，et al. Wind power accommodation by combined heat and power plant with electric boiler and its national economic evaluation［J］. Automation of Electric Power Systems，2014，38（1）：6-12.

［10］张熙．大规模储能与风力发电协调优化运行研究［D］．济南：山东大学，2016.

［11］陈建峰．黑龙江省荒沟抽水储能电站开发建设研究［D］．长春：吉林农业大学，2014.

［12］　柴鹏．风电—抽水储能联合系统运行方式优化研究［D］．武汉：华中科技大学，2012.

［13］　孔令怡，廖丽莹，张海武，等．电池储能系统在电力系统中的应用［J］．电气开关，2008，46（5）：61－62.

［14］　崔雅婷．基于电网安全经济的调峰电源与间歇性电源联合运行策略研究［D］．北京：华北电力大学，2016.

［15］　许守平，李相俊，惠东．大规模储能系统发展现状及示范应用综述［J］．电网与清洁能源，2013，29（8）：94－100.

［16］　俞磊．智能电网中储能技术的服务形式及其价值评估［D］．北京：华北电力大学，2015.

［17］　李翔．抑制风电电压闪变的混合储能优化配置方法［D］．广州：华南理工大学，2013.

［18］　王敏骁，苏娟，梁琛．西北大规模新能源消纳问题成因分析及综合应对策略研究［J］．电网与清洁能源，2017，33（10）：124－128.

［19］　李玲．热电厂蓄热消纳风电的经济性与调峰定价研究［D］．大连：大连理工大学，2015.

［20］　陈小慧．带蓄热装置的热电机组的系统调峰运行和热经济性分析［D］．北京：华北电力大学，2014.

［21］　张勇．高压电极蓄热锅炉工作原理、应用前景及示范效应［J］．山东工业技术，2017（17）：4－4.

［22］　徐飞，闵勇，陈磊，等．包含大容量蓄热的电-热联合系统［J］．中国电机工程学报，2014，34（29）：5063－5072.

［23］　张学金．电厂孤网运行频率控制策略研究［D］．长春：长春工业大学，2015.

［24］　高重晖，吴希，范国英，等．大规模风电接入吉林电网风电消纳能力分析［J］．吉林电力，2014，42（5）：1－4.

第2章 高温固体电蓄热系统的材料应用技术

高温固体电蓄热系统的蓄热功能主要通过由蓄热材料组成的蓄热体和由电热材料制成的加热元件实现。蓄热材料可以在特定的条件下将热量以材料的热焓储存起来，并能在需要时释放和利用。电热材料能通过焦耳热对蓄热体进行加热，将无法储存的电能转换为热能，从而进行储存。选择合适的蓄热材料和电热材料有利于实现高温固体电蓄热系统的高储能密度、稳定放热、长寿命，本章将重点对蓄热材料和电热材料的选取与使用进行说明。

2.1 蓄热材料

2.1.1 蓄热材料选择原则

在固体电蓄热系统的设计中，蓄热材料用于构成蓄热体，同时蓄热材料也是影响固体电蓄热系统储存和释放热能性能的重要因素之一，应根据设计要求和实际条件对蓄热材料进行合理选择。对蓄热材料的选择主要是对材料蓄热方式和热物性的选择。

2.1.1.1 蓄热方式选择原则

蓄热材料按蓄热方式一般可分为显热蓄热材料、相变蓄热材料和热化学蓄热材料三类。

1. 显热蓄热材料

显热蓄热材料利用物质本身温度的变化过程来进行热能的储存。显热蓄热材料在储存和释放热能时，材料自身只是发生温度的变化，而不发生其他任何变化，主要分为液体（如水、油等）和固体（如氧化镁砖、混凝土等）两种类型。

显热蓄热材料价廉易得，多数材料可以直接从自然界中获取利用，或经过提纯烧结工艺制备。由于大部分显热储热材料的蓄热方式简单、化学性能稳定、不易挥发，所以显热储热材料的储存保温也比较简单，通常固体显热蓄热材料多烧制成蓄热模块，如镁砖、铝硅砖等，而液体显热蓄热材料多通过蓄热体储存。

但由于显热蓄热材料放热过程不能恒温、蓄热密度小、蓄热设备庞大、蓄热效率不高等问题，显热蓄热材料一般适用于大规模、高温度、经济性要求高、装置体积要求不大的场合。

2. 相变蓄热材料

相变蓄热材料通过物质发生相变来进行热量的储存和利用，因而相变材料的最显著特征就是可以发生相变。考虑到伴随相变过程的材料体积变化的影响，目前，相变蓄热材料的研究和应用集中在固—液和固—固相变两种类型。此外，相变蓄热材料根据其化学组成通常还可分为有机相变材料、无机相变材料和复合相变材料三类，如图 2-1 所示。

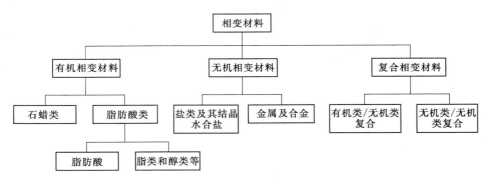

图 2-1　相变材料的分类

相变蓄热材料与显热蓄热材料不同，相变蓄热材料在蓄热过程中温度并非如显热材料一样线性变化，而是待温度线性上升到相变温度后，发生相变并大量蓄热直至物质完成相变，因为这一过程的存在，相变材料的蓄热能力通常要比显热材料强很多，并且可以在恒温下放出大量热量。

目前，相变蓄热材料的研究尚未完全成熟，存在很多尚需解决的问题，如结晶水合盐的过冷和相分离现象对需频繁储存和释放热能的蓄热装置的寿命与可靠性影响很大，石蜡在相变时的体积变化率较大，对蓄热材料储存容器的强度有较高要求。此外，相变材料的成本一般较高，部分材料还具有腐蚀性，或存在导热率低、耐高温程度低等缺陷，对容器也有较高要求，因此，不适合于大容量蓄热，而适合于对储能密度要求高的社区及家庭供暖。

3. 热化学蓄热材料

热化学蓄热材料利用化学反应的反应热的形式来进行蓄热，由于其能量储存在化学键里，具有储热密度高、不需要保温、可长期储存等优点。可用于热化学蓄热材料的化学反应过程目前包括氨的分解反应、碳酸盐化合物的分解反应、金属氢化物的分解反应、无机氢氧化物的热分解反应等。

虽然热化学蓄热材料的储能密度相当于显热蓄热材料的 8～10 倍以上、相变蓄热材料的 2 倍以上，但是热化学蓄热系统的效率极大地受限于传热和传质效率，而在显热和潜热蓄热系统中，系统效率通常只受传热影响。因此，热化学蓄热系统更为复杂。现在我国的热化学蓄热技术还不成熟，不具备大规模商业化的条件。

2.1.1.2 热物性选择原则

不同材料的热物性各参数有所差异，选择适合的蓄热材料对装置性能必然产生有利作用。优良的蓄热材料应具有如下性能条件。

1. 热力学条件

（1）高蓄热密度。蓄热材料应具有较高的单位体积或单位质量的相变潜热和较大的比热容。

（2）合适的使用温度。材料的使用温度应满足应用要求。

（3）导热性。导热系数越大，越有利于热能的储存和释放。

（4）稳定性。性能稳定可反复使用，无副反应，蓄热性能衰减小。

（5）热膨胀系数小。蓄热材料的热膨胀系数小，有利于储存容器的选择。

（6）密度。相变材料的密度应尽量大，从而确保单位体积蓄热密度较大。

（7）相变过程。相变过程完全可逆且只与温度有关。

2. 动力学条件

（1）耐高温且具有较好的结构强度。高温和承重条件下，避免装置发生受热变形和受压碎裂。

（2）流体经过的阻力损失小。若能提高蓄热材料表面的光滑程度就可减小流动阻力，在一定程度上降低风机能耗，节省系统运行成本。

3. 化学条件

（1）腐蚀性小，与容器相容性好，无毒、不易燃。

（2）相变时不分层，化学稳定性好，有较长的寿命周期。

（3）无过冷现象，熔化相变时温度变化范围尽量小。

4. 经济性条件

成本低廉，制备方便，便宜易得。

蓄热材料的实际遴选过程中，首先考虑有合适的使用温度和较大的比热容或相变潜热，再考虑其他因素。可将蓄热材料依据使用温度进行划分，划分为低温、中温、高温三层，使用温度在 100℃以下的蓄热材料属于低温蓄热材料，使用温度在 100～250℃的蓄热材料属于中温蓄热材料，使用温度高于 250℃的蓄热材料则属于高温蓄热材料。然后针对蓄热材料的温度体系进行适应不同场景的应用设计。

2.1.2 蓄热材料的基本热物性指标

（1）熔点。熔点是物体的物态由固体转变（熔化）为液态时的温度。物质的熔点并不是固定不变的，压强和杂质都会影响物质的熔点。蓄热材料的熔点也叫相变点，对于显热材料，熔点是材料的极限使用温度，材料温度接近熔点就会破坏材料的结构；对于相变材料，熔点通常是材料的使用温度，利用相变点进行蓄热，既可以增加材料的蓄热密度，还可以达到良好的控温效果。

（2）相变工作温度。介质相变时的温度或介质工作的温度范围。

（3）比热容。比热容是单位质量物质改变单位温度时吸收的热量或释放的内能，用符号 c 表示，比热容的常用单位为 kJ/(kg·K) 或 kJ/(kg·℃)。比热容是衡量蓄热材料蓄热能力的重要参数之一，材料比热容越大，单位物质在相同温升时储存的热量就越多。但材料的比热容不是固定不变的，当温度上升或发生相变时，材料的比热容就会发生变化，图 2-2 为常见耐火砖的平均比热容与温度的关系曲线。

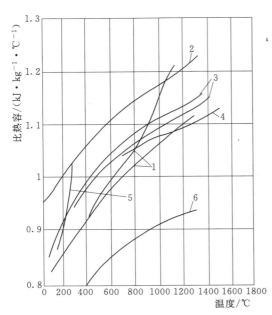

图 2-2　常见耐火砖的平均比热容与
温度的关系曲线图

1—黏土砖；2—镁砖；3—硅砖；4—硅线石砖；

5—白云石砖；6—铬砖

（4）相变潜热。相变潜热指单位质量物体在一定的温度下发生相态变化时吸收或放出的热量，主要有蒸发热、熔化热、升华热，单位为 kJ/kg。相变潜热是衡量相变蓄热材料蓄热能力的另一个重要参数，由于相变材料在相变时的恒温释热特性，所以相变潜热也是相变材料蓄热效果的重要参数。

（5）相变焓。相变焓指 1mol 纯物质于恒定温度及该温度的平衡压力下发生相变时的焓变，单位为 J/mol 或 kJ/mol。由于发生相变的过程恒压且非体积做功为零，所以相变焓也称相变热。

（6）㶲密度。㶲密度指物质存储的热量中，可完全转换为其他能量形式的那部分能量，单位为 kJ/kg。

（7）密度。密度指在一定温度下，某种物质单位体积内所含物质的质量。密度是物质的一种特性，不随质量和体积的变化而变化，只随物态（温度、压强）的变化而变化。

（8）电阻。电阻通常用 R 表示，在物理学中表示导体对电流阻碍作用的大小。导体的电阻越大，表示导体对电流的阻碍作用越大。对于电热元件，在同样大小的电流下，电阻越大，功率越高。对于由某种材料制成的柱形均匀导体，其电阻 R 与长度 L 和电阻率 ρ 成正比，与横截面积 S 成反比，即

$$R = \rho \frac{L}{S} \tag{2-1}$$

（9）导热系数。导热系数表征物体导热本领的大小，是指单位温度梯度作用下的物体内所产生的热流量，单位为 W/(m·K) 或 W/(m·℃)。导热系数 λ 与物质种类及热力状态有关 ［温度，压强（气体）］，与物质几何形状无关。

大多数材料的导热系数与温度变化的关系近似于线性关系，即

$$\lambda = \lambda_0(1 + bT) \tag{2-2}$$

式中 λ_0——材料在 0℃下的导热系数，W/(m·℃)；

b——由实验确定的温度常数，其数值与物质的种类有关，1/℃；

T——温度，℃。

（10）热力扩散系数。又称热扩散率，表示物体被加热或冷却时，物体内部温度趋于一致的能力，其表达式为

$$\alpha = \frac{\lambda}{\rho c_P} \tag{2-3}$$

式中 α——热力扩散系数；

ρ——物体的密度；

c_P——物体的定压比热容。

（11）黏度。黏度又称动力黏度，是反映流体流动阻力（与流体方向相反）大小的一种流体性质。黏度的常用单位为 Pa·s、P（泊）或 cP（厘泊），1P=1Pa·s。黏度还涉及运动黏度，对于蓄热材料，应从化学性质、物理性质和经济性三个方面进行综合评价并选择。

（12）线膨胀系数。材料在某一温度区间每升高 1℃ 的平均伸长量称为平均线膨胀系数，表示材料膨胀或收缩的程度。线膨胀系数具体表示为

$$\alpha = \frac{\Delta L}{L \cdot \Delta T} \tag{2-4}$$

式中 ΔL——物体长度的改变；

L——初始长度；

ΔT——温度变化。

热膨胀性是耐火材料使用时应考虑的重要性能之一。蓄热体在常温下砌筑，而在使用时，随着蓄热体温度升高，结构体发生膨胀。为消除因热膨胀造成的结构体偏移变形，需预留膨胀缝。线膨胀系数是预留膨胀缝和砌体总尺寸结构设计计算的关键参数。常用耐火制品的平均线膨胀系数见表 2-1。

表 2-1　　　　　　　　　　　　　常用耐火制品的平均线膨胀系数

材料名称	黏土砖	莫来石砖	莫来石刚玉砖	刚玉砖	半硅砖	硅砖	镁砖
平均线膨胀系数 /($\times 10^{-6} \cdot$℃$^{-1}$)	4.5~6.0	5.5~5.8	7.0~7.5	8.0~8.5	7.0~7.9	11.5~13	14~15

（13）孔隙率。材料的孔隙率指块状材料中孔隙体积与材料在自然状态下总体积的百分比，孔隙率的计算公式为

$$P = \frac{V_0 - V}{V_0} \times 100\% = \left(1 - \frac{\rho_0}{\rho}\right) \times 100\% \tag{2-5}$$

式中 P——材料孔隙率，%；

V_0——材料在自然状态下的体积，或称表观体积；

V——材料的绝对密实体积，绝对密实体积是指只有构成材料的固体物质本身的体积，即固体物质内不含有孔隙的体积；

ρ_0——材料体积密度或表观密度；

ρ——材料密度或真密度。

（14）密实度。密实度是指材料的固态物质部分的体积占总体积的比例，即

$$密实度 = \frac{\rho_0}{\rho} \times 100\% \tag{2-6}$$

（15）荷重软化温度。荷重软化温度又称荷重变形温度，简称荷重软化点。表征耐火材料在恒定荷重下对高温和荷重同时起作用的抵抗能力，也表征耐火材料呈现明显塑性变形的软化温度范围，是工程应用中一项重要的高温机械性能指标。

（16）抗热震性。抗热震性曾称热稳定性、热震稳定性、抗热冲击性、抗温度急变性、耐急冷急热性等，是材料在承受急剧温度变化时评价其抗破损能力的重要指标。各测试值之间越接近，精密度就越高；反之，精密度就越低，抵抗损伤的能力越低。

2.1.3　低、中、高温蓄热材料

2.1.3.1　低温蓄热材料

在低温范围（100℃以下）的蓄热应用中，常见的蓄热材料有水、结晶水合盐、有机蓄热材料、热化学蓄热材料等，其中水和结晶水合盐应用最为广泛，多以供暖应用为主，输出温度在90℃以下。

低温蓄热要求蓄热材料尽可能在恒温状态下放出热量、温度波动小、占地面积应尽可能小、节约空间、密度较高。常见低温蓄热材料结晶水合盐、有机材料和热化学材料的使用温度如图2-3所示。

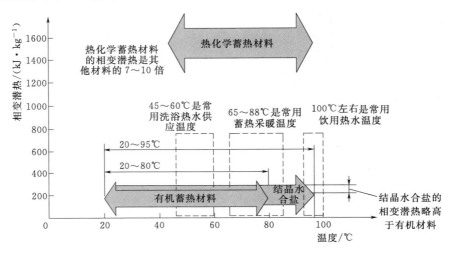

图 2-3　低温蓄热材料的使用温度

水是常规通用显热储能材料，结晶水合盐和有机材料相变温度低，适合人类生活用热温度，是目前家庭小型电蓄热采暖用的热门材料。热化学蓄热材料虽不成熟，但它的相变潜热是其他蓄热材料的7～10倍，因而，在低温蓄热方面也极具潜力。

在低温蓄热材料的其他性能参数中，热力条件和化学条件对蓄热装置的设计有着较大的影响：导热性限制单根电加热元件的功率，水和结晶水合盐的导热系数较高，均在0.5W/(m·K)以上，有机蓄热材料则多低于0.2W/(m·K)，导热性能较差，容易发生释热不均匀，发生局部温度过高的危险；热膨胀系数、体积变化率与腐蚀性影响材料容器的封装和寿命，有机蓄热材料和结晶水合盐在相变过程中有一定体积变化，多大于5%，有机蓄热材料略高，多大于10%，相变后液态材料的热膨胀系数也会升高，因此要求蓄热容器具有一定的强度与柔韧性；此外，酸性的结晶水合盐及有机蓄热材料对金属容器有腐蚀性，还应考虑与容器的相容性问题；过冷与相分离对材料的使用及控制影响较大，低温材料中，只有结晶水合盐存在过冷与相分离问题。

在实际应用中，热化学蓄热材料研究尚未成熟，过程可控性和腐蚀性较难掌握，应用难度较大。水作为低温蓄热材料有比较广泛的应用，但占地面积大，对蓄热密度要求不高，在占地面积不限的一些蓄热应用场景，水是最主要的蓄热材料。目前，随着技术的进步，克服腐蚀技术障碍后，某些有机蓄热材料的应用也在逐步推广。

2.1.3.2 中温蓄热材料

中温（100～250℃）蓄热材料分为中温显热蓄热材料和中温相变蓄热材料。中温蓄热材料效率相对较低，体积和质量数值相对较高，各方面要求相对也低，主要针对民用领域，经常作为工业加热源，可用于化工生产、冶金、发电等场合。中温显热蓄热材料的使用温度如图2-4所示。

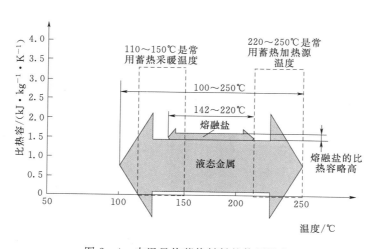

图2-4　中温显热蓄热材料的使用温度

熔融盐的比热容高于液态金属。熔融盐具有液体温度范围宽、黏度低、流动性能好、蒸汽压小、对管路承压能力要求低、相对密度大、比热容高、蓄热能力强、成本较低等特点，已成为一种广泛用于太阳能热发电的中高温传热蓄热介质。液态金属具有融化热高、导热性好、热稳定性好、蒸汽压低、过冷度小、相变时体积变化小等特点，多数更适用于显热的高温传热蓄热系统。由于部分液态金属熔点较低，在中温领域也有应用。

中温相变蓄热材料的使用温度如图 2-5 所示。

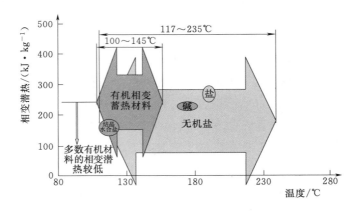

图 2-5　中温相变蓄热材料的使用温度

中温相变蓄热材料主要为有机相变蓄热材料与无机盐两类。有机相变蓄热材料具有稳定性好、腐蚀性小、温度可调控等优点，目前主要应用于中低温相变蓄热领域，由于它们的定形功能，且相变潜热大，因此具有广阔的工业化应用前景。

无机盐主要为熔融盐类（硝酸盐），也包含部分盐、碱和结晶水合盐等。其中硝酸盐突出的优点是价格低、腐蚀性小、在 500℃ 以下不会分解；缺点是热导率相对较低［仅为 2.93kJ/（m·h·℃）］，因此在使用时容易产生局部过热。但是与其他熔融盐相比，硝酸盐仍具有很大的优势。

2.1.3.3　高温蓄热材料

高温（250℃以上）蓄热材料同样也分为高温显热蓄热材料和高温相变蓄热材料，应用场景多为高温余热回收利用、太阳能热发电、蓄热供暖、工业蒸汽等。各种工业应用数据中，500℃ 左右容易实现，但 500℃ 以上的比较少，主要是各种材料适配性较难。但高温储能可以大大提高储能密度，有更大发展空间。

高温显热蓄热材料中，导热油、熔融盐、液态金属的温度相对集中，但其使用温度均无法超过 500℃，超过一定温度后，材料解列失效、氧化或达到燃点，因此很难作为大容量高密度的蓄热材料。但在相应温度的工况下，如在高温余热回收中，可以以流动液体的形式进行换热，吸收热能方便，有应用空间。金属与氧化物的比热容相近，但在 750℃ 以上时，金属的比热容会低于氧化物，且容易接近熔点软化，影响稳定性和使用寿命。因而，氧化物作为高温、大容量蓄热材料比其他显热材料更稳定。高温显热蓄热材料的使用温度如图 2-6 所示。

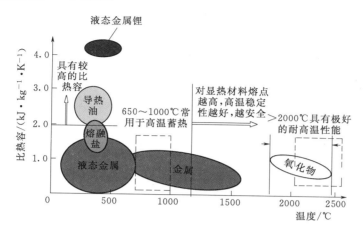

图 2-6　高温显热蓄热材料的使用温度

高温显热蓄热材料均具有较好的导热性能，多高于 $5W/(m \cdot K)$，是相变材料的 10 倍甚至 1000 倍，远优于相变材料，意味着电热丝的加热功率可以较高，不会出现热量集中滞留熔断现象。不同高温显热蓄热材料的热膨胀系数不同，但一般而言，液态高于固态两个数量级〔液态高温显热蓄热材料为 $10^{-4} \sim 10^{-3}/℃$，固态高温显热蓄热材料为 $(10 \sim 20) \times 10^{-6}/℃$。液态高温显热蓄热材料的高热膨胀系数要求其容器装置有一定的强度，固态高温显热蓄热材料的热膨胀系数不能过大，否则会影响蓄热体的结构稳定性。此外，熔融盐和液态金属对金属容器会有一定腐蚀性，容器封装成本高，氧化物与金属则没有此方面问题。

相对比较而言，氧化物高温显热蓄热材料具备蓄热高温高密度、不易氧化、无腐蚀、膨胀系数小等优点，技术相对成熟，材料来源丰富且成本低廉，可广泛应用于化工、冶金、热工等热能储存与转换领域。其中氧化镁和氧化铝是最为常见的氧化物高温显热蓄热材料。

高温相变蓄热材料应用一般会显热和潜热同时利用，利用物质的温度焓变过程进行蓄热，因此，同温度范围内，其蓄热能力要高于显热材料。热化学、熔融盐、金属及金属合金、氧化物等材料不同温度点都会有相变过程，高温相变蓄热材料的使用温度如图 2-7 所示。

高温相变蓄热的应用温度多集中在 1000℃ 左右，部分氧化物可达 2000℃ 以上。但在实际应用过程中，

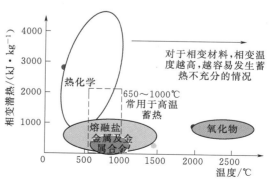

图 2-7　高温相变蓄热材料的使用温度

1000℃左右为温度上限，温度过高，保温散热和配合材料应用都将较为复杂，不太适合普遍应用。相变材料的使用温度一般要高于相变点，而且相变温度高于使用温度后还会造成蓄热不充分、材料浪费的状况。相变材料因为有物质的相态变化反复，材料有寿命问题，固—固相变结构设计容易稳定，固—液、气—液等需要处理封装和腐蚀问题，寿命和稳定性都是需要克服和攻关的技术难题。

根据电蓄热的应用需求，用于供暖的电蓄热常用材料可以选择水、金属、氧化物、低温相变材料等。水有比较高的比热容，但是使用温度只能在 100℃以下，因此储能密度受限，储水箱的占地面积将成为问题。金属铁、铝等有良好的导热率，易于传热，但700℃以上会达到荷重软化点，炉温范围受到一定限制。相比较而言，氧化物类蓄热材料有更好的温度耐受力，比如氧化镁的耐火度可达 2000℃，氮化硅的耐火度达 2300℃，其工作蓄热温度可达 1000℃以上，所不同的是导热系数，氮化硅达 15W/(m·K)，氧化镁达 4.5W/(m·K)，但传热性能较好的氮化硅价格非常昂贵。同时氧化镁在高电压加热元件嵌入接引的情况下，材料不易导电，有更好的绝缘性能，是高温大容量电蓄热材料的优先选择。

2.1.4 蓄热材料的制备与应用

2.1.4.1 氧化镁

氧化镁是一种碱土金属氧化物，是冶镁的原料。氧化镁在高温高压下性能稳定，绝缘性强，可以在 800℃以上的高温高压储能环境下使用，有高耐火绝缘性能。卓越的高温高压性能以及较高的比热容使得氧化镁蓄热材料成为应用最广泛的显热蓄热材料之一。

表 2-2 列出了氧化镁与几种常见蓄热材料的性能对比，氧化镁蓄热材料具有极佳的耐火性能，根据氧化镁的纯度，最高可达 2000℃，因而也具备极高的使用温度，其适用的蓄热工作温度几乎能满足 1800℃以下的所有蓄热工况。而现在的加热元件最高使用温度也无法达到这样的温度，因此，氧化镁大大降低了蓄热体的维护成本。

表 2-2 氧化镁与几种常见的蓄热材料性能对比表

蓄 热 材 料	钢	铝	氧化镁	氮化硅	水
密度/(g·cm^{-3})	7.85	2.7	3	3.2	1
耐火度/℃	1535	660	2000	2300	100
比热容/(J·kg^{-1}·℃$^{-1}$)	489	880	1000	700	4200
线膨胀系数/℃$^{-1}$	12×10^{-6}	23×10^{-6}	14×10^{-6}	3.6×10^{-6}	1.8×10^{-3}
导热系数/(W·m^{-1}·K^{-1})	36~54	200	4.5	15	0.593
每吨加热至 600℃储能量/(kW·h)	81.5	146.7	166.7	116.7	—
价格/(元·t^{-1})	9800	13500	2200	30000	—
单位储能价格/[元·(kW·h)$^{-1}$]	120.2	92	13.2	257	

氧化镁作为一种高温蓄热材料，也有较高的蓄热容量。氧化镁的比热容约为1000J/(kg·℃)，相比钢和铝这类金属蓄热材料和氮化硅这类氮化物蓄热材料，在相同的质量和温升下，氧化镁储存的热量更多。

氧化镁的线膨胀系数相对较高，氧化镁蓄热材料需做成砖体，并堆砌成蓄热结构体来进行蓄热，高线膨胀系数会对蓄热体的结构稳定性造成影响，在储放热的过程中，砖体的收缩膨胀可能会使砖体出现位移，造成蓄热体变形，稳定性减弱。

但氧化镁作为高温蓄热材料，依然具有最佳的性价比和储能成本。我国主要采用以菱镁矿、白云石、卤水或卤块为原料制备氧化镁。其原材料资源丰富，具有原料储备优势，80%的蕴藏量在东北，而辽宁菱镁矿储量最为丰富，占全国的85.6%。

菱镁矿是镁的碳酸盐矿物，主要化学成分为碳酸镁，是耐火材料的最主要天然矿物原料。根据美国地质调查局（USGS）2015年公布的数据显示，全球已探明的菱镁矿资源量达120亿t，可采储量24亿t，其中蕴藏丰富的国家包括俄罗斯（6.5亿t，约占总量的27%）、中国（5亿t，约占总量的21%）、韩国（4.5亿t，约占总量的19%）等。同时，中国也是菱镁矿产量大国，全球产量的70.3%都由中国提供。

我国菱镁矿资源分布的特点是地区分布不广、储量相对集中、大型矿床多。全国菱镁矿主要产区储量及分布见表2-3。

表2-3　　　　　　　　全国菱镁矿主要产区储量及分布

省（自治区）	矿区数	已利用矿区数	累计探明储量/万t			氧化镁含量/%
			合计	A+B+C	D	
辽宁	12	10	269240	125451	143789	>46
山东	4	2	28154	16792	11362	>43
西藏	1	—	5710	—	5710	>44
新疆	1	—	3110	—	3110	>45
甘肃	2	1	3083	—	3083	>44
河北	2	1	1413	931	482	>38
四川	3	1	712	104	608	38～43
安徽	1		333		333	
青海	1	—	82	50	32	38～45
全国	27	15	311837	143328	168509	

注：A、B、C、D为菱镁矿等级。

辽宁菱镁矿石的储量、产量及镁质耐火材料生产量、出口量均居世界首位。辽宁菱镁矿资源主要分布在海城、大石桥、岫岩、凤城、宽甸、抚顺等地区，目前已经地质勘查的矿区有12个，保有储量25.77亿t，约占全国总储量的85%，约占世界总储量的20%。辽宁菱镁矿品位高、杂质少、工业利用价值高，在已探明的总保有储量中，LM-46（氧化镁含量不小于46%）、LM-45（氧化镁含量不小于45%）品级菱镁矿储量占总储量的一半以上，其中，LM-46品级以上的菱镁矿占总储量的40%左右；菱镁矿资源集中，矿床巨大，而且埋藏浅，极适合露天大规模机械化开采；矿带处于经济发达的辽南地区的丘陵地带，公路、铁路运输十分方便。这些有利条件使辽宁的菱镁矿采矿业迅速发展，并逐渐形成我国乃至世界的菱镁矿石生产、供应基地。

2.1.4.2　特制氧化镁

1. 特制氧化镁蓄热材料优势分析

特制氧化镁与同类产品比较见表 2-4，通过特制氧化镁蓄热材料制备和结构体优化设计，可保证高效储能密度和热效率。储能密度达到 $500kW \cdot h/m^3$ 以上，设备集成度高，占地面积集约化，使用寿命长，蓄热材料取材普遍，成本低；辅以互联网＋分布式供热和大数据智能调控，可配合电网大面积电热调峰推广应用，促进需求侧大规模发展。

表 2-4　　　　　　　　　　　特制氧化镁与同类产品比较

	其他同类产品	特制氧化镁
性能参数	输入电压：400V、10kV、35kV、66kV 热能输出方式：气-水分离换热、热水形式	
	温度：蓄热材料最高达 500~600℃	温度：蓄能材料最高达 800℃，储能密度大于 $500kW \cdot h/m^3$
紧凑集约程度	设备占地：$60 \sim 80m^2/10000m^2$ 供暖面积	设备占地：$20 \sim 30m^2/10000m^2$ 供暖面积
疲劳与寿命	相变材料、熔盐材料有衰减、腐蚀性；材料反复变化影响使用寿命，通常不超过 10 年更换周期	材料特性稳定，蓄热材料本身可保证 30 年以上寿命，无衰减；耐压和抗震强度高；系统整体可保证 20 年寿命

2. 特制氧化镁高温蓄热机组研制关键技术

（1）不同材料成分比例热物性的研究。在镁砖中，氧化镁的比例成分及其余成分添加不同，镁砖具有不同性能，特制氧化镁高温蓄热材料不同成分比例热物性对比见表 2-5。材料试验研究的目的是蓄热材料具有高比热容、高密度、高导热率、高绝缘性的特点，且高温下使用体积稳定性好，耐压性高，同时不会氧化，不挥发有害物质。

（2）模块烧结制备工艺的研究。影响蓄热材料模块性能的制备工艺因素有很多，比如原料的选用、粒度的配比、混料的质量、压力的大小等。工艺研究内容主要包括优化颗粒级配、改进压制过程、适当配比固体结合剂粉末等，提高蓄热模块制备性能。

（3）蓄热体结构优化设计与温度场分析。特殊异形结构设计的蓄热体可以保证蓄热体抗震性设计在 7 级地震以下都不受破坏；同时保证了高储能密度、科学的传热效果和合理的温度传感检测布局。

3. 特制氧化镁材料选材与制备方法

能对蓄热材料的使用性能产生影响的制备工艺因素有很多，例如制备原料的选用、粒度的配比、混料的质量、添加剂的比例、烧制温度的高低、压力的大小等。工艺研究内容主要包括优化颗粒级配、改进压制过程、适当配比固体结合剂粉末等，提高蓄热模块制备性能。

表 2-5　　　　　　　特制氧化镁高温蓄热材料不同成分比例热物性对比

型号	成分/%				热 物 性						
	SiO_2	Fe_2O_3	CaO	MgO	常温强度/MPa	显气孔率/%	体积密度/(g·cm^{-3})	比热容/(kJ·kg^{-1}·K^{-1})	导热性/(W·m^{-1}·K^{-1})	荷重软化点/℃	电性能(厚30mm，1200℃下的击穿电压)/kV
HM-92	4.5	1.2	2.5	92	>45	<17	2.9~2.95	1~1.05	3.5~4.5	≥1400	≥20
HM-95	1.7	1	1.9	95	>60	<16	2.93~2.97	1~1.079	3.0~4.0	≥1550	≥20
HM-97	1	0.7	1.2	97	>80	<16	2.96~3.0	1~1.17	2.0~3.5	≥1650	≥20

镁砖制备工艺流程如图 2-8 所示。

（1）破碎筛分。制备各种不同粒度的原料。

（2）配料。根据产品配方设计，将不同原料及不同颗粒进行组合。

（3）混炼。使物料成分均匀，不同物料之间的接触面尽量扩大。

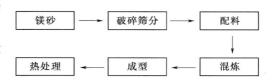

图 2-8　镁砖制作工艺流程图

（4）成型。泥料在加压设备和模具的共同作用下，成为拥有一定形状和强度的坯体。

（5）热处理。水分排出及强度处理。

2.2　电热材料

2.2.1　电热转换方式

电热转换技术是一种利用电热材料实现电能向热能转化的技术，电能转换为热能的方式主要有电阻加热、电弧加热、感应加热和介质加热四种方式。

1. 电阻加热

电阻加热是一种利用电流流经高电阻导体时产生的焦耳热对物体进行加热的技术，根据发热材料，电阻加热可以分直接电阻加热和间接电阻加热两类。

（1）直接电阻加热。通过被加热物体本身的电阻发热，被加热物体要有合适的电阻值，水是最常用的直接加热材料。

（2）间接电阻加热。利用由特殊材料制成的电热元件进行发热，再利用不同的传热方式（辐射、对流及传导）将热量传送到被加热物体。这种加热方式对被加热物体的要求较低，因而使用更广泛。

2. 电弧加热

电弧加热是指利用电弧产生的高温加热物体。在高电压下，加热电极之间会发生击穿并形成高温电弧，其温度可达 3000～6000K，适用于金属的高温熔炼。电弧加热同电阻加热一样，也有直接和间接电弧加热两种方式。电弧加热的特点是电弧温度高、能量集中，但电弧的噪声大，其伏安特性为负阻特性（下降特性）。

3. 感应加热

感应加热是利用感应线圈在交流电下产生的交变磁场使被加热物体产生涡流，利用涡流损耗和磁化损耗加热。感应加热具有加热温度高、热效率高的优点。但由于线圈的电抗与漏磁通量的影响，感应线圈负载的功率因数非常低，常需将大容量的电容器与负载并联。感应加热按电源的频率可分为低频感应加热、高频感应加热两类。

4. 介质加热

介质加热是在高频交变电场中利用被加热物体产生的介质损耗进行加热，具有加热速度快、节能高效、加热均匀的特点，在工业上用来加热和干燥电介类和半导体类材料。

2.2.2　常用的电热材料

常用电热材料按化学成分可分为铁铬铝合金和镍铬合金两大类。按最高使用温度可分为四个等级：超高温级电热合金（最高使用温度为 1400℃）、高温级电热合金（最高使用温度为 1300℃）、中温级电热合金（最高使用温度为 1100℃）和低温级电热合金（使用温度为 950℃以下）。

2.2.2.1　铁铬铝合金性能

铁铬铝合金具有优良的高温耐热性能，其使用温度可以达到 1400℃，远高于镍铬合金材料，而且铁铬铝合金中具有很高含量的铝，增加了合金的电阻率，能有效地将电能转化为热能，节省材料。同时，合金中的铝能生成结构致密的 Al_2O_3 氧化膜，使合金具有优良的抗氧化性。但其缺点为铁铬铝合金存在常温脆性、475℃脆性和 1000℃以上的高温脆性，加热时电阻率不稳定，冷热态电阻变化较大。铁铬铝合金在加热和冷却过程中电阻随温度的变化如图 2-9 所示。

2.2.2.2　镍铬合金性能

镍铬、镍铬铁合金具有高温强度高、无高温脆性的优点。与铁铬铝合金相比，镍铬合金冷热加工性能良好，方便加工成丝状或带状。此外，镍铬合金良好的高温强度也利于焊接，维护方便，但缺点是电阻率稍低，工作温度仅为 1000～1100℃，合金中含有大量的镍、铬，成本较高，化学稳定性差，易被硫腐蚀。对高温强度有要求的电热元件

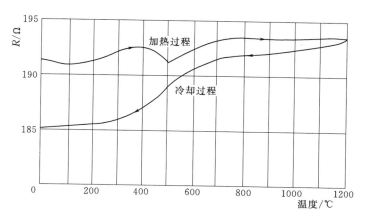

图 2-9 铁铬铝合金在加热和冷却过程中电阻随温度的变化

必须选用镍铬和镍铬铁合金。

2.2.2.3 铁铬铝合金与镍铬合金性能对比

目前常用的电热材料主要有铁铬铝合金与镍铬合金。这两种电热材料的金相组织分别为铁素体和奥氏体，具有不同的特性。

1. 电热材料的物理特性比较

电热材料通过焦耳热对被加热物体进行加热，因此，必须有足够的电阻率，且电热材料还需有良好的热性能，在高温下对材料电阻、结构影响较小。两种电热材料物理特性对比如下：

（1）铁铬铝合金的电阻率高于镍铬合金。

（2）镍铬合金在高温下金相组织比较稳定，使用中电阻率也比较稳定，相反，铁铬铝合金电阻率则不稳定。

（3）镍铬合金的电阻率比铁铬铝合金更均一。

（4）镍铬合金的线膨胀系数大于铁铬铝合金。

2. 电热材料的力学性能

电热材料的力学性能主要与合金的成分相关。碳、硅、铬等元素含量的增加能提高合金的抗拉强度，镍含量的增加能提高合金的塑性。

（1）铁铬铝合金的塑性低于镍铬合金而强度高于镍铬合金。

（2）镍铬合金的高温持久强度高于铁铬铝合金。

（3）镍铬合金的高温蠕变强度高于铁铬铝合金。

3. 电热材料的抗氧化性能

抗氧化性能表示合金在高温时抵抗氧化气氛腐蚀的能力，是表征电热材料最高使用温度和电热元件使用寿命的重要指标之一。合金的抗氧化性能越好，电热元件的使用寿命越长。铁铬铝合金会在其表面形成一层致密的氧化铝薄膜，阻止合金进一步氧化，因而具备更好的抗氧化性能。

2.2.3 表面负荷与寿命

表面负荷是指电热丝、镍铬丝等电热合金元件表面上单位面积所负荷的功率数，用符号 ω 表示，单位为 W/cm^2，它是影响电热体使用寿命的关键指标，是衡量电热材料耐热性的一个重要指标。

利用表面负荷可以衡量电热元件的寿命，同样条件下，表面负荷越大，电热元件的表面温度就越高，其使用寿命也就越短。利用电热元件的输入功率可以直接控制其表面负荷，此外，电热元件可以承受的表面负荷值还与元件的材料、规格、形状、安装等有关。

常见加热元件基本形状及安装方式如图 2-10 所示，一般线材可承受表面负荷高于带材，波形元件可承受的表面负荷高于螺旋形元件，瓷管安装的电热元件高于槽状安装的电热元件。

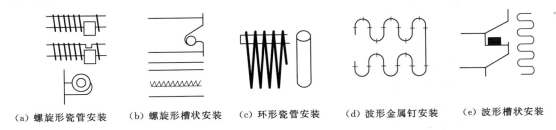

(a) 螺旋形瓷管安装　(b) 螺旋形槽状安装　(c) 环形瓷管安装　(d) 波形金属钉安装　(e) 波形槽状安装

图 2-10　常见加热元件基本形状及安装方式

表面负荷是电热元件的单位表面积上所担负的电功率值，其计算公式为

$$\omega = \frac{P}{F_0} \tag{2-7}$$

式中　ω——电热元件的表面负荷，W/cm^2；

P——加热电功率，W；

F_0——电热元件总表面积，cm^2。

式（2-7）计算所得表面负荷值为电热元件实际值，与元件设计表面负荷 ω_0 比较，若 $\omega > \omega_0$，则电热元件无法负担该功率，温升过高，加热元件的寿命缩短。元件设计表面负荷可由厂家提供，各类型加热元件设计表面负荷如图 2-11 所示。

2.2.4 加热元件形状

电热元件由电热材料加工制成，制造电热元件一般采用线材和带材，特种电热元件使用直条。线材与带材相比，同体积下表面积更大，耐热能力更高，但带材比线材容易加工成其他形状，且韧性更好。

电热合金线材、带材在使用时必须加工成各种形状的电热元件。螺旋形和波形是常用电热元件的基本形状。特殊形状的电热元件大多用于家用电器。

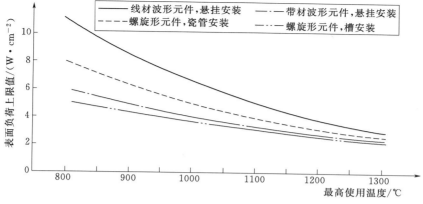

图 2-11 各类型加热元件设计表面负荷

带材的最高使用温度同其形状的关系十分密切。使用温度越高，带状元件的波形高度就越低，带材厚度随之增大。这样可以减少元件的高温蠕变变形量，保持较长的寿命。

因同质量的线材的表面积更大，所以线材波形元件在同温度下也具备更高的表面负荷，寿命更长。

线材又可加工成螺旋形电热元件。为了避免元件在高温下因自重而发生大的变形，在加工缠绕螺旋形元件时，应合理选择元件的尺寸。

为了防止线材绕制成的螺旋形电热元件在高温工作过程中变形或倒塌，要求螺旋的直径 D 和线材的直径 d 有一定的配合比例。不同工作温度应有合理的 D/d 值。图 2-12 表示螺旋形的电热元件在空气中的最高使用温度与 D/d 值的关系。

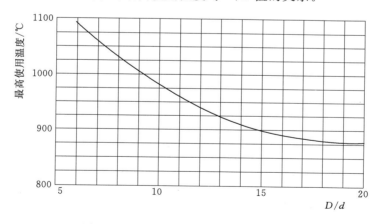

图 2-12 最高使用温度与 D/d 值的关系

由图 2-12 可以看出，螺旋形电热元件的最高使用温度同 D/d 值成反比例，即随 D/d 值增大，最高使用温度下降。如果螺旋直径太大，电热元件在高温下容易发生变形或倒塌现象；如果螺旋直径太小，有可能在缠绕过程中线材表面产生裂纹，从而缩短使用寿命。因此，在设计螺旋形元件时要根据最高使用温度来选择合理的 D/d 值。不同条件使用时螺旋元件的 D/d 值见表 2-6。

表 2 - 6　　　　　　　　　　　不同条件使用时螺旋元件的 *D/d* 值

使用条件	D/d 值	
	铁铬铝合金	镍铬、镍铬铁合金
温度低于 1000℃	3～8	5～9
温度高于 1000℃	4～6	5～8

2.3　电热元件与蓄热材料传热适配性建模与分析

2.3.1　电热元件的选择与计算

2.3.1.1　电热元件的选择

电热元件材料的形状与其工作温度和蓄热体功率有关。当蓄热体运行温度比较低，要求元件尺寸比较小时，一般多使用线材，并加工成螺旋形元件使用。工作温度高、功率大的蓄热体多使用带材，带材加工成波形元件使用。特殊条件下使用辐射管电热元件时，均使用线材。

在相同条件下，带材比线材可以承担更高的热负荷，因此可节省合金材料。蓄热体温度与使用线材、带材的最小尺寸见表 2 - 7。

表 2 - 7　　　　　　　蓄热体温度与使用线材、带材的最小尺寸

蓄热体温度/℃	线材直径/mm	带材宽×厚/(mm×mm)
600 以下	1～2	8×1.0
600～800	3～4	15×1.5
800～1000	4～5	20×2.0
1000～1100	6～7	25×2.0
1100～1200	7～8	25×3.0

此处选择线材螺旋形电热元件。

2.3.1.2　电热元件的选型与计算

（1）蓄热体已知条件如下：

1）电热元件最高工作温度 1000℃。

2）蓄热体功率 $P=20$MW［功率取 1.05 的裕度，故 $P=20×1.05=21$（MW）］。

3）电压 35kV。

4）加热元件放置槽通孔数 $n=400$。

5）蓄热模块（长×宽×高）225mm×225mm×75mm。

6）组数 $u=3$。

7）加热元件为星型接法。

（2）电加热元件单根计算参数如下：

1）元件单组根数 $N=(n/3)\times3=(400/3)\times3=399$（对 n 取 3 的倍数）。

2）单相根数 $N_u=N/u=133$。

3）单组功率 $P_u=P/u=21000/3=7000$（kW）。

4）单根功率 $p=P/N=7000/399=17.54$（kW）。

5）单根电压 $u=U/1.732/N_u=35000/1.732/133=151.93$（V）。

6）单根电流 $I=P/u=17540/151.93=115.45$（A）。

7）单根电阻 $R=u/I=151.93/115.45=1.32$（Ω）。

（3）根据基本数据，结合电热元件的工作条件，确定使用的电热材料为 Kanthal AF 型电热材料，其基本参数见表 2-8。

表 2-8　　　　　　　　　　Kanthal AF 型电热材料基本参数

最高连续工作温度/℃	密度/(g·cm⁻³)	电阻率（20℃条件下）/(Ω·mm²·m⁻¹)	热冷态电阻比	导热率（20℃条件下）/(W·m⁻¹·K⁻¹)
1300	7.15	1.39	1.08	13

（4）根据电热材料依次选出带材波形元件、线材波形元件、线材螺旋元件三种形状的电热元件，并计算得出表 2-9 中的数据。

表 2-9　　　　　　　　　　加 热 元 件 选 型 表

参　数	直　径/mm					
	2.5	3.0	3.5	4.0	4.5	5.0
线电阻率/(Ω·m⁻¹)	0.2830	0.1970	0.1440	0.1110	0.0874	0.0708
重量/(g·m⁻¹)	35.10	50.50	68.80	89.80	114.00	140.00
单根丝长 G/mm	11946	17248	23670	30767	39129	48350
圈数 N/个	46	76	110	152	180	162
螺距 S/mm	52	32	22	16	14	15
螺径 D/mm	101	97	98	95	105	145
端长 l/mm	12	35	5	113	33	33
丝型长/mm	4836	4896	4862	4880	4874	4875
单根重量/kg	0.419	0.871	1.629	2.763	4.461	6.769
加热单价/(元·kW⁻¹)	3.89	8.07	15.09	25.60	41.33	62.72
表面负荷/(W·cm⁻²)	26.91	15.53	9.70	6.53	4.57	3.32
结果	load	load	OK	OK	OK	peak

注：load 为表面负荷过小；peak 为尺寸过大；OK 为合适。

2.3.2　电热元件与蓄热材料传热适配性关系及算例分析

2.3.2.1　传热适配性建模

　　电蓄热装置蓄热是放热和蓄热交替循环的过程，一种合理的电蓄热装置的设计是将蓄热装置运行性能和运行的经济性有效地结合起来，在保证供热需求目标的基础上，要考虑蓄热装置的运行性能、寿命、运行经济性等指标。其中蓄热系统中电热元件与蓄热材料的传热适配性是蓄热装置设计高效稳定的基础。图 2-13 为蓄热结构体中蓄热单元的传热示意图。

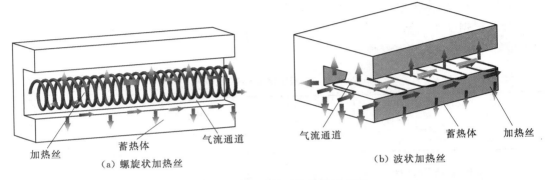

图 2-13　蓄热单元的传热示意图

　　根据热力学第一定律，在电阻丝产热、空气传热、蓄热体吸热过程中存在能量守恒。然而，在蓄热过程中，蓄热结构体各部分温度变化很大，很难进行定量计算。因此，本研究采用一种传热速率平衡计算方法，对蓄热材料与加热丝进行拼配计算，其传热平衡原理如图 2-14 所示。

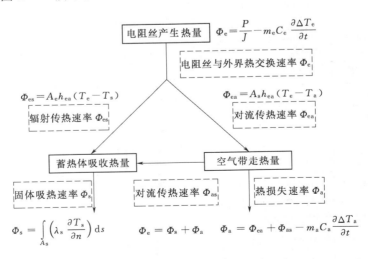

图 2-14　固态蓄热系统传热平衡原理图

高温固态蓄热系统在各工作状态下均应符合能量守恒定律，根据热力学第一定律，系统与外界交换的热量应满足

$$\Delta U = Q + W \tag{2-8}$$

式中　Q——热量；

　　　W——功；

　　　ΔU——系统的内能变化量。

由式（2-8）可知，电阻丝产生的热能中：一部分转化为电阻丝的内能，体现为电阻丝的温度变化；另一部分是电阻丝与蓄热装置其他部分的交换热量。电蓄热装置蓄热过程中，加热功率为 P 的加热元件将电能通过焦耳热转换为热能，对系统输入电功，则

$$\Delta U = Q + \frac{P\Delta t}{J} \tag{2-9}$$

式中　J——热功当量，J/cal。

设电阻丝的质量为 m_e，电阻丝的热容量为 C_e，则电加热元件对外界热交换的速率为

$$\Phi_e = \frac{\partial W}{\partial t} - \frac{\partial \Delta U}{\partial t} = \frac{P}{J} - m_e C_e \frac{\partial \Delta T_e}{\partial t} \tag{2-10}$$

式中　ΔT_e——电阻丝温度变化。

在交换热量 Q 中，包含电阻丝与周围空气的交换热量 Q_{ea} 和电阻丝与蓄热体之间的辐射热量 Q_{es} 两部分。如果电阻丝与外界的热交换速率或热流量为 Φ_e，Φ_{ea} 表示电阻丝与空气的对流换热速率，Φ_{es} 表示电阻丝与蓄热体辐射热速率，则

$$\Phi_e = \Phi_{es} + \Phi_{ea} \tag{2-11}$$

其中，电阻丝与空气的对流换热速率 Φ_{es} 为

$$\Phi_{ea} = A_s h_{ea}(T_e - T_a) \tag{2-12}$$

$$h_{ea} = 0.27 \frac{\lambda_a}{d_e}\left[Re_a^{0.63} Pr_a^{0.36}\left(\frac{Pr_a}{Pr_e}\right)^{0.25}\right] \tag{2-13}$$

式中　A_s——电阻丝表面积；

　　　h_{ea}——电阻丝与空气间的对流换热系数，在强制对流换热条件下，螺旋电阻丝
　　　　　　　以顺排管束形式与空气换热；

　　　d_e——电阻丝直径；

　　　Re_a——空气雷诺数，与空气流速成正比；

Pr_a，Pr_e——空气以平均温度及电阻丝温度来计算的普朗特数。

在自然对流条件下，对电阻丝与蓄热体间的自然对流传热情况进行微元分析，可以利用平均努塞尔数表示螺旋电阻丝轴向微元的自然对流。电阻丝表面的平均努塞尔数 $\overline{Nu}$ 为

$$\overline{Nu} = -\frac{1}{S}\int_S \frac{\partial \dfrac{T-T_s}{T_e-T_s}}{\partial r}\mathrm{d}s \tag{2-14}$$

式中　T——电阻丝某点温度；

S——电阻丝表面积。

则电阻丝与空气的自热对流换热系数为

$$h_{ea} = \frac{\lambda_a}{d_e} \overline{Nu} \qquad (2-15)$$

电阻丝与蓄热体辐射热速率 Φ_{es} 为

$$\Phi_{es} = A_e h_{es}(T_e - T_s) \qquad (2-16)$$

由于电阻丝表面积远小于蓄热体受热面面积，蓄热单元系统发射率 $\varepsilon_s = \varepsilon_e$，所以电阻丝与蓄热体的辐射换热系数 h_{es} 为

$$h_{es} = 5.67 \times 10^{-8} \varepsilon_e (T_e^2 + T_s^2)(T_e + T_s) \qquad (2-17)$$

在整个蓄热的热交换过程中，除在电阻丝表面上发生热量交换外，在蓄热体的表面与空气也存在热量交换，用 Q_{as} 表示蓄热体与空气的交换热量，Q_{es} 表示电阻丝与蓄热体之间的辐射热量，则蓄热体中净导热量 Q_s 可表示为

$$Q_s = Q_{es} + Q_{as} \qquad (2-18)$$

如果用 Φ_{as} 表示蓄热体与空气的换热速率，用 Φ_s 表示蓄热体内表面净导热速率，则

$$\Phi_s = \Phi_{es} + \Phi_{as} \qquad (2-19)$$

其中，蓄热体表面对蓄热体的固体导热速率为

$$\Phi_s = \int_{A_s} \lambda_s \frac{\partial T_s}{\partial n} ds \qquad (2-20)$$

将式（2-19）与式（2-11）相加，则

$$\Phi_e = 2\Phi_{es} + \Phi_{ea} + \Phi_{as} - \Phi_s \qquad (2-21)$$

蓄热体之间的对流换热过程中，还应考虑空气自身的内能变化及空气流通时与外界发生的热损失，则空气流通过程中的热损失可表示为

$$\Phi_a = \Phi_{ea} - \Phi_{as} - m_a C_a \frac{\partial \Delta T_a}{\partial t} \qquad (2-22)$$

将式（2-10）、式（2-22）代入式（2-21）中，则

$$\frac{P}{J} = 2\Phi_{es} + 2\Phi_{ea} - \Phi_a - \Phi_s - m_a C_a \frac{\partial T_a}{\partial t} + m_e C_e \frac{\partial T_e}{\partial t} \qquad (2-23)$$

式（2-23）即为高温固体电蓄热系统间的传热速率平衡关系式。由式（2-23）可以看出，电阻丝的温度与系统几何结构和电阻丝功率及材料热物参数密切相关，通过改变上述参数可对电阻丝的温度进行控制。通过结构的优化设计均衡热传导速率，可达到较高的加热元件表面负荷，延长加热元件的使用寿命。

2.3.2.2　仿真分析

以两台 $100kW$ 高温固态蓄热装置实测数据为例，该型号蓄热装置的蓄热材料均选用特制氧化镁蓄热模块，电加热元件选用螺旋状铁铬铝合金，工作电压 $380V$，蓄热系统需在 $500\sim800℃$ 的高温工况下运行。为验证基于传热速率平衡方法的蓄热材料与加热元件匹配设计的高温蓄热装置蓄热效率及温度控制效果，对该型号蓄热装置的实测数

据和仿真进行对比分析。

1. 蓄热效率验证

根据传热速率平衡法，空气的流通面积与流速是蓄热体与加热材料间传热匹配的主要影响因素，通过改变空气的流通面积和流速，可以改变蓄热结构间的对流、辐射、导热传热，继而影响传热速率平衡。以蓄热结构体中的一个蓄热单元为分析对象，建立加热丝与蓄热材料之间的传热匹配模型，改变蓄热单元传热速率平衡条件，分析各加热条件下的温度场变化情况。

图 2-15 为电阻丝功率为 2259W 时，在相同结构、相同表面负荷加热的温度云图。从图 2-15 中可看出，在加热过程中，受传热速率影响，电阻丝周围空气温度 1h 内升高 150℃，与蓄热模块表面保持约 50℃ 温差，并出现温度集中效应。蓄热结构在达到温度平衡后，电阻丝表面温度稳定于 1200℃。

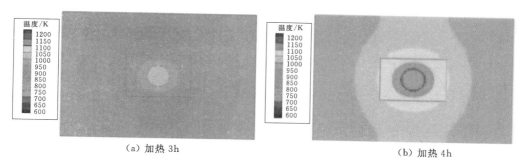

（a）加热 3h　　　　　　　　　　　（b）加热 4h

图 2-15　蓄热结构体加热温度云图

图 2-16 为电阻丝功率 3953W 时，在不同结构、相同表面负荷加热过程温度云图，其中图 2-16（b）为增加空气流通面积后的温度云图。对比可看出，由于空气流通面积扩大为原来的 4 倍，蓄热体受热面积也同时扩大 2 倍，因而提高了空气与蓄热体间的对流传热速率及加热丝与蓄热体间的辐射传热速率。由传热速率平衡方程可知，蓄热结构体为保持传热平衡，蓄热体的导热速率会相应增强，从而实现更高效率的蓄热。如图 2-16 所示，当蓄热单元到达稳态后，图 2-16（a）中的电阻丝温度为 1159.86K，低于图 2-16（b）中电阻丝的温度，且在加热 2h 后，电阻丝周围空气与蓄热体表面温差由 150℃ 增大为 200℃，而蓄热体平均温度 867.38K 高于图 2-16（b）中的蓄热体温度。

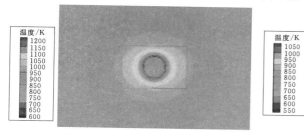　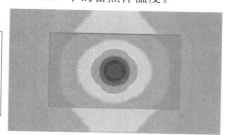

（a）蓄热结构 1 加热 2h　　　　　　（b）蓄热结构 2 加热 2h

图 2-16　不同蓄热结构传热特性匹配仿真温度云图

为验证改变空气流通面积对蓄热装置蓄热效率的影响，对配置于辽宁鞍山和辽宁东北某城市的两台 100kW 高温固体蓄热装置进行运行状态测试，其中一台为强制对流蓄热，风机频率 500Hz。测试结果如图 2 - 17 所示，强制对流蓄热的蓄热体温升速率为 1.11℃/min，相比于无强制对流蓄热（0.86℃/min）有明显提高。

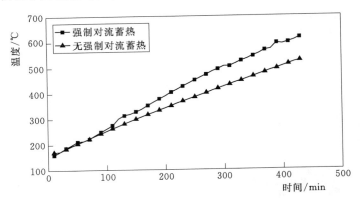

图 2 - 17　强制对流蓄热与无强制对流蓄热实测数据对比

2. 温度控制验证

图 2 - 18 为辽宁鞍山某高温固体蓄热装置运行参数曲线，其所采用的调节温度的方式是电阻通断式调温方式，即当蓄热体温度超过限定值 800℃时，关断电阻丝电源，使电阻丝降温；当蓄热体温度低于 750℃后，开通加热丝电源，继续对蓄热体加热。然而该方式控温效果差，温度调节范围仅为 50℃，且频繁启动加热丝还容易对电路造成损害。

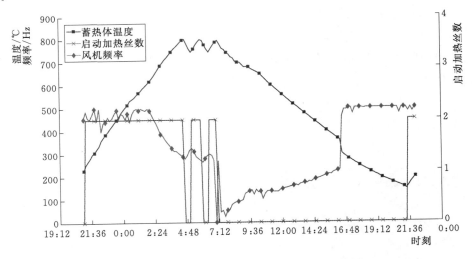

图 2 - 18　某高温固体蓄热装置运行参数曲线（电阻通断式调温方式）

根据传热速率平衡方程，在保持加热丝功率恒定的条件下，通过改变蓄热结构间对流换热速率可以降低电阻丝的温升速率，甚至使其变为负值，从而降低电阻丝温度，以保障电阻丝运行在合适的温度范围，延长蓄热装置寿命。

图 2-19 为电阻丝功率 2259W 时，在相同结构、相同表面负荷加热过程温度云图。图 2-19（a）是蓄热单元无强制空气换热加热 5h 的温度云图，此时，蓄热单元已出现温度集中现象，加热丝周围空气温度达到 1150℃。进行强制空气换热控温 1h 后，如图 2-19（b）所示，经过气流与电阻丝及蓄热体的对流换热，电阻丝温度降低为 800℃，维持加热元件温度不超限值。

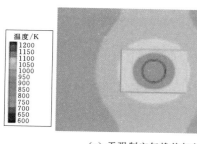 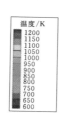 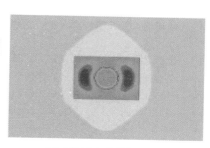

（a）无强制空气换热加热 5h　　　　　　　（b）强制空气换热控温 1h

图 2-19　强制换热控温传热特性仿真温度云图

根据传热速率平衡法，在蓄热体结构不能进行较大改动的条件下，可通过增加空气流通速度来提高蓄热结构体的蓄热效率，并降低加热元件表面温度，以此延长蓄热系统寿命。

2.4　本章小结

本章深入剖析了蓄热材料与电热材料的应用特性，论证蓄热系统设计中材料的遴选原则。通过研究，选用使用温度较高、抗氧化性能好的铁铬铝合金为电热材料，选用特制氧化镁显热材料为固体蓄热材料，比较其各方面热物性，氧化镁材料具有高耐温强度、高密度和承重特性、蓄热温度耐受度高的优势，缺点是导热系数小，存热和取热难。据此对加热元件和蓄热材料的热传导问题进行分析，提出基于传热速率平衡法的加热元件匹配设计方法，并对该设计方法进行仿真验证，通过对蓄热结构体间的传热平衡设计，使加热元件达到较高的表面负荷，并优化加热元件的使用寿命。

参 考 文 献

［1］ 陈灿文，程军，胡芬飞. 蓄热材料概述及其应用 ［J］. 广州化工，2011，39（14）：15-17.

［2］ Kolbeinn Kristjansson, Erling Næss, Øyvind Skreiberg. Dampening of wood batch combustion heat release using a phase change material heat storage: Material selection and heat storage property optimization ［J］. Energy，2016，115：378-385.

［3］ Abhay Dinker, Madhu Agarwal, G. D. Agarwal. Heat storage materials, geometry and applications: A review ［J］. Journal of the Energy Institute，2015（90）：1-11.

［4］　Moussa Aadmi, Mustapha Karkri, Mimoun El Hammouti. Heat transfer characteristics of thermal energy storage of a composite phase change materials: numerical and experimental investigations ［J］. Energy, 2014, 72: 381 - 392.

［5］　孙欣炎. 结晶水合盐相变储能材料的研究 ［D］. 上海: 华东理工大学, 2015.

［6］　吴玉庭, 任楠, 马重芳. 熔融盐显热蓄热技术的研究与应用进展 ［J］. 储能科学与技术, 2013, 2 (06): 586 - 592.

［7］　路阳, 彭国伟, 王智平, 等. 熔融盐相变蓄热材料的研究现状及发展趋势 ［J］. 材料导报, 2011, 25 (21): 38 - 42.

［8］　韩瑞端, 王沣浩, 郝吉波. 高温蓄热技术的研究现状及展望 ［J］. 建筑节能, 2011, 39 (9): 32 - 38.

［9］　徐勇, 柯秀芳, 张仁元, 等. 基于蓄热技术的高温电蓄热产品的应用可行性分析 ［J］. 储能科学与技术, 2015, 4 (6): 627 - 631.

［10］　Hoivik N, Greiner C, Tirado E B, et al. Demonstration of energy nest thermal energy storage (TES) technology ［C］∥ American Institute of Physics Conference Series. AIP Publishing LLC, 2017: 152 - 159.

［11］　Martins M, Villalobos U, Delclos T, et al. New concentrating solar power facility for testing high temperature concrete thermal energy storage ［J］. Energy Procedia, 2015, 75: 2144 - 2149.

［12］　H. L. Zhang, J. Baeyens, J. Degrève, et al. Latent heat storage with tubular - encapsulated phase change materials (PCMs) ［J］. Energy, 2014, 76: 66 - 72.

［13］　王智辉, 窪田光宏, 杨希贤, 等. 热化学蓄热系统研究进展 ［J］. 新能源进展, 2015, 3 (4): 289 - 298.

［14］　杨希贤, 窪田光宏, 何兆红, 等. 化学蓄热材料的开发与应用研究进展 ［J］. 新能源进展, 2014, 2 (5): 397 - 402.

［15］　王兆敏. 中国菱镁矿现状与发展趋势 ［J］. 中国非金属矿工业导刊, 2006 (5): 6 - 8.

［16］　王振东, 宫元生. 电热合金应用手册 ［M］. 北京: 冶金工业出版社, 1997.

［17］　胡春霞. 国内典型电热合金的组织及性能对比研究 ［D］. 兰州: 兰州理工大学, 2009.

［18］　于朝清, 戴红伟, 廖国君, 等. 电热合金材料的工艺技术研究 ［J］. 电工材料, 2009 (3): 36 - 40.

第3章 固体电蓄热系统设计与计算

　　固体电蓄热系统的设计与计算是设备设计必不可少的环节，与常规供热锅炉系统类似，需要通过热力计算对系统进行设计。热力计算根据已知设备的额定参数进行设备关键参数计算，在已有设备结构参数、热力系统参数等基础上，改变负荷、工况及关键部件运行参数，来确定和校验设备效率、输出功率变化。本章在内置电阻式蓄热结构的基础上提出一种固体电蓄热系统的热力计算方法。根据蓄热系统结构的特点将系统划分为加热、蓄热、取热、换热四个子系统，通过各系统之间的联系建立起整个蓄热系统热力学计算流程及方法，对构成蓄热系统的加热丝、换热器、变频风机以及保温层等结构进行详细的选型与计算，并进行案例分析与具体试验验证。

3.1 固体电蓄热系统

3.1.1 固体电蓄热系统结构及工作原理

　　高温固体电蓄热系统采用电阻加热方式把电能转换为热能，通过辐射换热、对流换热方式把热量传递并存储到蓄热材料中，当需要利用这部分热量时，通过对流换热方式将空气加热，空气流经汽-水换热器将热量供给到供暖系统。固体蓄热系统由蓄热体、加热系统、换热系统、风循环控制系统等系统单元构成，还包括热水循环泵、软化水设备、GIS系统、定压补水系统、控制系统、热量计量装置及温度测量装置等附属系统设备，如图3-1所示。

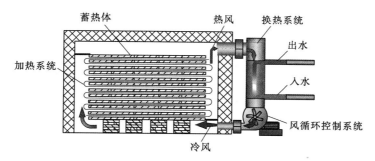

图3-1　固体电蓄热系统结构示意图

　　固体电蓄热系统可以分为蓄热与热转换供热输出两大部分，两者之间相互独立，具有很高的安全系数，蓄热系统的工作原理如图3-2所示。

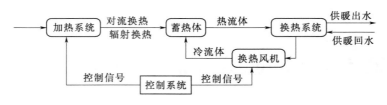

图 3-2　蓄热系统工作原理图

蓄热系统利用 10～110kV 高电压直接接入蓄热体，采用电阻发热原理产生热量，再通过辐射换热、对流换热方式将热量传递并存储于蓄热材料中，当蓄热体温度达到 200～800℃时蓄热体开始放热，主要通过对流换热、辐射换热等方式将空气加热，热空气再通入气-水换热器与辅助供热系统中的冷水进行热交换。换热速率由循环热风的流量和流速决定，根据用户需求供热温度进行双闭环控制。固体电蓄热设备的投切时间和时长由用户或电力系统调度运行者来确定。蓄热机组内部有换热出水温度和变频风机转速两层闭环控制，可基于储热量、释热速度进行 PID 自动控制。

3.1.2　固体电蓄热系统设计

根据高温、高电压固体电蓄热系统结构体的整体情况，可以把系统设计简单地概括为材料选型、支撑结构稳定性设计、循环风道优化设计、蓄热体结构优化设计、保温性能设计等。

1. 材料选型

蓄热装置中材料的选型主要包括加热材料的选择、蓄热材料的选择、绝缘材料以及保温材料的选择。

加热材料主要对蓄热体中加热电阻丝的材料进行选择，选择发热效率高、质量轻并且能够产生 800℃以上高温的电阻丝，在如此高的温度下，如何维持电阻丝的形状稳定也是电阻丝选择的重要指标。

蓄热材料是存储热量的主体，选择导热系数高、高温下形变小且比热容较大的蓄热材料是材料选型的重点，同时也要选择导热系数小、容重小的保温材料以及可承受高温、高电压的绝缘穿墙套管材料。

2. 支撑结构稳定性设计

蓄热材料一般因储能容量要求而具有高密度、重量大的特点，由于温度的升高和反复变化，结构体会发生蠕变和膨胀，因此需要专门为结构体设计支撑框架、承重体以及抑制变形的特殊形体。同时，在加热元件上施加 10kV 及以上的高电压，需要蓄热体具有相对好的抗绝缘击穿性能和较长的爬电距离等性能，并在电磁场耦合方面不会导致结构的损坏和寿命的影响，因此在进行支撑结构体设计时要考虑稳定性、绝缘性两方面的因素。

为保障绝缘基础部分性能稳定，尤其要确保绝缘基座不会因温度过高而导致基座的绝缘和承受压力等性能下降，需要对蓄热体的绝缘基座结构进行专门的设计。蓄热体的绝缘基础部分由呈矩阵分布的绝缘支撑组成，绝缘支撑固定在绝缘隔热层底部，绝缘支撑与保温壳体侧壁、绝缘隔热层、承重平台之间形成独立的降温通道，空气经位于保温壳体一侧的常温气体进气口进入降温通道与绝缘支撑进行热交换，由位于保温壳体另一侧壁的常温气体出气口流出。这样就保证了即使位于热功循环部分内的蓄热体工作在 800℃ 左右时也可以保持绝缘基础部分的绝缘支撑表面温度较低，使现有高电压固体电蓄热系统在不增加蓄热体重量的情况下也能提高蓄热能力，并保持绝缘支撑的承压力强度和绝缘性能不下降。蓄能炉体中绝缘基础部分由绝缘支撑和绝缘隔热层等组成，绝缘支撑采用可以耐受高工作电压以及较高强度的氧化镁砖切成砖垛，中间形成通道，而绝缘隔热层则由耐高温、高电压的绝缘隔热材料组合而成，其结构如图 3-3 所示。

图 3-3 蓄热体绝缘基础结构

3. 循环风道优化设计

固体电蓄热体的工作流程：①固体电蓄热体中的电阻丝通过电极与 $10\sim66$kV 的高电压相连接，电阻丝产生热量，通过对流和辐射方式传递给蓄热体，使蓄热体的温度升高；②当蓄热体的温度升高至一定温度后，电阻丝停止加热，此时开启风机；蓄热体中的热量通过对流换热方式传递给空气，高温空气通过对流换热—导热—对流换热的方式对换热器管程中的介质进行加热；③换热后气流温度降低，低温空气流再次通过蓄热体进行加热，进入下一次的循环。循环风道的优化设计主要考虑蓄热体的风孔阻力和换热器的风阻力，可通过增加气体流动黏性和摩擦力来加强气体和固体的接触摩擦系数，以加强换热效果。

换热通道结构设计需综合考虑电加热强度、空气流速、材料导热性能和高温下的材料强度等问题，当蓄热体的换热面积大、蓄换热效率高时，换热通道多，若气流无法合理分配，易存在气流死区，导致局部过热引起模块强度下降，存在通道塌陷可能。针对蓄热体结构的换热通道和蓄热体之间的传热、力学和空气流动规律进行模拟，可掌握蓄热体内的三维流场、温度场和受力信息，为换热通道设计提供理论支撑；根据温度场及力学分布情况，针对不同位置采用不同尺寸和厚度的模块进行差异化配置，合理设计和布局换热通道，可保证整个蓄热体均匀快速的蓄热。

4. 蓄热体结构优化设计

固体电蓄热结构体本身安装有嵌入式的电阻加热元件，且体内有换热风通道和加热通道，整体风道、换热通道占蓄热体结构的比例和布局可以根据蓄热的均匀性和加热、释热的持续性进行优化。主要的设计结构参数有蓄热体尺寸（长、宽、高）、加热通道占孔比（即加热通道体积/整个蓄热体体积）、通风风道占孔比（即通风通道体积/整个蓄热体体积）和风道行程长度（单回程或双回程）。

5. 保温性能设计

保温层保温性能的好坏直接关系到蓄热系统的效率以及能量节约的问题，选择厚度合适、导热系数小、容重低的保温材料对整个蓄热装置来说至关重要，保温层保温性能的好坏直接体现在蓄热体外壳的温度，在保证蓄热体外壳温度在合理范围内的同时，选择性价比最高且质量较轻的材料是保温性能设计所要重点关注的方案。

3.2　固体电蓄热系统热力计算方法

3.2.1　热力学基本理论

3.2.1.1　基本传热方式

基本传热方式有热辐射、热传导和热对流三种。

1. 热辐射

热辐射指的是首先由物体发射出电磁能，随后其他的物体吸收这些电磁能并将其转变为热量的传热方式。不同于热传导和热对流两种方式，热辐射不需要任何的传热介质。实际上，热辐射效率最高的是真空。同一物体，在其温度不同时，其热辐射能力不同；温度相同时，其热辐射能力也不一定相同。相同温度下，辐射能力最强的是黑体。通常在实际工程中要考虑两个或者多个物体之间的辐射，考虑每个物体同时辐射并吸收的热量。参照图3-4，用斯特藩-玻尔兹曼方程计算得到各个物体之间的净热量传递为

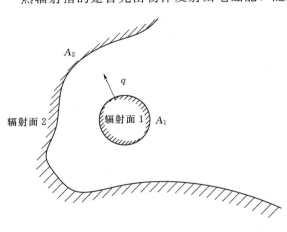

图 3-4　热辐射传热示意图

$$q = \varepsilon \sigma A_1 F_{12} (T_1^4 - T_2^4) \tag{3-1}$$

式中　q——热流率；

　　　ε——辐射率（又称黑度）；

　　　σ——斯特藩-玻耳兹曼常数，约为 5.670×10^{-8} W/(m² · K⁴)；

　　A_1——辐射面 1 的面积；

F_{12}——由辐射面 1 到辐射面 2 的形状系数；

T_1——辐射面 1 的绝对温度；

T_2——辐射面 2 的绝对温度。

从式（3-1）可知，如果分析的过程包括热辐射，则此过程高度非线性。

2. 热传导

物体内部出现温度差时，热量会从温度较高的部分传递到温度较低的部分；温度不同的物体之间相互接触时，热量将会从高温的物体向低温的物体传递。这种传递的方式叫做热传导。

热传导遵循傅里叶定律，即

$$q'' = -k \frac{\mathrm{d}T}{\mathrm{d}x} \tag{3-2}$$

式中　q''——热流密度，W/m^2；

k——导热系数，$W/(m \cdot ℃)$。

传热现象普遍存在于材料加工行业，其研究涉及瞬态热传导问题的求解，在温度场随时间变化时，由于结构形状以及温度条件的复杂性，很难依靠传统解析方法精确地得到温度分布的解析解，特别是非线性的热传导问题。

3. 热对流

热对流是指不同温度的各部分流体之间由于相对运动引起热量传递的方式。温度较高的物体表面附近的空气会因为受热而膨胀，从而使密度降低，空气向上流动；冷空气密度较大，因此冷空气将向下运动代替下方原来的热空气，从而引发对流现象。热对流分为强迫热对流和自然热对流两种。

热对流满足牛顿冷却方程，即

$$q'' = h(T_s - T_b) \tag{3-3}$$

式中　h——对流换热系数（膜系数）；

T_s——固体表面温度，℃；

T_b——周围流体温度，℃。

如果以研究方法作为依据，传热学分为分析传热学、实验传热学和数值传热学，这三者之间互相关联，共同构成了现代传热学的基础。分析传热学是应用数学求解的方法来获得传热学问题精确解的传热学分支。在对流换热问题上，由于问题本身的非线性，较难得出分析解。虽然对复杂的流动与传热问题目前难以得出分析解，但不能因此而忽视分析解的作用。

实验传热学无疑仍是传热学最基本的研究方法。其中：数值计算中所采用的物理与数学模型需要通过对现象的必要观测与测定才能建立；数值计算所需的流体或固体的物理特性需要通过实验测定来获得；而数值计算的结果也需要通过与实验结果做比较才能确认。

数值传热学又称计算传热学，是指对描写流动与传热问题的控制方程采用数值方法，通过计算机求解的一门传热学与数值方法相结合的交叉学科。数值计算是一种研究和解决复杂实际传热问题的有效方法，将数值计算和实验传热学相结合，不仅有助于实验方案的设计和改进，减少实验工作量和缩短实验周期，而且推动和促进了实验传热学的研究，并加深对物理概念和实验机理的理解。

数值求解的基本思想是：用空间和时间区域内的有限个离散点（节点）上的温度、速度、压强等物理量的近似值来代替物体内部实际物理量的分布情况，然后由能量方程、连续方程、动量方程以及导热方程推导出各节点物理量之间的关系的离散方程组。加上边界条件，就可以封闭所得的离散方程组，通过求解离散方程组就可以得到各节点上物理量的值。网格划分得越细密，数值求得的结果就越准确，对计算机的要求就越高。

3.2.1.2　热力学第一定律

热力学第一定律实质是能量守恒定律在热现象上的应用。能量守恒定律可以表述为：自然界的一切物质都具有能量，能量有多种不同的表现形式，可以从一种形式转化为另外一种形式，也可以从一个物体传递给另一个物体，在转化和传递过程能量保持不变。热力学第一定律则可以表述为：热可以变为功，功也可以变为热；当一定量的热消失时，必产生等量的功；消耗一定量的功时，必产生与之相当的热，其表达式为

$$Q = \Delta U + W \qquad (3-4)$$

热力学第一定律首先是从力学中以"活力守恒"的形式提出来的。系统吸热，内能应增加；外界对系统做功，内能也增加。若系统既吸热，外界又对系统做功，则内能增加等于这两者之和。

3.2.1.3　热焓传递

热焓指由于温差而导致的能量转化过程中所转移的能量，热焓控制是保持某物料的热焓为定值或按一定的规律变化的操作。

焓变，即物体焓的变化量，在数值上等于等温等压热效应。但只是焓变的度量方法，并不是说反应不在等压下发生，或者同一反应被做成燃料电池放出电能，焓变就不存在了，因为焓变是状态函数，只要发生反应，同样多的反应物在同一温度和压力下反应生成同样多的产物，用同一化学方程式表达时，焓变的数值是不变的。

另外，温度不同，焓变数值不同。但实验事实说明，反映焓变随温度的变化并不太大，当温度相差不大时，可近似地看作反应焓不随温度变化。实验和热力学理论都可以证明：反应在不同压力下发生，焓变不同，但当压力改变不大时，不作精确计算时，这种差异可忽略，可借用标准态数据。

焓与温度的关系可表示为

$$T=\begin{cases} T_m+\dfrac{e}{c} & e\leqslant 0 \\[2mm] T_m & e=0 \\[2mm] T_m+\dfrac{e-\Delta H_m}{c} & e\geqslant H_m \end{cases} \tag{3-5}$$

式中　e——比焓，即单位质量物质的焓；

　　　T——温度；

　　　c——比热容；

　　　T_m——相变温度；

　　　H_m——摩尔焓。

在固体电蓄热系统运行的过程中存在大量的热焓传递，式（3-5）中的各个参数值在蓄热系统中都是已知的，因此可以计算出蓄热系统在不同温度下电蓄热单元的热焓值。

3.2.1.4 牛顿冷却定律

牛顿冷却定律用来解释热量与温度的关系。热体在恒定的冷却条件下冷却，其热量散失的速率 $\dfrac{dQ}{dt}$ 与物体和周围空气的温差成正比，即

$$\frac{dQ}{dt}=-E(T-T_0) \tag{3-6}$$

式中　T——物体的温度，℃；

　　　T_0——周围空气的温度，℃；

　　　E——与物体的性质和表面条件有关的系数。

在理解牛顿冷却定律时，应注意以下问题：

（1）要使牛顿冷却定律精确成立，要求热体在冷却时，其热辐射部分可以忽略，或辐射规律在形式上与牛顿冷却定律一致，因为热体在空气中的冷却过程可分为借热辐射而冷却的过程和借周围空气的对流与传导而冷却的过程两个部分。根据斯特藩-玻尔兹曼的黑体热辐射定律，热体的辐射部分为

$$\frac{dQ_1}{dt}=A\vartheta(T^4-T_0^4) \tag{3-7}$$

式中　A——常数；

　　　ϑ——玻尔兹曼因子。

在实验中，所研究的对象和周围环境都不是完全黑体，所以式（3-7）可写为

$$\frac{dQ_1}{dt}=\vartheta A\varepsilon(T^4-T_0^4) \tag{3-8}$$

式中　ε——灰度系数，反映散热体表面光滑的程度。

从式（3-7）可见，在 $T-T_0$ 不太大时，要使热辐射可以忽略，需要热体的 ε 很

小才可达到。另外，当 $T-T_0$ 很小时，斯特藩-玻尔兹曼定律在形式上可化为与牛顿冷却定律一致，即 $\dfrac{\mathrm{d}Q_1}{\mathrm{d}t} \propto (T-T_0)$。因此只要符合上述两种情况，牛顿冷却定律是成立的，至于 $T-T_0$ 取多少为宜，要根据 ε 的大小而定，不能一概而论。

（2）若热体内外温度不均匀，T 应取热体表面温度。

（3）当热体周围的流体是气体时，热体的冷却定律为

$$\frac{\mathrm{d}Q}{\mathrm{d}t} = hS(T-T_0) \qquad (3-9)$$

式中　S——热体的表面积；

　　　h——一个与流体比热容、密度、黏度、导热系数、流体流动速度以及热体的几何尺寸、温度等有关的量，在自然对流情况下，$h \approx (T-T_0)^{1/4}$。

此时式（3-9）变为

$$\frac{\mathrm{d}Q}{\mathrm{d}t} = E(T-T_0)^{5/4} \qquad (3-10)$$

在强迫对流时，周围气体流动速度不取决于热体表面温度与周围气温之差，即 h 不是 $T-T_0$ 的函数。严格地说，牛顿冷却定律描述了热体在强迫对流时的冷却规律。

3.2.2　固体电蓄热系统热力计算原则与方法

3.2.2.1　固体电蓄热系统设计参数选取与计算原则

固体电蓄热系统的主要设计参数是决定固体电蓄热系统结构体的主要因素，高温固体电蓄热系统主要设计参数见表 3-1。

表 3-1　　　　　　　　　　高温固体电蓄热系统主要设计参数

主要设计参数	描　　述	示例
最大加热功率	电阻式加热元件的最大加热丝功率	10MW
额定电压	0.4kV、0.69kV、10kV、35kV、66kV、110kV	10kV
负荷响应精度	负荷投切变化梯度	1MW
最大蓄热容量	指能够存储的最大热能	66500kW·h
最大释热容量	指能够释放的最大热能	55000kW·h
电加热方式	分为电极式、电阻式和感应式	电阻式
电加热材料	铁奥氏体、铁铬铝合金	铁铬铝合金
蓄热体工作温度范围	最低释热温度至最高加热温度（10min 平均温度）	300~800℃
换热出水可调温度范围	最低出水温度至最高出水温度（10min 平均温度）	70~90℃
蓄热体内工作压力	正常工作气压	常压 0.1MPa
变频风机额定功率	变频风机额定功率参数	5.5kW
变频风机风量	变频风机蓄热体内通风量	N·m³
换热器功率	气-水换热系统功率	2MW
系统热效率	电热转换与释放比例，释热量/电转热量	95%

固体电蓄热系统的系统级参数主要包括加热功率、额定电压、蓄热容量、蓄热体工作温度范围、变频风机额定功率、换热器功率、系统热效率等。固体电蓄热系统的额定电压一般由用户所在地区的电压等级来确定，一般包括 0.4kV、0.69kV、10kV、35kV、66kV、110kV 等电压等级，可以根据当地的实际情况、用户要求等来判断蓄热系统采取何种电压等级。

针对蓄热体工作温度范围，主要需要考虑到加热丝的工作温度以及蓄热模块材料所能承受的温度，此值通常由工程经验值给定，没有详细的参数确定计算过程。加热丝一般选择铁铬铝合金或者镍铬合金，而铁铬铝合金使用寿命最主要受电热元件的工作温度影响，在常温、475℃ 及 1000℃ 以上的高温下，铁铬铝合金存在脆性，长期在此温度区间工作会降低元件强度，导致其使用寿命缩短。在运行条件下，随着炉温的升高，电热元件的氧化速度会迅速增大，元件的寿命也会急剧下降。蓄热体则采用氧化镁材料，耐热温度可达到 2000℃ 左右。因此蓄热体的工作温度范围通常设置为高温 800℃ 左右或者更低的温度和低温 300℃ 左右。

换热器功率由蓄热量以及放热时间决定，在加热功率已知的情况下，根据加热时间以及系统的热效率可以求得蓄热体的蓄热量，根据蓄热体设计的放热时间，可以求出换热器的额定功率用于对换热器进行设计。

3.2.2.2 固体电蓄热系统热力计算流程与方法

固体电蓄热系统分成加热、蓄热、取热、换热四个子系统，将加热丝及其附属部件称为加热系统，蓄热体及其附属部件（底座等）称为蓄热系统，变频风机及其附属部件称为取热系统，而换热系统则包括换热器以及外部水循环系统。固体电蓄热系统中加热、蓄热、取热、换热各部分相辅相成，相互之间进行能量传递，分别涉及加热丝、蓄热体、换热器、变频风机四部分的关键参数，热力计算主要确定加热丝参数、蓄热体结构形状参数、换热器参数、变频风机关键设计参数等，参数之间存在互相影响。固体蓄热系统热力计算关系如图 3-5 所示。

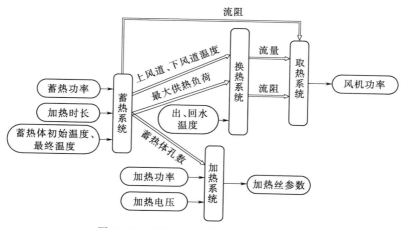

图 3-5 固体蓄热系统热力计算关系图

（1）明确蓄热功率、加热时长、蓄热体初始温度和最终温度等值，此值需按蓄热系统额定功率设计要求确定，且可根据用户需要进行调整。

（2）蓄热系统中蓄热体孔数为加热系统的一个输入量，在明确加热系统的电压和功率时，蓄热系统中蓄热体孔数影响加热丝长度及加热丝表面负荷，最终影响加热丝的形状设计。

（3）依据系统设计要求确定的最大供热负荷、上风道和下风道温度等值将影响换热系统的设计。蓄热系统中风道流阻还将影响到循环风系统的设计。

（4）换热系统确定系统所需风流量、水流量以及换热系统所产生的流阻，流阻参数将直接影响循环风系统的设计参数。

对蓄热系统的子系统进行热力平衡计算的流程如图 3-6 所示。

1. 加热系统设计计算

以电阻式加热的固体电蓄能系统，参考高温电热炉的设计方式，选用的电热材料主要有奥氏体型镍铬系列和铁素体型铁铬铝系列。根据系统设计容量，需要计算加热丝的长度和表面负荷。加热丝形状可选用线形或带形，带形比线形可承担更高的热负荷，但价格更贵。加热丝可制作为波浪状、螺旋状。

（1）加热功率计算。电采暖炉功率的选择要按照采暖房间的热负荷来计算。不同的房屋结构、房间高度、采光面积、房间位置不同，其热负荷是不同的。通常节能建筑可以取 $13\sim15\mathrm{m^2/kW}$，普通楼房可以取 $10\sim11\mathrm{m^2/kW}$，别墅、平房可以取 $8\sim9\mathrm{m^2/kW}$。因此蓄热系统的加热功率的计算公式为

$$P=SW \tag{3-11}$$

式中　S——采暖面积，$\mathrm{m^2}$；

　　　W——相应地区功率配置参考值，$\mathrm{W/m^2}$。

各地区功率配置参考值见表 3-2。

表 3-2　　　　　　　　　　各地区功率配置参考值　　　　　　　　　单位：$\mathrm{W/m^2}$

地区	住宅	宾馆	办公室	商场	学校	简易活动房
长春	80～100	90～110	70～100	80～120	90～120	120～140
哈尔滨	90～110	100～120	80～110	95～130	90～130	130～150
北京	70～90	70～90	80～100	80～110	70～100	90～120
黄河流域	30～50	40～70	30～50	40～70	30～50	50～80
西北	40～60	50～70	40～60	50～80	40～60	60～90

（2）加热丝长度计算。根据设计已知的加热丝电压、功率、加热丝电阻率、温度系数，可得加热丝长度 L 的计算公式为

$$L=\frac{U^2S}{k\rho NP} \tag{3-12}$$

式中　U——加热丝电压，V；

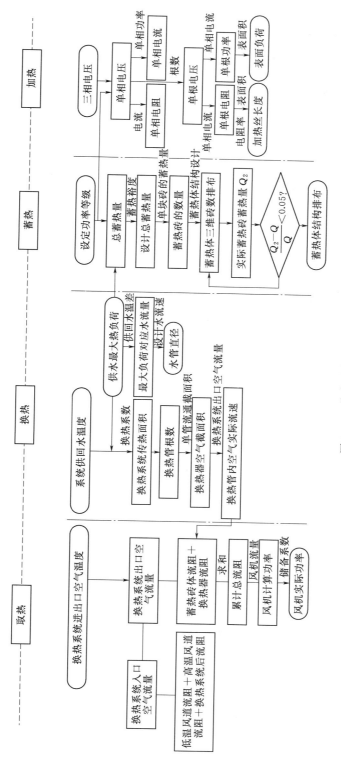

图 3-6 热力平衡计算流程

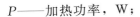

P——加热功率，W；

ρ——材料 20℃时电阻率，$\mu\Omega\cdot$m；

k——温度系数；

S——电阻丝横截面积，m^2；

N——加热丝根数。

（3）波形加热丝选型计算。波形加热丝如图 3-7 所示，其主要的结构参数包括波高 D、波距 B、波长以及加热丝直径 d，在波形加热丝的设计过程中需要重点关注上述参数的计算。

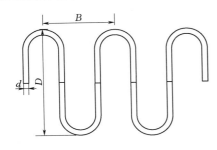

图 3-7　波形加热丝

在实际工程应用中，波形加热丝形状设计时要对波高、波距、波数等参数进行合理选择计算。波形电热丝波高要略窄于元件放置槽，防止波高过大，导致加热丝无法放置或处于架空的状态，因而需要承受自身重力，导致加热丝在高温情况下容易发生形变甚至断裂。波形加热丝的波距受到材料塑性限制，无法实现过大弯曲。在工程计算中，波距通常依据经验值取为加热丝直径的 5～6 倍。

电热丝的波数计算公式为

$$X=\frac{L^*-L_e}{B}-0.5 \tag{3-13}$$

式中　X——波数；

$\quad\quad L^*$——加热丝丝型长度；

$\quad\quad L_e$——2×加热丝端长+1/2×裸丝长（螺丝长为两加热丝之间连接丝长，端长为加热丝非波形部分）；

$\quad\quad B$——加热丝波距。

对式（3-13）计算波数取整后，即可计算加热丝实际的丝型长度 L_s 为

$$L_s=2B(X+0.5) \tag{3-14}$$

根据式（3-12）已经计算出了加热丝的长度，因此需要对式（3-14）中计算得到的长度进行校核计算，使两者之间的差距在合理范围内即可。

（4）螺旋形加热丝选型计算。螺旋形加热丝如图 3-8 所示，其主要结构参数包括螺旋直径 D、加热丝直径 d 以及螺旋节距 S 等参数，在对螺旋形加热丝进行选型计算时，需要对加热丝的圈数、节距等参数重点关注。

一般情况下，螺旋形加热丝的节距 S 通常依据工程经验进行取值，节距通常为加热丝线材直径的 2～4 倍。考虑到电热丝在高温工作过程可能存在的变形或倒塌问题，要求元件的螺旋直径 D 与加热丝

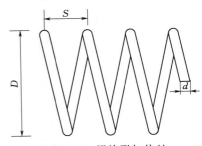

图 3-8　螺旋形加热丝

直径 d 有一定的配合比例。在螺旋元件的螺旋直径 D、加热丝直径 d 以及线材长度已知的情况下，螺旋形加热丝的螺旋圈数 N 的计算公式为

$$N = \frac{1000l}{\pi(D-d)} \tag{3-15}$$

式中　l——线材长度；

　　　D——螺旋直径；

　　　d——加热丝直径。

在工程应用中经常将 N 进行取整，可以求出设计计算完成后螺旋形加热丝整体的长度为

$$L_1 = SN \tag{3-16}$$

式中　L_1——加热丝螺旋长度。

通过式（3-16）对加热丝螺旋长度进行计算，将此值与蓄热体风道长度进行对比，判断其是否满足要求。

2. 蓄热体设计计算

蓄热系统中蓄热体作为储存热量的主体，其结构与蓄热量、取热方式、加热均匀性等密切相关。蓄热体的设计首先要确定其加热功率；其次要设定加热时间、蓄热体初始温度和最终温度以及明确蓄热单元的基本参数，当明确上述值时，即可进行蓄热体的蓄热总量以及蓄热单元的蓄热量计算，同时可以得到蓄热单元数量；最后通过蓄热单元数量进行蓄热体的结构设计。

（1）蓄热材料的蓄热量计算。固体电蓄热装置烘炉结束时，记录当时蓄热装置内温度 T_1。当蓄热体的温度稳定在设定温度时，大致可认为蓄热炉体内的温度均衡为设定温度 T_2。镁铁砖比热容 $c = 1026\text{J}/(\text{kg} \cdot \text{℃})$，镁铁砖密度 $\rho = 2800\text{kg}/\text{m}^3$。固体电蓄热装置内蓄热体的体积 V 根据储热砖型尺寸计算得到结果，因此得出整个蓄热体的蓄热量为

$$Q_1 = c\rho V(T_2 - T_1) \tag{3-17}$$

（2）固体电蓄热系统的热效率评估方法。固体电蓄热系统内电阻丝消耗电能所产生的热量为系统的总热量 Q，而系统对外换热所带走的热量即系统输出的有效热量 Q_1，通常把后者与前者的比值定义为固体电蓄热系统的热效率，计算公式为

$$\eta = \frac{Q_1}{Q} \tag{3-18}$$

可根据实验数据得到蓄热系统的对外输出流体温度以及流量等参数，对系统的对外输出热量 Q_1 及固体电蓄热装置的热效率 η 进行计算。

3. 换热系统选型计算

换热系统的主要组成部分为换热器，换热器按照工作原理和传热方式可分为直接接触式换热器、蓄热式换热器、间壁式换热器等。固体电蓄热系统中换热设备主要承担着气-水、气-气和气-油等换热任务，通常要实现气-水之间的分离，因此间壁式换热器是

固体蓄热系统中常用的换热设备。固体电蓄热系统中换热设备之间进行换热的物质通常为气体和水，其中进行换热的气体一般为温度高的清洁空气，而换热流体为软化水、油等具有不易结垢的流体物质。因此，通常根据换热系统中流体的理化性质来对换热器进行选择和选型计算。

（1）气-水换热器类型及特点。固体电蓄热系统中通常利用间壁式换热器完成换热任务，常用的间壁式换热器包括管壳式换热器、板式换热器、翅片管式换热器等；同时还有一些用于特殊情况下的特殊类型的换热器，如空冷器、多管式换热器、折流杆式换热器、螺旋板式换热器等。

1）管壳式换热器。管壳式换热器又称列管式换热器，是以封闭在壳体中的管束壁面作为传热面的换热器，其结构如图 3-9 所示。

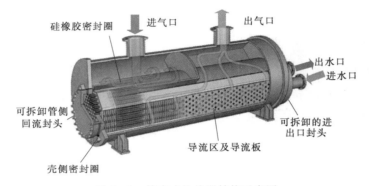

图 3-9　管壳式换热器结构示意图

管壳式换热器为传统的标准换热设备，主要在化工、炼油、石油生产和其他行业中使用，尤其是在高温、高压、大容量等换热场合中的应用占有很大优势。

2）板式换热器。板式换热器由支柱、活动板、板片、橡胶垫片、固定夹板、压紧螺栓和螺母、上/下导杆、地脚等部件构成，其结构如图 3-10 所示，具有结构简单、应用范围广、易维修等特点。

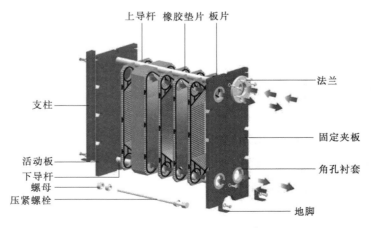

图 3-10　板式换热器结构示意图

板式换热器的用途广泛，可以适用于多种介质在内部换热，其内部的流体介质可以为普通水、非牛顿型液体、含有较小微粒的物料、水蒸气和各种气体以及具有强腐蚀性的介质。

　　3）翅片管式换热器。翅片管式换热器采用气-液热交换，在动力、化工等行业中被广泛应用。翅片管式换热器的主要构成和常见的管壳式换热器大致一样，不同之处在于翅片管式换热器中在管壳式换热器光滑管程的外部加装了翅片来代替光管，使装有翅片的换热器具有较大的传热面积，以达到强化传热的目的。常用翅片管式换热器的基管通常采用钢管、不锈钢管、铜管等，而翅片则采用钢、不锈钢、铝等材料制成，和原来的基管焊接起来，其结构如图3-11所示。

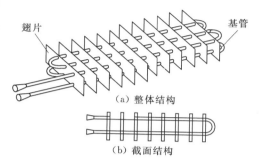

图3-11　翅片管式换热器结构示意图

　　翅片管式换热器主要针对进行换热的两种冷热流体温差较大的情况，当管内侧流体换热性能好、热阻小，而管外侧流体热阻较大时，可以通过在管外侧安装翅片来增加换热面积，有效减少管外侧流体的热阻，大幅提高了换热器的换热效率，能够解决不同换热介质之间由于较大的温差而造成的热不平衡问题。常用换热器的性能对比见表3-3。

表3-3　　　　　　　　　　　　　　　常用换热器性能对比

对比项目	管壳式换热器	板式换热器	翅片管式换热器
换热系数/($W \cdot m^{-2} \cdot K^{-1}$)	1000~3000	3000~4500	2000~4000
占地面积	大	管壳式换热器的1/5~1/8	大
换热方式	气-气、气-液和液-液	气-气、气-液和液-液	气-液
使用寿命	8~10年	8~10年	8年左右
拆装难易	易拆卸	拆装方便，容易检修	拆装方便，容易检修
制造价格	较低	价格低，相同换热面积比管壳式换热器低40%~60%	较高
重量	重	为管壳式换热器重量的1/5左右	重
结垢程度	不易结垢	不易结垢	不易结垢
是否易堵	不容易受堵	易堵塞	不易堵塞
容量大小	大	管壳式换热器的10%~20%	较大
运行状况	易清洗	容易清洗	易清洗
介质温度/℃	-100~1100	<250	<200
工作压力/MPa	4	≤2.5	≤0.8

　　表3-3中对管壳式换热器、板式换热器以及翅片管式换热器的参数及应用场合进行对比，综合来看：管壳式换热器和翅片管式换热器是固体电蓄热系统中换热设备的较

好选择，虽然传统管壳式换热器换热效率低，但在换热温度、换热容量等方面相较于其他换热设备占据很大优势，随着换热设备制造工艺和材料性能方面的提高，可有效地解决管壳式换热器换热效率低下的问题；管壳式换热器相比于板式换热器不需要加装过滤器、升压泵以及阀门管道系统等，因此整个换热系统在体积以及重量方面差距不大；同时，管壳式换热器易清洗，不易结垢，也不容易堵塞。翅片管式换热器是在管壳式换热器的基础上制造，因此具有管壳式换热器的大多数优点，同时相较于管壳式换热器，翅片管式换热器换热系数有大幅提高，但由于翅片管中翅片的应用使得翅片管式换热器的工作温度较低，可用于温度较低的热交换场合中。对换热器的选择主要根据用户需求和设计者对蓄热体运行温度的设计来决定，对于不同的换热介质和工作温度，所选用的换热器类型有所区别。

管壳式换热器由于其较为优良的性能及广泛的应用范围常用在固体电蓄热系统的换热系统中，因此对管壳式换热器选型参数和选型方式进行介绍。

（2）管壳式换热器的选型计算。管壳式换热器作为固体电蓄热系统中的常用换热器，承担着蓄热体与水循环系统进行热交换的任务，选择功率、使用温度合适的换热器对固体电蓄热体系统的效率、体积等方面有重要影响，因此需要对换热器进行选型计算。

对管壳式换热器进行选型，就需要了解管壳式换热器的型号组成，图 3－12 是管壳式换热器型号表示方法。

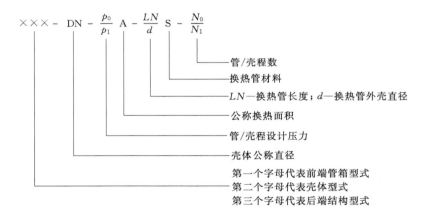

图 3－12　管壳式换热器型号表示方法

从图 3－11 可以得知，管壳式换热器的选型需要对换热器的几个重要参数即公称换热面积、壳体公称直径，换热管长度和外壳直径，管/壳程设计压力，管/壳程数等进行计算，用来确定换热器的型号。

固体电蓄热系统中换热系统的设计计算主要包括：换热器的选型计算；确定换热器的关键参数，即换热功率、换热面积、换热系数；换热管基本参数等。首先换热器的选型计算要明确换热器的最大换热负荷、换热器的进出口空气温度以及换热器的进出口水温等参数，设定合适的传热系数后即可求取换热面积；然后依照需求确定换热管的基本参数（长度、外壳直径）；还需求取换热管的基本参数，如管程数、管内的空气流速等参数。

1）换热管长度、外壳直径选型。换热器的外壳直径对于洁净的流体来说，管径可选取小些；但对于不洁净或易结垢的流体，则应选取大些，以免堵塞。目前，我国试行的换热管系列标准规定采用 $\phi25×2.5$ 和 $\phi25×2.5$ 两种规格，适应于一般的流体。

按照选定的换热管外壳直径和流体流速等参数，可以确定换热管数目，当确定换热器换热面积时，即可求得换热管长度。换热管系列标准中管长有 1.5m、2m、3m、4.5m、6m 和 9m 等 6 种，其中以 3m 和 6m 最为普遍。

2）换热器的换热面积计算。换热器换热面积计算采用对数平均温差法，即

$$Q = kA\Delta t \tag{3-19}$$

式中　Q——换热功率，kW；

　　　k——传热系数，kW/(m²·℃)；

　　　A——传热面积，m²；

　　　Δt——对数温差，℃。

3）换热管数目计算。换热管数目与换热管参数（长度、外壳直径）和换热器的所需传热面积有关。换热管长度、外壳直径可由设计者的选择确定。换热管的长度与换热管外壳直径相适应，一般情况下长度与外壳直径之比 $L/D = 4 \sim 6$。

换热管数目为

$$N = \frac{A}{\pi DL} \tag{3-20}$$

式中　A——换热器的换热面积，m²；

　　　D——换热管的外壳直径，mm；

　　　L——换热管的长度，m。

4）换热器管/壳程数计算。当换热介质的流量较小或换热器的传热面积较大时，需要换热管数量多，因此当换热介质传热系数较小时，换热管内流体流速较低。所以，为提高换热管内的流体流速，通常采用多管程的管列结构方式。然而，换热器内管程数过多会导致管程流阻增大，增加风循环系统费用。管列式换热器的管程数通常为 1 程、2 程、4 程和 6 程，当采用多回程时，通常使每程的管子数大致相等。管程数 m 的计算公式为

$$m = \frac{u}{u'} \tag{3-21}$$

式中　u——管程内流体的适宜速度，m/s；

　　　u'——管程内流体的实际速度，m/s。

当壳体内流体流速较低时，可以采用壳方多程方式加快流体的流速，如在壳体内安装一块和管束轴向平行的隔板，流体则将在壳体内流经两次，因此被称为两壳程。由于径向隔板在制造、安装和维修等方面较困难，通常不采用多壳程的换热器，而是将多个

换热器串联使用，以代替多壳程。

5）换热器外壳直径计算。换热器外壳直径是衡量换热器体积大小的重要指标，直接影响到整个蓄热系统的占地面积。多管程壳体内径的计算公式为

$$D=1.05t\sqrt{\frac{N}{\eta}} \tag{3-22}$$

式中　t——管心距，cm；

　　　N——排列管子数目；

　　　η——管板利用率，正三角形排列时，若为 2 管程，取 $0.7\sim0.85$，若大于 4 管程，取 $0.6\sim0.8$；正方形排列时，若为 2 管程，取 $0.55\sim0.7$，若大于 4管程，取 $0.45\sim0.65$。

6）管壳式换热器材料的选择。管壳式换热器的材料通常依据工作环境压强、温度及流体的理化性质等来选用。在高温环境下，通常材料的机械强度及耐腐蚀性能会有下降，同时具有耐高温、强度高及耐腐蚀性等特性的材料很少。用于固体电蓄热系统中的管壳式换热器，其材料常采用碳钢、低合金钢等质优价廉的产品。

7）管壳式换热器流动空间选择。在管壳式换热器的设计中，首先要决定哪种流体走管程，哪种流体走壳程，这需要遵循一般的原则，常见的适于通入管内空间（管程）的流体包括：①不清洁的流体；②体积小的流体；③有压力的流体；④腐蚀性强的流体；⑤与外界温差较大的流体。常见的适于通入壳体空间（壳程）的流体包括：①饱和蒸汽；②黏度大的液体；③被冷却的流体。

8）换热器中空气流速计算。换热器中热空气流速关系到变频风机选择。因此换热管内空气实际流速 ω 的计算公式为

$$\omega=\frac{P[(T_3+T_4)+273]}{(c_1T_3-c_2T_4)\times1.293NS\times273} \tag{3-23}$$

式中　P——换热功率，W；

　　T_3，T_4——换热器入口、出口空气温度，℃；

　　c_1，c_2——换热器入口、出口空气温度下的比热容，kJ/(kg·K)；

　　　N——换热管根数；

　　　S——换热管横截面积，m^2。

4. 循环风系统选型计算

（1）循环变频风机类型及选型流程。换热风机是固体电蓄热系统中实现能量流动的主要设备，其结构部件包括叶轮、机壳、进风口、支架、电机、联轴器、轴承等。常见的风机按照风流动方向大致可分为离心式、轴流式、混流式、横流式等四类。而依据比转速（指单位流量和压力所需要的转速）的不同可以将循环变频风机分为低比转速、中比转速和高比转速三种。常用于固体电蓄热系统中的换热风机一般为离心式风机。

离心式风机的型号由名称、型号、机号、传动方式、旋转方向和出风口位置 6 部分内容组成，其表示如图 3-13 所示。

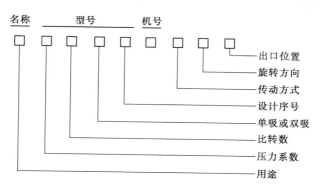

图 3-13　离心式风机的表示

由图 3-13 可逐项对换热风机的各项参数进行选择。换热风机的主要参数包括风量、风压、功率、效率、转速、比转数等，其选型计算流程如图 3-14 所示。

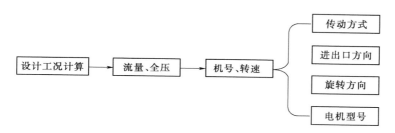

图 3-14　换热风机选型流程

在换热风机的选型流程中，需要明确换热风机的运行工况，根据换热风机所需产生的流量和全压对换热风机的型号进行具体选择。在固体电蓄热系统中，换热风机产生的流量及全压应与固体电蓄热系统需求相匹配。

（2）换热风机的选型计算。循环风系统中变频风机选型的热力计算应确定电机的主要参数，即电机转速、电机功率等。变频风机转速的确定依赖于所需电机功率、空气流量以及风压等参数，变频风机的功率则由变频风机所需要提供的风量和风压决定，变频风机需要提供的风压由储能体和换热器各部分流阻决定，变频风机需要提供的空气流量则由换热器出口空气流量决定，若要保持换热器出水口温度恒定或进出水口温差恒定，需调节变频风机转速满足不同工况运行要求。

1）换热风机叶轮直径选择。换热风机叶轮的直径也是换热风机选型的关键参数，其主要受换热风机的流量和风压的影响，因此，换热风机的叶轮直径的计算公式为

$$D_2 = \frac{27}{n} \sqrt{\frac{K_p P_{tfo}}{2\rho_0 \Psi_1}} \qquad (3-24)$$

其中

$$K_p = \frac{k}{k-1} \left[\left(1 + \frac{P_{tf}}{P_1}\right)^{\frac{k-1}{k}} - 1 \right] \frac{P_{tf}}{P_1} - 1 \qquad (3-25)$$

式中　D_2——叶轮外缘直径；

　　　n——电机转速；

K_p——压缩性修正系数;

P_{tfo}——标准状态下换热风机全压;

ρ_0——标准状态下换热风机进口处气体的密度;

Ψ_1——全压系数;

k——气体指数,空气的气体指数为 1.4;

P_{tf}——指定状态下换热风机全压;

P_1——指定状态下换热风机进口处的绝对压力。

2) 变频风机电机功率的选择。轴功率是变频风机选型的重要指标,与蓄热系统取热所需求风量和风压有关,因此当已知换热风机所需产生的风压和风量时,其计算变频风机轴功率的公式为

$$N = \frac{1.1 \Delta U Q}{3600 \times 1020 \eta} \qquad (3-26)$$

式中 N——变频电机轴功率,kW;

ΔU——变频风机全压,Pa;

Q——风量,m^3/h;

η——变频风机效率,%。

变频风机所需产生的全压由蓄热装置整体的累计总流阻所决定,而换热风机的风量则是由换热器的出口风量所决定。通常变频电机的轴功率包括的等级有 0.37kW、0.55kW、0.75kW、1.1kW、1.5kW、2.2kW、2.5kW、3kW、4kW、5.5kW、7.5kW、11kW、15kW、18.5kW、22kW、30kW、37kW、45kW、55kW、75kW、90kW、110kW、132kW、160kW 等,根据计算值选择相近的等级即可。

3) 蓄热系统流阻计算。蓄热装置的流阻由两部分组成:一部分由蓄热体换热风道流阻和换热器管内流阻组成,分别记为 Δp_{f1} 和 Δp_{f2};另一部分由高温、低温风道流阻和换热器后流阻组成,分别记为 $\Delta p_{\zeta 1}$、$\Delta p_{\zeta 2}$ 和 $\Delta p_{\zeta 3}$。蓄热系统总流阻 ΔP 为

$$\Delta P = \Delta p_{f1} + \Delta p_{f2} + \Delta p_{\zeta 1} + \Delta p_{\zeta 2} + \Delta p_{\zeta 3} \qquad (3-27)$$

其中

$$\Delta p_{f1,2} = \lambda \frac{I}{d_e} \omega^2 \ \frac{\rho}{2} \left[\frac{2}{(T_w/T)^{0.5} + 1} \right]^2 \qquad (3-28)$$

$$\Delta p_{\zeta 1,2,3} = \lambda \frac{I}{d_e} \omega^2 \ \frac{\rho}{2} \qquad (3-29)$$

式中 λ——沿程摩擦阻力系数;

ρ——介质密度;

ω——空气流速,m/s;

I——通道长度,m;

d_e——通道截面当量直径,m;

T_w——蓄热体或换热器壁面平均温度,℃;

T——空气平均温度,℃。

5. 蓄热体保温材料选型计算

固体电蓄热系统中蓄热体最高温度可达到800℃左右，在高温情况下，减少炉内热量损失，提高蓄热体的系统效率是亟待解决的问题。因此需要选择合适的蓄热体保温材料，使固体电蓄热系统的能量散失降到最小，最大限度地提高固体电蓄热系统的效率，同时保证蓄热体外部温度的合理性，提高固体电蓄热系统的安全性。

（1）蓄热体保温材料选用原则。衡量保温材料保温性能优劣的指标包括比热容、容重、导热系数、强度等参数，性能良好的耐火保温材料具有热容低、容重轻、导热系数小、强度高和易施工等特点。因此，需要对保温材料的各评价指标的关系进行分析，选择性能优良的保温材料。

1）导热系数与温度的关系。在稳定传热过程中，蓄热体单位面积散失的热量为

$$Q = \frac{\Delta t}{\sum \dfrac{\delta_i}{\lambda_i}} \tag{3-30}$$

对单层炉壁，散失的热量为

$$Q = \frac{\Delta t \lambda}{\delta} \tag{3-31}$$

式中　Q——蓄热体单位面积散热量，kJ；

　　　Δt——蓄热体热面和表面的温度差，℃；

　　　λ——材料的导热系数，W/(m·℃)；

　　　δ——材料的厚度，m。

从式（3-31）可以看出，保温材料的散热量与导热系数成正比。但是材料的导热系数是随温度变化而变化的，如图3-15和图3-16所示（以岩棉板和硅酸铝纤维为例），容重为41kg/m³的硅酸铝纤维在使用温度为400℃时，$\lambda = 0.2$W/(m·℃)；在使用温度为1000℃时，$\lambda = 0.38$W/(m·℃)，两种不同的使用温度，导热系数相差很大，因而在选用材料时要将材料用在适宜温度下才能发挥出良好的绝热性能。

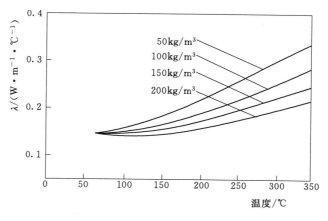

图3-15　岩棉板的导热系数与温度的关系

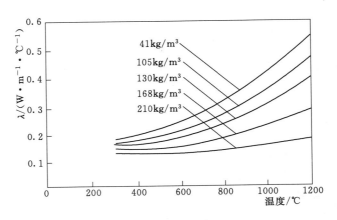

图 3-16 硅酸铝纤维导热系数与温度的关系

2）导热系数与容重的关系。在固体电蓄热系统中蓄热体的保温层蓄热量的计算公式为

$$Q = \gamma \delta F C (T - T_o) \qquad (3-32)$$

式中　Q——保温层蓄热量，kJ；

　　　γ——保温材料容重，kg/m^3；

　　　δ——保温层厚度，m；

　　　F——保温层的散热面积，m^2；

　　　C——保温材料的平均比热容，$kJ/(kg \cdot ℃)$；

　　　T——保温层工作温度，℃；

　　　T_o——保温层初始温度，℃。

硅酸铝（陶瓷）纤维不同温度下的比热容见表 3-4。

表 3-4　　　　　　　　　硅酸铝（陶瓷）纤维不同温度下的比热容

平均温度/℃	50	140	250	450	550
比热容/$(kJ \cdot kg^{-1} \cdot ℃^{-1})$	0.81	0.84	0.87	0.93	0.96

从式（3-32）以及表 3-4 中可以看出，在保温层工作温度、初始温度、散热面积以及平均比热容确定时，保温层的蓄热量与材料的容重、厚度有关。当保温层的最佳容重值一定时，保温层蓄热量与保温材料厚度成正比，保温材料厚度越小，保温层蓄热量越小。而耐火保温材料的容重与导热系数有关，都是耐火保温材料选择的重要指标，因此需要保证两者的合理性。

图 3-17 和图 3-18 是容重对导热系数的影响曲线（以岩棉板和硅酸铝纤维为例），可以看出硅酸铝纤维材料在相同使用温度下容重不同，导热系数差别也较大。如容重分别为 $100kg/m^3$ 和 $300kg/m^3$ 的硅酸铝耐火纤维在 1000℃工作温度下，前者导热系数为 $0.7W/(m \cdot ℃)$，而后者的导热系数则为 $0.5W/(m \cdot ℃)$。从图 3-18 中可以看出，随着容重的增加，导热系数呈现先减后增的趋势。同一温度下，当材料的导热系数最小时，对应容重值称为最佳容重值。温度越高，最佳容重值越大；反之越小。

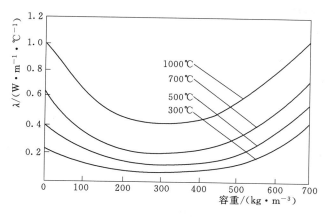

图 3-17 硅酸铝纤维的容重对导热系数的影响

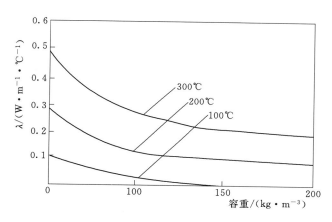

图 3-18 岩棉板的容量对导热系数的影响

（2）蓄热体保温材料选取。蓄热体保温材料的性能可由材料的导热系数、容重以及使用温度等参数衡量。根据工业生产中的实际应用情况，常见的保温材料有耐火黏土砖、轻质黏土砖、硅酸铝纤维（陶瓷纤维）、岩棉、石棉板、玻璃纤维和蛭石等，几种纤维耐火保温材料与普通耐火砖部分性能比较见表 3-5。

表 3-5　　　　　几种纤维耐火保温材料与普通耐火砖部分性能比较

材料名称	导热系数/(W·m⁻¹·℃⁻¹)				密度 /(kg·m⁻³)	使用温度 /℃
	300℃	500℃	700℃	1000℃		
耐火黏土砖	0.89	1.02	1.15	1.34	1900	1350～1450
轻质黏土砖	0.34	0.43	0.51	0.64	800	1250～1300
硅酸铝纤维	0.08	0.11	0.13	0.20	130	1250
岩棉	0.17	0.24	0.30	—	300	600
石棉板	0.21	0.25	—	—	770～1045	500
玻璃纤维	0.052	0.081	0.114	—	—	480
蛭石	0.22	0.25	0.27	0.30	150	1100

不同类型材料的最高使用温度、导热系数及容重如图 3-19 和图 3-20 所示。

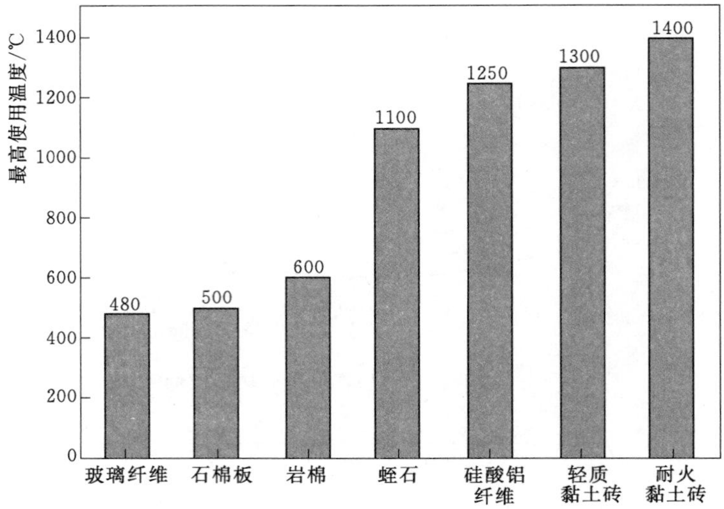

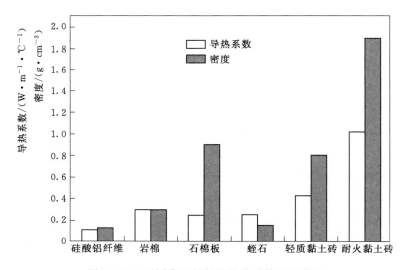

图 3-19　不同类型材料的最高使用温度对比

图 3-20　不同类型材料的导热系数以及容重

性能良好的保温材料具备工作温度高、容重轻、热容低、导热系数低以及易施工的特点。从表 3-5 可以看出，不同的材料其使用温度以及不同温度下的容重不同。固体电蓄热系统的蓄热温度由设计者确定，可以为 800℃ 左右的高温蓄热，也可以为 500℃ 左右的中温蓄热。因此针对不同类型的固体电蓄热系统，其外部保温材料的选取也不同。对于中温蓄热类型的固体电蓄热系统，其保温材料常用岩棉、石棉板等材料；而高温蓄热类型的固体电蓄热系统，通常使用陶瓷纤维类型的保温材料。

（3）保温层厚度计算。在进行保温设计时，首先要确定保温层的厚度。根据不同的保温目的，保温层厚度可采用不同的方法计算，如表面温度法、允许散热损失法、热平衡法等。按照《设备及管道绝热技术通则》（GB/T 4273—2008）的规定，为减少保温结构散热损失，保温层厚度应按"经济厚度"的方法计算。所谓经济厚度，是指保温后的年散热损失费用和投资的年分摊费用之和为最小值时的保温层计算厚度。众所周知，热损失随保温层厚度的增加而减少，但保温工程年投资则随保温层厚度的增加而增加，这是两个相互制约的因素。

由传热学和经济学相结合可以求得一个最佳的保温层厚度，在这个厚度下，年总费用将最低，其关系如图 3 - 21 所示。年总费用曲线的最低点所对应的厚度即为经济厚度。

为简化计算，先做如下假设：①忽略介质至金属壁对流传热的热阻及通过金属壁导热的热阻；②不考虑保温层外保护结构。

通过平壁保温层的传热如图 3 - 22 所示。

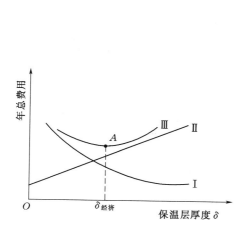

图 3 - 21　保温层厚度与年费用关系

Ⅰ—年散热损失费用；Ⅱ—年保温投资；

Ⅲ—年总费用；A—最佳经济点

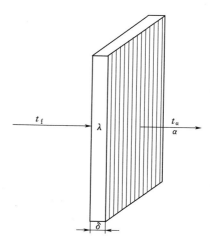

图 3 - 22　通过平壁保温层的传热

对于蓄热体来说，保温层结构为平壁保温层结构，现在取 1m² 保温层表面积为计算基准，根据传热学公式，通过厚度为 δ 的保温层厚度的散热量为

$$q = \frac{t_f - t_a}{\frac{\delta}{\lambda} + \frac{1}{\alpha}} \tag{3-33}$$

式中　t_f——介质的温度，℃；

　　　t_a——周围空气的温度，℃；

　　　λ——保温材料的导热系数，kcal/(m·h·℃)；

　　　α——保温层表面至周围空气的给热系数，kcal/(m²·h·℃)；

　　　δ——保温层厚度，m；

　　　q——散热量，kcal/(m·h)。

年散热损失费用为

$$C_Q = qbh \times 10^{-6}$$

$$= \frac{t_f - t_a}{\frac{\delta}{\lambda} + \frac{1}{\alpha}} bh \times 10^{-6} \tag{3-34}$$

式中　b——热量的价格，元/($\times 10^9$ cal)；

　　　h——年运行时间，h。

保温材料透支年分摊的费用为

$$C_m = \delta ac \tag{3-35}$$

式中　a——保温材料的价格，元/m^2；

　　　c——资金回收系数。

年总费用为

$$C_t = C_Q + C_m \tag{3-36}$$

即

$$C_t = \frac{t_f - t_a}{\frac{\delta}{\lambda} + \frac{1}{\alpha}} bh \times 10^{-6} + \delta ac \tag{3-37}$$

以自变量 δ 对 C_t 求微分得

$$\frac{dC_t}{dt} = (t_f - t_a) \frac{-\frac{1}{\lambda}}{\left(\frac{\delta}{\lambda} + \frac{1}{\alpha}\right)^2} bh \times 10^{-6} + ac \tag{3-38}$$

令 $\frac{dC_t}{d\delta} = 0$，得

$$(t_f - t_a) \frac{-\frac{1}{\lambda}}{\left(\frac{\delta}{\lambda} + \frac{1}{\alpha}\right)^2} bh \times 10^{-6} + ac = 0 \tag{3-39}$$

因此保温层厚度为

$$\delta = 10^{-8} \sqrt{\frac{b}{a} \frac{h}{c} \lambda (t_f - t_a)} - \frac{\lambda}{\alpha} \tag{3-40}$$

从式（3-40）中可以看到，利用综合经济效益作为评价准则，可以很好地协调蓄热体外部墙壁温度、保温材料厚度以及保温材料的经济性之间的关系，可以在达到最佳经济点的同时，满足炉体的保温效果。

3.2.3　实例分析

为验证蓄热装置设计热力计算方法及流程的正确性以及合理性，对固体电蓄热系统进行热力计算案例分析，表 3-6 为蓄热功率 1MW、日蓄热量 8MW·h，换热功率 2MW 的蓄热系统设计案例。

表 3 - 6　　　　　　　**1MW 固体电蓄热装置热力平衡计算结果**

计算过程	输入参数	数值	输出参数	数值
基本参数计算	设计配电加热功率/kW	1000	冷水焓值/(kJ·kg⁻¹)	189
	加热时长/h	8	热水焓值/(kJ·kg⁻¹)	231
	最快放热时长/h	4	水管直径/mm	201
	冷水入口温度/℃	45	供水最大热负荷/kW	2000
	热水出口温度/℃	55	加热周期内总蓄热量/(kW·h)	8000
加热丝参数计算	设计功率/kW	1000	单相根数/根	56
	三相电压/V	10000	单相电压/V	5774
	三相根数/根	168	单根电阻/Ω	1.79
	加热丝直径/mm	3	单根功率/kW	5.95
	温度系数	1.08	加热丝长度/mm	8202.50
	加热丝电阻率/(Ω·mm²·m⁻¹)	1.39	加热丝表面负荷/(W·cm⁻²)	7.51
蓄热体结构设计计算	蓄热裕度	1.1	设计蓄热砖总蓄热量/(kW·h)	8800
	蓄热砖比热/(kJ·kg⁻¹·℃⁻¹)	1.064	蓄热砖单块体积/m³	0.00413
	蓄热砖加热终了平均温度/℃	700	蓄热砖单块重量/kg	11.55
	蓄热砖加热初始平均温度/℃	150	蓄热砖计算总数/块	4687
	蓄热砖横向排数	7	蓄热砖纵向排数	16
	蓄热砖高度排数	43	折合大蓄热块数/块	4816
	蓄热砖密度/(kg·m⁻³)	2800	蓄热砖总重量/kg	55712
	单块蓄热砖蓄热量/(kW·h)	1.71	实际蓄热砖总蓄热量/(kW·h)	9056
换热器选型计算	换热器设计换热负荷/kW	2000	换热器出口空气流量/(m³·h⁻¹)	12669
	换热器入口空气温度/℃	650	换热器入口空气流量/(m³·h⁻¹)	30936
	换热器出口空气温度/℃	105	传热面积/m²	115
	传热系数	0.078	单根换热管换热面积/m²	0.13
	换热管管长/mm	1700	换热管根数/根	862
	换热管直径/mm	25	换热管内空气实际流速/(m·s⁻¹)	15.79
变频风机选型计算	蓄热砖体流阻/Pa	58	累计总流阻/Pa	1536
	换热器流阻/Pa	989	风机空气流量/(m³·h⁻¹)	10594
	低温风道流阻/Pa	15	风机效率/%	75
	高温风道流阻/Pa	36	风机计算功率/kW	7.80
	换热器后流阻/Pa	500	选择风机功率/kW	11.0

固体电蓄热系统以加热功率 100kW，日蓄热量 1MW·h，换热功率 125kW 的设计要求为例，对蓄热系统进行案例设计，计算结果见表 3-7。

表 3-6 和表 3-7 是对固体电蓄热系统进行初步计算，应用案例按照蓄热系统的加热、蓄热、取热、换热四个部分进行计算。加热部分对加热丝长度和表面负荷等重要参数进行计算，为加热丝形状设计做准备；蓄热部分对蓄热体蓄热单元数量、蓄热单元排

表 3 - 7　　　　　　　**100kW 固体电蓄热装置热力平衡计算结果**

计算过程	输入参数	数值	输出参数	数值
基本参数计算	设计配电加热功率/kW	100	冷水焓值/(kJ·kg⁻¹)	189
	加热时长/h	10	热水焓值/(kJ·kg⁻¹)	231
	最快放热时长/h	8	水管直径/mm	50
	冷水入口温度/℃	45	供水最大热负荷/kW	125
	热水出口温度/℃	55	加热周期内总蓄热量/(kW·h)	1000
加热丝参数计算	设计功率/kW	100	单相根数/根	11
	三相电压/V	400	单相电压/V	231
	三相根数/根	33	单根电阻/Ω	0.57
	加热丝直径/mm	3	单根功率/kW	0.74
	温度系数	1.08	加热丝长度/mm	2474
	加热丝电阻率/(cm²·Ω·m⁻¹)	479	加热丝表面负荷/(W·cm⁻²)	3.18
蓄热体结构设计计算	蓄热裕度	1.1	设计蓄热砖总蓄热量/(kW·h)	11000
	蓄热砖比热/(kJ·kg⁻¹·℃⁻¹)	1.064	蓄热砖单块体积/m³	0.00413
	蓄热砖加热终了平均温度/℃	750	蓄热砖单块重量/kg	11.55
	蓄热砖加热初始平均温度/℃	300	蓄热砖计算总数/块	716
	蓄热砖横向排数/排	6	蓄热砖纵向排数/排	6
	蓄热砖高度排数/排	20	折合大蓄热砖块数/块	724
	蓄热砖密度/(kg·m⁻³)	2800	蓄热砖总重量/kg	8357
	单块蓄热砖蓄热量/(kW·h)	1.71	实际蓄热砖总蓄热量/(kW·h)	1111
换热器选型计算	换热器设计换热负荷/kW	125	换热器出口空气流量/(m³·h⁻¹)	1969
	换热器入口空气温度/℃	350	换热器入口空气流量/(m³·h⁻¹)	3161
	换热器出口空气温度/℃	115	传热面积/m²	115
	传热系数	0.078	单根换热管换热面积/m²	0.09
	换热管管长/mm	1500	换热管根数/根	118
	换热管直径/mm	25	换热管内空气实际流速/(m·s⁻¹)	24.26
变频风机选型计算	蓄热砖体流阻/Pa	3	累计总流阻/Pa	3483
	换热器流阻/Pa	3029	风机空气流量/(m³·h⁻¹)	1969
	低温风道流阻/Pa	9	风机效率/%	75
	高温风道流阻/Pa	18	风机计算功率/kW	2.7
	换热器后流阻/Pa	450	选择风机功率/kW	3.0

布等进行计算,对一定排布方式下的蓄热量校核,确认满足设计要求;换热部分对换热面积、换热器进出口空气流量、换热器流通截面积和换热管内空气的流速等参数进行计算,方便变频风机的选型计算;取热部分对变频风机的功率、风压以及流量等参数进行计算,选取满足设计要求的变频风机功率。

3.3 固体电蓄热系统设备选型计算与经济性分析

3.3.1 固体电蓄热系统设备选型

3.3.1.1 供暖固体电蓄热装置设备选项

1. 室内温度计算

室内计算标准温度是指室内离地面 2m 以内人们活动区域的平均温度，一般满足人们日常活动的要求。

（1）寒冷地区和严寒地区房间温度应采用 18～24℃。

（2）室内场所温度不应低于表 3-8 中的数值。

表 3-8　　　　　　　　　　　　　室内场所温度　　　　　　　　　　　单位：℃

室内场所	温度	室内场所	温度
浴室	25	食堂	18
更衣室	25	盥洗室、厕所	12
办公室、休息室	18		

2. 供暖室外温度计算

选取室外空气设计计算气象参数，具体见附录 A。

3. 建筑物采暖季耗热量指标

建筑物耗热量指标是评价建筑物能耗的重要指标，是指在计算采暖期室外平均温度条件下，为保持室内设计计算温度，单位建筑面积在单位时间内消耗的需由室内采暖设备供给的热量。

建筑采暖季耗热量指标计算公式为

$$q_H = \frac{Q_H}{24 \times 1000Z} \tag{3-41}$$

式中　q_H——建筑物采暖季耗热量指标，W/m^2；

　　　Q_H——建筑物采暖季耗热量，$kW \cdot h/m^2$；

　　　Z——计算采暖期天数，d。

4. 建筑物采暖季热指标

建筑物采暖季热指标表示每平方米建筑面积的供暖设计热负荷，与室外温度、建筑维护结构、保温材料的传热系数、窗体的传热系数、建筑物体形系数、新风量大小、热损失等都有关系，致使同类建筑的热指标有所差异，各地的热指标更有所差异。热指标与耗热量指标的关系为

$$q_f = \frac{q_H (t_n - t_w)}{t_n - t_e} \qquad (3-42)$$

式中　q_f——建筑物采暖季热指标，W/m^2；

　　　t_e——计算采暖期室外平均温度，℃；

　　　t_w——计算采暖期室外计算温度，℃；

　　　t_n——计算采暖期室内计算温度，℃。

5. 采暖设计热负荷

采暖设计热负荷是指当室外温度为采暖室外计算温度时，为了达到所要求的室内温度，供热系统在单位时间内向建筑物供给的热量。采暖设计热负荷是供暖设计中最基本的数据，它直接影响供暖系统方案的选择、管道管径和散热器等设备的确定，关系到供暖系统的使用和经济效果。计算公式为

$$q_0 = \frac{q_f F}{1000} \qquad (3-43)$$

式中　q_0——采暖热负荷，kW；

　　　q_f——建筑物采暖面积热指标，W/m^2；

　　　F——建筑物的建筑面积，m^2。

6. 加热功率与蓄热量

固体电蓄热机组主要利用夜间低谷期电力进行储热，在平峰期和高峰期，依靠储存的热量来供暖。在实际应用中通常采用全谷电蓄热或全谷电加部分平电蓄热，采用全谷电蓄热运行费用较低，但是总装机容量略大，导致成本较高；而采用全谷电加部分平电蓄热，则可以降低总装机容量，降低初投成本。固体蓄热机组加热功率和蓄热量为

$$q_B = \frac{24 q_0 \lambda_1}{t_1 \eta_1} \qquad (3-44)$$

$$Q_x = \frac{q_0}{\eta_1} \left(24 - \frac{t_1}{\lambda_1} \right) \qquad (3-45)$$

式中　q_B——固体蓄热机组加热功率，kW；

　　　q_0——采暖热负荷，kW；

　　　Q_x——蓄热量，kW·h；

　　　η_1——锅炉效率，一般取 0.95；

　　　λ_1——谷电加热电量占比；

　　　t_1——谷电时长，h。

7. 案例分析

某居民楼采用"煤改电"固体电蓄热装置进行供热，供暖面积 1.2 万 m^2，夜间谷电时长为 9h（依据目前地区的环保政策），谷电电量加热比例系数为 0.95，建筑物采暖季热指标 q_f 按 28.7W/m^2 计算。按以上参数进行设备容量配置。

采暖设计热负荷为

$$q_0 = \frac{q_f F}{1000} = \frac{28.7 \times 12000}{1000} = 344.4(\text{kW})$$

加热功率为

$$q_B = \frac{24 q_0 \lambda_1}{t_1 \eta_1} = \frac{24 \times 344.4 \times 0.95}{9 \times 0.95} = 872.48(\text{kW})$$

蓄热量为

$$Q_x = \frac{q_0}{\eta_1}\left(24 - \frac{t_1}{\lambda_1}\right) = \frac{344.4}{0.95} \times \left(24 - \frac{9}{0.95}\right) \approx 5266(\text{kW} \cdot \text{h})$$

根据计算结果选择固体电蓄热装置型号。

3.3.1.2 供热水（油）型及供蒸汽型设备选型

热水蒸汽设备主要利用夜间低谷期电力进行储热，在白天时段，依靠储存的热量来提供热水（油）或蒸汽。

1. 供热水（油）设备选型

（1）蓄热量为

$$Q_w = \frac{C_w m_w t_0 (T_1 - T_2)}{3600 \eta_1} \tag{3-46}$$

式中　Q_w——供热水（油）蓄热量，kW·h；

C_w——水（油）的比热容，kJ/(kg·℃)；

m_w——水（油）的需求量，kg/h；

t_0——日供热水（油）时间，h；

T_1——进水（油）温度，℃；

T_2——出水（油）温度，℃；

η_1——锅炉效率，一般取 0.95。

（2）加热功率为

$$q_B = \frac{Q_w}{t_1} \tag{3-47}$$

式中　q_B——加热功率，kW；

Q_w——供热水（油）蓄热量，kW·h；

t_1——谷电时长，h。

（3）案例分析。例如向某地提供热水，采用"煤改电"固体电蓄热装置进行供热，热水需求量为 16.6t/h，每天需要用 8h，其中进水温度为 25℃，出水温度为 65℃。夜间谷电 9h（依据目前地区的环保政策），其中水的比热容为 4.2kJ/(kg·℃)。根据以上参数进行设备容量配置。

蓄热量为

$$Q_w = \frac{C_w m_w t_0 (T_1 - T_2)}{3600 \eta_1} = \frac{4.2 \times 16.6 \times 1000 \times 8 \times (65 - 25)}{3600 \times 0.95} = 6523.5 (kW \cdot h)$$

加热功率为

$$q_B = \frac{Q_w}{t_1} = \frac{6523.5}{9} = 724.83 (kW)$$

根据计算结果选择固体电蓄热装置型号。

2. 供蒸汽型设备选型

（1）蓄热量为

$$Q_w = \frac{m_w t_0 (H_1 - H_2)}{3600 \eta_1} \qquad (3-48)$$

式中　Q_w——供蒸汽蓄热量，$kW \cdot h$；

　　　　m_w——蒸汽的需求量，kg/h；

　　　　t_0——日供蒸汽时间，h；

　　　　H_1——蒸汽焓值，kJ/kg；

　　　　H_2——循环水焓值，kJ/kg；

　　　　η_1——锅炉效率，一般取 0.95。

（2）加热功率为

$$q_B = \frac{Q_w}{t_1} \qquad (3-49)$$

式中　q_B——加热功率，kW；

　　　　Q_w——供蒸汽蓄热量，$kW \cdot h$；

　　　　t_1——谷电时长，h。

（3）案例分析。例如向某地提供蒸汽，采用"煤改电"固体电蓄热装置进行供热，蒸汽需求量为 2t/h，蒸汽压力为 0.4MPa，每天需要用 6h，其中进水温度为 70℃，蒸汽温度为 143.62℃。夜间谷电 9h（依据目前地区的环保政策）。根据以上参数进行设备容量配置。

查得循环水焓值 $H_2 = 293.2kJ/kg$，蒸汽焓值 $H_1 = 2738.5kJ/kg$。

蓄热量为

$$Q_w = \frac{m_w t_0 (H_1 - H_2)}{3600 \eta_1} = \frac{2 \times 1000 \times 6 \times (2738.5 - 293.2)}{3600 \times 0.95} = 8580 (kW \cdot h)$$

加热功率为

$$q_B = \frac{Q_w}{t_1} = \frac{8580}{9} = 953 (kW)$$

根据计算结果选择固体电蓄热装置型号。

3.3.2 固体电蓄热系统经济性分析

3.3.2.1 固体电蓄热系统运行费用计算

固体电蓄热机组通过固体材料蓄热，将"夜间电"转化为"白天热"，在夜间利用低谷期电力将蓄热体加热到一定的温度（固体蓄热材料一般不高于800℃），同时，也要满足低谷期建筑物的供暖负荷，在平峰期和高峰期，依靠被加热的蓄热体余温来供暖。因此采用固体电蓄热机组供暖具有更好的经济性。

1. 采暖季总加热用电量

$$Q_1 = \frac{24 q_0 Z}{\eta_1} \frac{T_1 - T_2}{T_1 - T_3}$$

$$(3 - 50)$$

式中　Q_1——采暖季总加热用电量，kW·h；

q_0——采暖热负荷，kW；

Z——采暖天数，d；

η_1——锅炉效率，一般取0.95；

T_1——室内计算平均温度，℃；

T_2——采暖季平均温度，℃；

T_3——采暖室外计算温度，℃。

2. 采暖季总谷时用电量

$$Q_2 = Q_1 \left(\lambda_1 + \frac{\eta_2 t_1}{24} \right)$$

$$(3 - 51)$$

式中　Q_1——采暖季总加热用电量，kW·h；

Q_2——采暖季总谷时用电量，kW·h；

λ_1——谷电加热电量占比；

η_2——风机水泵负荷系数；

t_1——谷电时长，h。

3. 采暖季总平时用电量

$$Q_3 = Q_1 \left(1 - \lambda_1 + \frac{\eta_2 t_2}{24} \right)$$

$$(3 - 52)$$

式中　Q_1——采暖季总加热用电量，kW·h；

Q_3——采暖季总平时用电量，kW·h；

λ_1——谷电加热电量占比；

η_2——风机水泵负荷系数；

t_2——平电时长，h。

4. 采暖季总峰时用电量

$$Q_4 = \frac{Q_1 \eta_2 t_3}{24}$$

$$(3 - 53)$$

式中　Q_1——采暖季总加热用电量，$kW \cdot h$；

$\qquad Q_4$——采暖季总峰时用电量，$kW \cdot h$；

$\qquad \eta_2$——风机水泵负荷系数；

$\qquad t_3$——峰电时长，h。

5. 采暖季总用电量

$$Q_z = Q_2 + Q_3 + Q_4 \tag{3-54}$$

6. 采暖费用计算

$$P_a = Q_2 p_1 + Q_3 p_2 + Q_4 p_3 \tag{3-55}$$

式中　Q_2——采暖季总谷时用电量，$kW \cdot h$；

$\qquad Q_3$——采暖季总平时用电量，$kW \cdot h$；

$\qquad Q_4$——采暖季总峰时用电量，$kW \cdot h$；

$\qquad p_1$——谷电电价，元/($kW \cdot h$)；

$\qquad p_2$——平电电价，元/($kW \cdot h$)；

$\qquad p_3$——峰电电价，元/($kW \cdot h$)。

3.3.2.2　供暖费用计算分析

1. 不同取暖方式对比

目前，在冬季可通过燃煤锅炉、燃气锅炉、固体电蓄热机组、发热电缆、供暖热网挂网、电直热锅炉和地源热泵等方式进行取暖。图 3-23、图 3-24 分别为不同取暖方式的初始投资和单位运行费用。可以发现，其中燃煤锅炉、供暖热网挂网、电直热锅炉初期投资较少，其次是燃气锅炉、固体电蓄热机组、发热电缆，而地源热泵的初期投资较高。

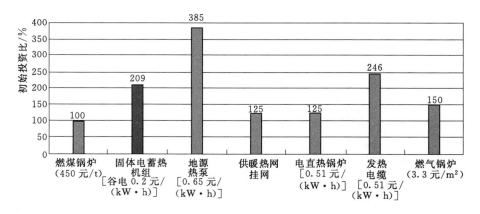

图 3-23　不同取暖方式的初始投资

注：按照 1 万 m^2 建筑面积、120d 供暖时长、建筑热耗量 32W/m、

日供热 10h、负荷系数 0.64 进行经济性分析。

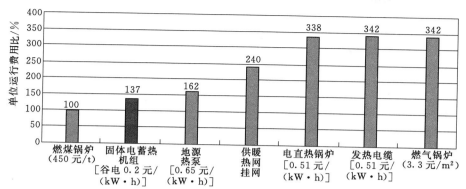

图 3-24 不同取暖方式的单位运行费用

注：热耗 32W/m，供暖 150d，负荷率 65%，依据不同热值和能源单价计算。

在谷电电价为 0.2 元/(kW·h) 时，固体电蓄热装置采暖费用较低，仅略高于燃煤取暖。因此，通过固体电蓄热装置进行采暖具有更高的性价比。

2. 固体电蓄热装置运行方式

采用固体电蓄热装置进行供暖共分为两种情况：①采用全谷电进行蓄热；②采用谷电＋平电方式进行蓄热。采用第二种情况进行供暖时，可以减小固体电蓄热装置的加热功率和蓄热量，但是由于采用平电进行供暖，运行费用增加，且随着谷电利用系数的减小，加热功率和蓄热量持续减小，而运行费用不断增加。图 3-25 为不同谷电利用系数的加热功率情况，通过采用最佳谷电利用系数，可以获得具有最佳投资性价比的运行方式。

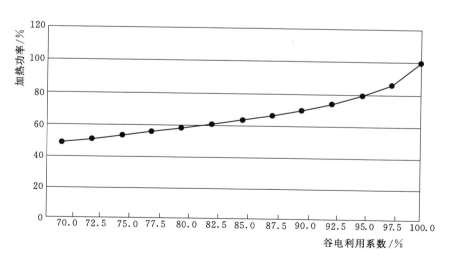

图 3-25 不同谷电利用系数下的加热功率

3. 案例分析

某小学采用"煤改电"固体电蓄热装置进行供热，其中初始投资 140 万元，夜间谷电达 10h，配置变压器容量 1250kW，蓄热装置加热功率 1200kW，其中运行参数见表 3-9。根据以上参数进行投资测算。

表 3-9　　　　　　　　　　运　行　参　数

序号	参　数　名　称	数值
1	日最大蓄热量/(kW·h)	4615
2	日最大全谷电加热功率/kW	777
3	换热功率/kW	360
4	日最大平电加热小时数/h	2.44
5	日平均平电加热小时数/h	0.40
6	日最大加热用电量/(kW·h)	6990
7	总加热用电量/(kW·h)	493566
8	总用电量/(kW·h)	519966
9	总谷时用电量/(kW·h)	478788
10	总平时用电量/(kW·h)	32378
11	总峰时用电量/(kW·h)	8800
12	谷电电价/[元·(kW·h)$^{-1}$]	0.3400
13	平电电价/[元·(kW·h)$^{-1}$]	0.6800
14	峰电电价/[元·(kW·h)$^{-1}$]	1.0200

3.4　固体电蓄热系统试验验证

3.4.1　固体电蓄热系统试验方法

3.4.1.1　固体电蓄热系统试验要求

1. 一般要求

（1）测试应在蓄热电供暖设备至少完成 3 次完整的蓄放热周期后进行。

（2）实验室检测过程中各参数的采集间隔不大于 1min。

（3）现场检测过程中各参数的采集间隔不大于 5min。

（4）试验期间记录设备所处的环境温度，环境温度测试值为 4 个环境温度测点的算数平均值。

（5）试验过程中系统每个设备的用电数据和热工数据都应单独记录。

2. 试验仪器及测点精度要求

（1）试验系统所用的计量仪表必须经国家法定的计量检测机构检测，并在有效期限内。

（2）试验期间各测点精度要求应符合表3-10的规定。

表3-10　　　　　　　　　　　各测点精度要求

项　目	实验室检测	现场检测
环境温度/℃	±0.2	±0.2
液体温度/℃	±0.2	±0.5
液体流量/(m³·s⁻¹)	±0.1	±0.2
液体压力/Pa	±5	±5
电量/(kW·h)	±0.1	±0.1
时间/s	±0.1	±0.1

3.4.1.2　固体电蓄热系统试验项目

对固体电蓄热系统进行试验的项目见表3-11。

表3-11　　　　　　　　　　　试　验　项　目

试　验　项　目		参　数	
一般要求	外观要求	安全保护	外壳防护
	蓄热体温度测点		过压保护
性能要求	平均电功率		工作温度下的泄漏电流
	平均热功率		工作温度下的电气强度
	平均热效率		绝缘电阻
	平均出口温度		过温保护
	蓄热量	电能质量	功率因数
	释蓄热量比		三项不平衡
	保温性能		谐波电压、电流
	耐温性能		启动、停止瞬态波动
			间谐波

3.4.1.3　固体电蓄热系统试验准备

确定蓄热体蓄热完成状态的蓄热体温度上限和蓄热体释热完成状态的蓄热体温度下限。

3.4.1.4　固体电蓄热系统预试验步骤

（1）试验目的。调整系统热工况，为后期试验做准备。

（2）蓄热过程。试验包括预试验、第一次蓄放试验和第二次蓄放试验三个过程。以额定电功率进行蓄热，直至蓄热体温度达到温度上限。

（3）放热过程。蓄热过程结束后，关闭电加热元件，启动放热运行，直至蓄热体温

度达到温度下限。

3.4.1.5　第一次蓄放热试验步骤

（1）第一次蓄放热试验在预实验结束后进行。

（2）蓄热过程按照预试验步骤中规定的方法进行。

（3）放热过程按照预试验步骤中规定的方法进行。

（4）试验过程应记录数据项，见表 3-12。

表 3-12　　　　　　　　　第一次蓄放热试验记录数据项

变　　量	符　号　表　示
第一次蓄热过程蓄热式电供暖设备耗电量	$E_{1-1}/(\mathrm{kW \cdot h})$
第一次蓄热过程蓄热式电供暖设备输出热量	$Q_{1-1}/(\mathrm{kW \cdot h})$
第一次蓄热过程蓄热体输入热量（分体式）	$Q_{1-3}/(\mathrm{kW \cdot h})$
第一次放热过程蓄热式电供暖设备输出热量	$Q_{1-2}/(\mathrm{kW \cdot h})$
第一次蓄热过程持续时间	τ_{1-1}/s
第一次放热过程持续时间	τ_{1-2}/s
第一次蓄放热试验其他设备耗电量	$E_{1-2}/(\mathrm{kW \cdot h})$

3.4.1.6　第二次蓄放热试验

（1）第二次蓄放热试验在第一次蓄放热试验束后进行。

（2）蓄热过程按照预试验步骤中规定的方法进行。

（3）放热过程按照预试验步骤中规定的方法进行。

（4）试验过程应记录数据项，见表 3-13。

表 3-13　　　　　　　　　第二次蓄放热试验记录数据项

变　　量	符　号　表　示
第二次蓄热过程蓄热式电供暖设备耗电量	$E_{2-1}/(\mathrm{kW \cdot h})$
第二次蓄热过程蓄热式电供暖设备输出热量	$Q_{2-1}/(\mathrm{kW \cdot h})$
第二次蓄热过程蓄热体输入热量（分体式）	$Q_{2-3}/(\mathrm{kW \cdot h})$
第二次放热过程蓄热式电供暖设备输出热量	$Q_{2-2}/(\mathrm{kW \cdot h})$
第二次蓄热过程持续时间	τ_{2-1}/s
第二次放热过程持续时间	τ_{2-2}/s
第二次蓄放热试验其他设备耗电量	$E_{2-2}/(\mathrm{kW \cdot h})$

3.4.1.7　试验项目中数据计算方法

在固体电蓄热系统试验项目中将需要测试的数据项目分为一般要求、性能要求、安全保护以及电能质量四部分，其中一般要求、安全保护以及电能质量可以通过检测设备进行直接测量，而性能要求的数据则需要根据第一次蓄放热试验和第二次蓄放热试验的数据进行计算才可以得出较为准确的试验值。

1. 平均电功率

平均电功率的计算公式为

$$P_{ave}^{E} = \frac{1}{2}\left(\frac{E_{1-1}}{\tau_{1-1}} + \frac{E_{2-1}}{\tau_{2-1}}\right) \times 3600 \qquad (3-56)$$

式中 P_{ave}^{E} ——平均电功率，kW；

E_{1-1} ——第一次蓄放热试验蓄热过程蓄热式电供暖设备耗电量，kW·h；

τ_{1-1} ——第一次蓄放热试验蓄热过程持续时间，s；

E_{2-1} ——第二次蓄放热试验蓄热过程蓄热式电供暖设备耗电量，kW·h；

τ_{2-1} ——第二次蓄放热试验蓄热过程持续时间，s。

2. 平均热功率

平均热功率的计算公式为

$$P_{\cdot ave}^{H} = \frac{1}{2}\left(\frac{Q_{1-1} + Q_{1-2}}{\tau_{1-1} + \tau_{1-2}} + \frac{Q_{2-1} + Q_{2-2}}{\tau_{2-1} + \tau_{2-2}}\right) \times 3600 \qquad (3-57)$$

式中 P_{ave}^{H} ——平均热功率，kW；

Q_{1-1} ——第一次蓄放热试验蓄热过程蓄热式电供暖设备输出热量，kW·h；

Q_{1-2} ——第一次蓄放热试验放热过程蓄热式电供暖设备输出热量，kW·h；

τ_{1-1} ——第一次蓄放热试验蓄热过程持续时间，s；

τ_{1-2} ——第一次蓄放热试验放热过程持续时间，s；

Q_{2-1} ——第二次蓄放热试验蓄热过程蓄热式电供暖设备输出热量，kW·h；

Q_{2-2} ——第二次蓄放热试验放热过程蓄热式电供暖设备输出热量，kW·h；

τ_{2-1} ——第二次蓄放热试验蓄热过程持续时间，s；

τ_{2-2} ——第二次蓄放热试验放热过程持续时间，s。

3. 平均热效率

平均热效率的计算公式为

$$\eta = \frac{1}{2}\left(\frac{Q_{1-1} + Q_{1-2}}{E_{1-1}} + \frac{Q_{2-1} + Q_{2-2}}{E_{2-1}}\right) \times 100\% \qquad (3-58)$$

式中 η ——平均热效率，%；

Q_{1-1} ——第一次蓄放热试验蓄热过程蓄热式电供暖设备的输出热量，kW·h；

Q_{1-2} ——第一次蓄放热试验放热过程蓄热式电供暖设备的输出热量，kW·h；

E_{1-1} ——第一次蓄放热试验蓄热过程蓄热式电供暖设备的耗电量，kW·h；

Q_{2-1} ——第二次蓄放热试验蓄热过程蓄热式电供暖设备的输出热量，kW·h；

Q_{2-2} ——第二次蓄放热试验放热过程蓄热式电供暖设备的输出热量，kW·h；

E_{2-1} ——第二次蓄放热试验蓄热过程蓄热式电供暖设备的耗电量，kW·h。

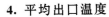

4. 平均出口温度

平均出口温度为记录的所有时刻出口温度的算术平均值。

5. 蓄热量

分体式蓄热式电供暖设备的蓄热量的计算公式为

$$Q_{ave}^{X} = \frac{1}{2}(Q_{1-3} + Q_{2-3}) \tag{3-59}$$

式中　Q_{ave}^{X}——蓄热量，kW·h；

　　　Q_{1-3}——第一次蓄放热试验蓄热过程蓄热体的输入热量，kW·h；

　　　Q_{2-3}——第二次蓄放热试验蓄热过程蓄热体的输入热量，kW·h。

6. 释蓄热量比

分体式蓄热式电供暖设备释蓄热量比的计算公式为

$$\eta^{X} = \frac{1}{2}\left(\frac{Q_{1-2}}{Q_{1-3}} + \frac{Q_{2-2}}{Q_{2-3}}\right) \times 100\% \tag{3-60}$$

式中　η^{X}——释蓄热量比，%；

　　　Q_{1-2}——第一次蓄放热试验放热过程蓄热式电供暖设备的输出热量，kW·h；

　　　Q_{1-3}——第一次蓄放热试验蓄热过程蓄热体的输入热量，kW·h；

　　　Q_{2-2}——第二次蓄放热试验放热过程蓄热式电供暖设备的输出热量，kW·h；

　　　Q_{2-3}——第二次蓄放热试验蓄热过程蓄热体的输入热量，kW·h。

7. 保温性能

在试验过程中，使用红外成像设备确定试验机组外壳最高温度区域，在机组外壳表面该区域布置温度测点，该表面温度测点测得的最高温度值即代表外壳最高温度，保温性能的计算公式为

$$\Delta t = t_{sur} - t_{a} \tag{3-61}$$

式中　Δt——试验装置外壳最高温度与环境温度的差值，℃；

　　　t_{sur}——试验装置测试的外壳最高温度，℃；

　　　t_{a}——试验过程中的平均环境温度，℃。

3.4.2　固体电蓄热系统试验结果

以某 100kW 的固体电蓄热机组为例进行试验验证，提取固体电蓄热机组冬季供暖运行数据，对蓄热系统的炉内平均温度、换热器出水温度、风机频率等数据进行比对分析，根据固体电蓄热机组不同典型工作日的运行数据对系统的运行情况进行说明。

3.4.2.1　炉温变化分析

1. 加热状态下炉温变化情况

取各月典型日加热状态下的炉内平均温度实验数据，见表 3-14。

表 3 - 14 各月典型日加热状态下的炉内平均温度实验数据 单位：℃

时刻	12月15日炉内平均温度	翌年1月15日炉内平均温度	翌年1月25日炉内平均温度
21：30	196	161	217
22：00	233	198	249
22：30	272	237	290
23：00	311	277	314
23：30	348	317	353
0：00	407	355	383
0：30	443	385	417
1：00	478	420	451
1：30	509	451	509
2：00	539	482	541
2：30	568	528	562
3：00	594	538	583
3：30	617	575	606
4：00	642	585	625
4：30	661	604	642
5：00	678	625	662
5：30	694	643	698
6：00	699	675	700
6：30	705	695	701

对数据进行对比分析，并绘制温度变化曲线，如图 3 - 26 所示。

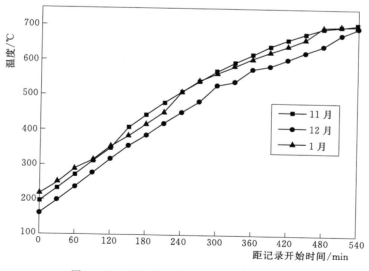

图 3 - 26 蓄热体加热状态下温度变化曲线

在图 3 - 26 中，蓄热体处于边加热边放热状态，蓄热体的加热时间为 8.5h 左右，各典型日蓄热体温度由 170℃ 左右上升到 700℃ 左右，虽然各月典型日的温度变化曲线有小幅度的波动，但在各典型日的同一时间内蓄热体温度相差不大且温度变化符合设计

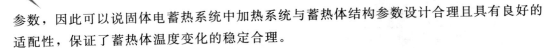

参数，因此可以说固体电蓄热系统中加热系统与蓄热体结构参数设计合理且具有良好的适配性，保证了蓄热体温度变化的稳定合理。

2. 放热状态下炉温的变化情况

取各月典型日放热状态下的炉内平均温度实验数据，见表 3-15。

表 3-15　　　　　各月典型日放热状态下的炉内平均温度实验数据　　　　　单位：℃

时刻	12月15日炉内平均温度	翌年1月15日炉内平均温度	翌年1月25日炉内平均温度
7：30	707	699	596
8：00	671	693	550
8：30	629	662	507
9：00	579	603	543
9：30	528	569	516
10：00	478	534	445
10：30	434	500	393
11：00	395	459	360
11：30	362	429	332
12：00	332	400	307
12：30	304	365	282
13：00	279	337	261
13：30	259	307	241
14：00	237	288	222
14：30	219	268	206
15：00	203	245	190
15：30	207	231	178
16：00	204	219	166
16：30	206	205	155
17：00	201	195	145
17：30	187	184	135
18：00	174	175	126
18：30	161	154	118
19：00	150	144	111
19：30	140	124	104
20：00	131	104	98
20：30	122	98	92

对数据进行对比分析，并绘制温度变化曲线，如图 3-27 所示。

图 3-27 中，蓄热体放热时间为 14h 左右，各月典型日蓄热体温度稍有波动，从700℃左右平缓变化到 160℃左右，在各典型日的同一时间内，温度相差不大且都在合

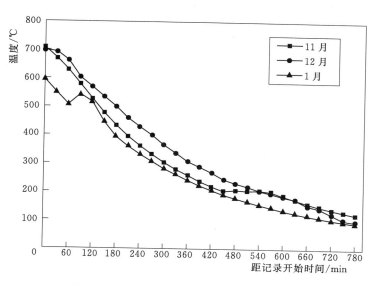

图 3-27 蓄热体放热状态下温度变化曲线

理范围附近变化。这说明蓄热系统中蓄热体、换热系统以及循环风系统的设计参数合理且具有良好的适配性，保证蓄热系统能够在预设的时间内放出足够的热量来满足用户需求。

3.4.2.2 水温变化分析

1. 加热状态下出水温度变化曲线分析

以控制蓄热系统保持出水温度恒定为目标，系统在加热状态下的出水温度、炉内平均温度及风机频率变化曲线如图 3-28 所示。

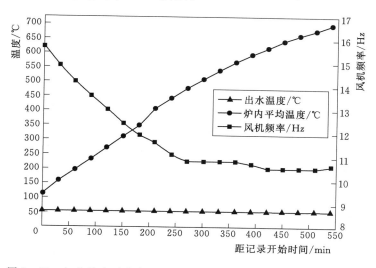

图 3-28 加热状态下出水温度、炉内平均温度及风机频率变化曲线

图 3-28 中，当蓄热系统处于加热状态时，炉内平均温度值在预设的范围内逐渐升高，换热风机频率（转速）呈现下降趋势，但是换热器出水温度一直保持在 50℃ 左右，并且符合实验设定范围。因此，当蓄热体处于边加热边放热状态时，可通过调节换热风机频率来保持出水温度的稳定，同时也说明蓄热系统中各子系统之间的参数具有良好的适配性。

2. 放热状态下出水温度变化曲线分析

以控制蓄热系统保持出水温度恒定为目标，系统在放热状态下的出水温度、炉内平均温度及风机频率变化曲线如图 3-29 所示。

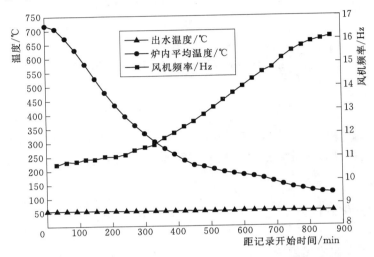

图 3-29　放热状态下出水温度、炉内平均温度及风机频率变化曲线

图 3-29 中，在纯放热情况下，炉内平均温度在预设的范围逐渐下降，换热风机的频率（转速）呈上升趋势，但换热器出水温度也一直保持在 50℃ 左右，达到预设的温度范围。因此，当蓄热体处于纯放热状态时，可以通过调节换热风机频率保持出水温度稳定。

3.5　本章小结

本章主要对固体电蓄热系统的设计与计算方法进行阐述，通过对内置电阻式固体电蓄热系统的结构及工作原理进行介绍，依据蓄热系统的结构不同将系统分为加热、蓄热、取热以及换热四个子系统，然后针对各子系统的具体结构参数进行详细的设计计算与校核计算，依据各子系统间所存在的能量关系建立起整个蓄热系统的热力计算方法和流程，并通过实际的案例设计检验流程及方法的合理性。同时，通过用户需求、系统使用环境的差异对固体电蓄热装置的功率配置方法以及经济性进行分析。为了测试固体电蓄热系统的性能，对固体电蓄热系统的试验方法及步骤进行介绍，并通过提取实际案例中的测试、运行数据以评估系统的性能。

参 考 文 献

［1］ 梁炬祥. 固体蓄热传热过程的模拟分析及实验研究［D］. 合肥：合肥工业大学，2017.

［2］ 周强泰. 锅炉原理［M］. 北京：中国电力出版社，2009：159-206.

［3］ 杨楠山，史立地，张月. 计算流体力学的发展探究［J］. 科技经济导刊，2017（14）：66.

［4］ Pantankar S. V.. 数值传热与流体流动［M］. 张政，译. 北京：科学出版社，1985：91-126.

［5］ 黄钰期. 非结构网格差分求解方程和商用软件 Fluent 的应用［D］. 杭州：浙江大学，2003.

［6］ 王振东，宫元生. 电热合金应用手册［M］. 北京：冶金工业出版社，1997：85-93.

［7］ 徐德玺. 固体电蓄热装置的热力学有限元分析［D］. 沈阳：沈阳工业大学，2016.

［8］ 杨世铭，陶文铨. 传热学［M］. 4 版. 北京：高等教育出版社，2006：459-462.

［9］ 刘庆，王志平，何军，等. 锅炉进水管路的几种接法和热力计算方法［J］. 山东工业技术，2017，10（13）：74-76.

［10］ Pawel Raczka，Kazimierz Wójs. Methods of thermal calculations for a condensing waste-heat exchanger［J］. Chemical and Process Engineering，2014，35（4）：447-461.

［11］ 刘家瑞，赵巍，黄晓东，等. 导孔型板壳式换热器的研究与展望［J］. 热能动力工程，2016，31（3）：1-8.

［12］ Dongcai Guo，Meng Liu，Liyao Xie，et al. Optimization in plate-fin safety structure of heat exchanger using genetic and Monte Carlo algorithm［J］. Applied Engineering，2014，70（1）：341-349.

［13］ 陈立骏. 纤维耐火保温材料节能效果分析及选材原则［J］. 硅酸盐通报，1991（6）：21-25.

［14］ 中华人民共和国国家质量监督检验检疫总局，中国国家标准化管理委员会. GB/T 4272—2008 设备及管道绝热技术通则［S］. 北京：中国标准出版社，2009.

［15］ 吴关裕. 保温层厚度的计算方法［J］. 广东化工，1986（2）：60-65.

［16］ 中华人民共和国住房和城乡建设部. GB 50736—2012 民用建筑供暖通风与空气调节设计规范［S］. 北京：中国建筑工业出版社，2012.

［17］ 辽宁省住房和城乡建设厅，辽宁省质量技术监督局. DB21/T 1476—2011 辽宁省居住建筑节能设计标准［S］. 沈阳：辽宁科学技术出版社，2011.

［18］ 河北省住房和城乡建设厅. DB13（J）185—2015 居住建筑节能设计标准（节能75%）［S］. 北京：中国建材工业出版社，2015.

第4章 固体电蓄热系统多物理场耦合建模与分析

包括位移场（又称应力应变场）、电磁场、温度场和流场等在内的物理场广泛存在于自然界中。对这些自然界的各种场变化现象用最基本的物理、化学和数学等理论进行描述，利用数学模型复现实际系统中发生的本质过程，并通过对数学模型的实验来研究存在的或设计中的系统，就是物理场仿真（或称为物理场模拟）。

耦合是指两个或两个以上的体系或运动形式间通过相互作用而彼此影响以至联合起来的现象，广泛应用于石油、化工、能源、冶金等工程领域。正如现实世界不存在单一的物理场一样，工程上所遇到的问题往往也是多物理场耦合的问题。多物理场耦合分析是指在仿真过程中考虑了两种或多种工程学科物理场的交叉作用和相互影响。

本章首先介绍固体电蓄热系统计算流体力学（CFD）仿真方法，并针对固体电蓄热系统内涉及的多物理场进行耦合建模，并以某实际运行的电蓄热装置为例对多物理场耦合过程进行仿真计算，分别对电蓄热系统的蓄热过程和释热过程进行分析，最后基于仿真结果对蓄热体结构进行优化。

4.1 固体电蓄热系统计算流体力学仿真方法

流体流动与传热现象大量出现在自然界及各个工程领域中，其表现形式多种多样，如利用冷却液实现发动机的冷却、换热器管壳程介质的换热以及汽车空气阻力等都以流体流动及传热作为基本过程。研究流体流动与传热，主要有实验测试、理论分析和数值模拟等方法。由于蓄热体结构复杂，且内部温度较高，理论分析和实验测试均很难得到其内部流场结构和热交换的精确信息，因此通过计算流体力学仿真方法分析蓄热体内流动以及传热过程为最佳的研究方法。计算流体力学以流体力学为基础，以数值计算为工具，通过求解控制方程或附加方程来获得相关参数，对流动和传热问题进行分析，其求解问题的基本思想是：把原来在时间及空间坐标中连续的物理场用一系列有限的离散点上的值的集合来代替，通过一定的方式建立起这些离散点上变量值的代数方程，并求解，以获得所求解物理场的近似值。最后通过图像或动画将求解结果显示出来。流动及传热问题受到最基本的三个物理规律支配，即质量守恒定律、动量守恒定律和能量守恒定律。这些方程构成求解流体物理场的基本方程组。将其基本思想应用于固体电蓄热系统仿真计算问题中，基本过程如图4-1所示。

4.1.1 数学模型基本方程

1. 质量守恒方程（连续性方程）

在流场中任取一个微元控制体，流体不断地流入和流出控制体，但控制体内流体质量的变化规律必须满足质量守恒原理，即单位时间内净流入控制体的流体物质（质量）等于单位时间内控制体内质量的增加。

质量守恒方程为

$$\frac{\partial \rho}{\partial t} + \mathrm{div}(\rho u) = 0 \qquad (4-1)$$

式中　t——时间；

　　　ρ——流体密度；

　　　u——速度矢量。

对于不可压缩流体，其流体密度为常数，连续性方程简化为

$$\mathrm{div}(u) = 0 \qquad (4-2)$$

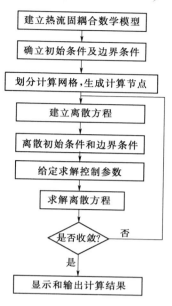

图4-1　固体电蓄热装置流固耦合传热求解的基本过程

2. 动量守恒方程（Navier – Stokes 方程，N – S 方程）

在流场中取一个控制体，控制体承受的表面力和质量力以及控制体内流体的流入和流出均可以引起控制体内动量的变化。上述两者引起的动量变化与单元体内自身的动量变化是守恒的。三个方向的 N – S 方程为

$$\frac{\partial(\rho u)}{\partial t} + \mathrm{div}(\rho u u) = \mathrm{div}(\mu\,\mathrm{grad}\,u) - \frac{\partial p}{\partial x} + \left[-\frac{\partial(\rho \overline{u'u'})}{\partial x} - \frac{\partial(\rho \overline{u'v'})}{\partial y} - \frac{\partial(\rho \overline{u'w'})}{\partial z} \right] + S_u$$

$$(4-3)$$

$$\frac{\partial(\rho v)}{\partial t} + \mathrm{div}(\rho v u) = \mathrm{div}(\mu\,\mathrm{grad}\,v) - \frac{\partial p}{\partial y} + \left[-\frac{\partial(\rho \overline{u'v'})}{\partial x} - \frac{\partial(\rho \overline{v'v'})}{\partial y} - \frac{\partial(\rho \overline{v'w'})}{\partial z} \right] + S_v$$

$$(4-4)$$

$$\frac{\partial(\rho w)}{\partial t} + \mathrm{div}(\rho w u) = \mathrm{div}(\mu\,\mathrm{grad}\,w) - \frac{\partial p}{\partial z} + \left[-\frac{\partial(\rho \overline{u'w'})}{\partial x} - \frac{\partial(\rho \overline{w'v'})}{\partial y} - \frac{\partial(\rho \overline{w'w'})}{\partial z} \right] + S_w$$

$$(4-5)$$

式中　u，v，w——流体沿 x、y、z 方向的时均速度；

　　　u'，v'，w'——流体沿 x、y、z 方向的脉动速度；

　　　　　p——流体的静压；

　　　　　μ——黏度系数；

　　　　　ρ——流体密度；

　S_u，S_v，S_w——x、y、z 方向的源项。

3. 能量守恒方程

控制体内热力学能的增加率等于进入控制体的净热流量与体积力和表面力对控制体做的功之和。将傅里叶导热定律引入，可得出能量方程为

$$\frac{\partial(\rho h)}{\partial t}+\frac{\partial}{\partial x_{\mathrm{j}}}(\rho u_{\mathrm{j}}h+\overline{\rho\,u_{i}'h'})=\frac{\partial p}{\partial t}+u_{\mathrm{j}}\,\frac{\partial p}{\partial x_{\mathrm{j}}}+\tau_{\mathrm{ij}}\frac{\partial u_{i}}{x_{\mathrm{j}}}+S_{\mathrm{h}} \qquad (4-6)$$

式中　h——流体比焓；

　　　S_{h}——能量源项。

h 可以根据其温度积分求得，即

$$h=\int_{T_{0}}^{T}c_{\mathrm{p}}\mathrm{d}T \qquad (4-7)$$

式中　c_{p}——流体的定压比热容；

　　　T——流体温度；

　　　T_{0}——参考温度。

4. 控制方程的微分通用形式

控制方程的微分通用形式为

$$\frac{\partial(\rho\phi)}{\partial t}+\mathrm{div}(\rho\,\vec{u}\phi)=\mathrm{div}(\varGamma\mathrm{grad}\phi)+S_{\phi} \qquad (4-8)$$

式中　ϕ——广义变量，可以为速度、温度或浓度等一些待求的物理量；

　　　$\varGamma$——相应于 ϕ 的广义扩散系数；

　　　S_{ϕ}——广义源项。

在控制容积内积分通用微分方程为

$$\int_{\varOmega}\frac{\partial(\rho\phi)}{\partial t}\mathrm{d}\varOmega+\int_{S}\rho\,\vec{u}\phi n\,\mathrm{d}s=\int_{S}\varGamma\mathrm{grad}\phi\mathrm{d}s+\int_{\varOmega}S_{\phi}\mathrm{d}\varOmega \qquad (4-9)$$

式中　$\varOmega$——控制容积体积；

　　　S——控制容积表面积。

4.1.2　计算流体力学常用的数值方法

根据控制方式的离散格式的不同，数值解法大体可分为有限差分法（finite difference method，FDM）、有限元法（finite element method，FEM）及有限容积法（finite volume method，FVM）3 类。

1. 有限差分法

有限差分法是历史上最早采用的求解偏微分方程数值解的方法，对简单的几何结构的流动与传热问题也是一种容易实施的方法。其基本思想是将求解区域用与坐标轴平行的网格线的节点来代替，在每个节点上，描写所研究的流动与传热问题的控制方程的每一个导数用相应的差分表达式来代替，从而在每个节点上形成一个代数方程，每个方程中包括本节点及其附近一些变量的未知值。针对区域规则的结构化网格，有限差分法是十分简便而有效的，而且很容易引入对流项的高阶格式。其主要缺点是对不规则区域的适应性较差，且控制方程的守恒特性难以保证。

2. 有限元法

有限元法的求解思想是把求解区域划分为有限个元体，在每个元体中取数个合适的节点作为求解函数的插值点，将控制方程中的变量改写成由各变量的节点值或其导数的节点值与所选用的插值函数组成的线性表达式，对控制方程离散求解。这一方法与有限容积法的区别主要在于：

（1）要选定一个形状函数（最简单的为线性函数），通过元体中节点上的被求变量之值来表示该形状函数，并在积分之前将选定的形状函数代入到控制方程中去。

（2）在积分之前，控制方程应乘以一个选定的权函数，并要求在整个计算区域内控制方程余量的加权平均值为零，从而得出一组关于节点上的被求变量的代数方程组。

有限元法的最大优点是对不规则几何区域适应性好。在求解流动与传热的问题时，有限元法在对流项的离散处理及不可压缩流体原始变量法求解方面没有有限容积法成熟。

3. 有限容积法

有限容积法将计算区域划分成一系列控制容积，每个控制容积用一个节点代表，通过将控制方程对控制容积做积分来导出离散方程。在积分过程中需要对界面上被求函数本身及其一阶导数的构成方式做出假设，构成方式的不同形成了不同离散格式。用有限容积法导出的离散方程可以保证具有守恒性，对计算区域的几何形状的适应性较好，是目前流动与传热问题的数值计算中应用最广的一种方法。

有限容积法区域离散化的几何要素如下：

（1）节点。需要求解的未知物理量的几何位置。

（2）控制容积。应用控制方程或守恒定律的最小几何单位。

（3）界面。各节点对应的控制容积分界面位置。

（4）网格线。连接相邻两节点而形成的曲线簇。

计算区域离散网格形式有结构化网格和非结构化网格两种。

结构化网格是指网格内所有的点都具有相同的与四周相连的单元，从而实现与另一区域的边界拟合。结构化网格的主要优点为生成网格的速度非常快、生成的网格精度较高、结构及数据简单、区域光滑、与实际的模型较为接近。

非结构化网格是指网格内部的点不具有与四周相连的单元，即与网格内的不同的点相连的网格单元数不一样。非结构化网格划分时比较容易，但生成网格的速度较慢，且计算时速度相对来说也较慢。

结构化网格划分块时比较容易出错，但其计算速度比采用非结构化网格要快，缺点为适用范围比较窄，不适合几何结构比较复杂的模型。在进行实际工程问题计算时，为充分利用计算机的内存资源，在所求解的变量变化比较剧烈的地区，网格应设置稠密一些。网格的生成往往需要经过反复调试与比较，最初需进行网格独立解验证，即划分的

网格应足够细密，以至于再进一步加密网格对数值计算结果基本上没有影响。

网格生成后，需要将式（4-8）离散化，即将描写流动与传热的偏微分方程转化为各个节点上的代数方程组。控制方程具体离散格式可参考《数值传热学》。

4.2　固体电蓄热系统多物理场耦合建模

固体电蓄热系统内包含电热丝发热、空气流动、蓄热体被加热等复杂的物理过程，涉及电场、磁场、温度场、流场、热应力场等多个物理场的相互作用，研究固体电蓄热系统内多物理场耦合作用对于掌握固体电蓄热系统工作的基本原理以及提高系统的效率都有重要的意义。目前，物理场耦合计算按照求解方法通常分为直接耦合法和间接耦合法，而间接耦合法又可细分为顺序耦合法、迭代耦合法。其中，直接耦合法是将问题中所涉及的所有数学物理方程列出，得到偏微分方程组，然后将离散化模型中所涉及物理量的单元矩阵或载荷向量以一定的方式进行整合并计算求解。该方法适用于多物理场间响应互相依赖的情况，但方程组的解要满足多个条件，所以得到的分析结果通常是非线性的。直接耦合法的缺点是模型自由度较多，计算成本较大。间接耦合法则先对每一个物理场进行分析，再将耦合区域内物理量通过映射和插值传递给外场进行计算，如此迭代，得到耦合系统的响应。图 4-2 为固体电蓄热系统多物理场耦合图。其中，电磁场与焦耳热场之间采用顺序间接耦合方法，通过求解电磁场获得磁场分布、焦耳热场分布。焦耳热场通过附加源项的方法加入到流固耦合传热模型中，流体和固体间的传热采用直接耦合方法，获得空气流场和温度场以及蓄热体内的温度场，并在此基础上采用顺序耦合方法求得蓄热体的热应力场。

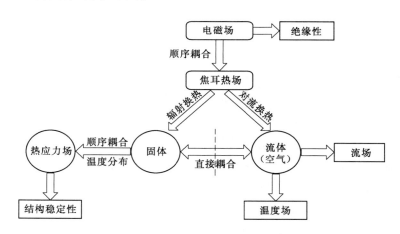

图 4-2　固体电蓄热系统多物理场耦合图

4.2.1　电磁场模型

固体电蓄热装置采用电热丝加热方式加热，电热丝形状不同，场强的分布情况也不同。当加热丝为螺旋形时，通电后有可能会产生电磁耦合，影响电热丝的形状以及电场磁场分布，最终影响蓄热体的绝缘性能；当电热丝形状为波形时，影响绝缘的主要是电场的分布。当加热丝断裂时，由于断裂处压差较大，易产生击穿放电，从而影响蓄热体的绝缘特性。为了比较不同形状电热丝的加热效果，需要确定线圈内部磁场大小，进而计算磁场力。

以螺线形电热丝轴线磁场为例，其磁场方程推导如下：

设轴向长度为 $2L$，半径为 a，单位长度匝数为 n，Z 轴为对称轴，由于匝数较多，所以通过每匝的电流 i 基本是沿着 φ 方向的，可等效为面电流。电流密度的计算公式为

$$\vec{j} = \vec{i}_\phi \frac{ni}{\Delta} \qquad (4-10)$$

根据毕奥-萨伐尔定理有

$$B_z = \frac{\mu_0}{4\pi} \int_{-L}^{L} \int_0^{2\pi} ni \frac{(\vec{i}_\phi \times \vec{i}_{r'r})_z}{|r-r'|^2} a\,\mathrm{d}\varphi'\,\mathrm{d}z' \qquad (4-11)$$

其中

$$\vec{i}_{r'r} = -\vec{i}_r \sin\alpha - \vec{i}_z \cos\alpha$$
$$|r-r'|^2 = a^2 + (z-z')^2$$

式中 μ_0——真空磁导率。

将 $(\vec{i}_\phi \times \vec{i}_{r'r})z \sin\alpha = \dfrac{a}{\sqrt{a^2 + (z'-z)^2}}$ 代入式（4-11），得

$$B_z = \frac{\mu_0 ni}{2} \int_{-L}^{L} \frac{a^2 \mathrm{d}z'}{[a^2 + (z'-z)^2]^{\frac{3}{2}}} \qquad (4-12)$$

计算得

$$B_z = \frac{\mu_0 ni}{2} \left[\frac{L-z}{\sqrt{a^2 + (L-z)^2}} + \frac{L+z}{\sqrt{a^2 + (L+z)^2}} \right] \qquad (4-13)$$

对于有限长螺线管，沿轴的内部场用 B_∞ 表示，在 Z 轴上 z 远远小于 L 处，式（4-13）可简化为

$$B_\infty \approx \frac{\mu_0 niL}{\sqrt{a^2 + L^2}} \qquad (4-14)$$

在螺线管长度远远大于它的半径极限下，式（4-14）变为

$$B_\infty \approx \mu ni \qquad (4-15)$$

在螺线管的口上，即 $z = \pm L$ 处，式（4-13）可简化为

$$B_z \approx \frac{1}{2}\mu ni \qquad (4-16)$$

螺线形电热丝空间任意一点磁场推导如下：

根据电磁场原理，对单匝电流在空间任意一点的电磁感应强度进行积分，可得到多匝圆环电流即螺线管空间任意点的磁感应强度，设 Z 轴为对称轴，其表达式为

$$B_z = \frac{\mu_0 nI}{2\pi} \int_0^\pi \frac{a^2 - a\rho\cos\varphi}{R^2} \left[\frac{z+L}{\sqrt{(z+L)^2 + R^2}} - \frac{z-L}{\sqrt{(z-L)^2 - R^2}} \right] \mathrm{d}\varphi \qquad (4-17)$$

$$B_\rho = \frac{\mu_0 nIa}{2\pi}\int_0^\pi\left[\frac{\cos\varphi}{\sqrt{(z-L)^2+R^2}}-\frac{\cos\varphi}{\sqrt{(z+L)^2+R^2}}\right]\mathrm{d}\varphi \tag{4-18}$$

$$B_\varphi = 0 \tag{4-19}$$

其中
$$R^2 = a^2+\rho^2-2a\rho\cos\varphi,\rho = R\cos\varphi$$

式中　n——螺线管匝数；

　　　I——单匝电流有效值；

　　　R——空间中任意一点距原点的距离。

当位于螺线管轴线上时，$\rho=0$，$R^2=a^2$，此时有

$$B_z = \frac{\mu_0 nI}{2\pi}\left[\frac{z+L}{\sqrt{(z+L)^2+a^2}}-\frac{z-L}{\sqrt{(z-L)^2-a^2}}\right]\int_0^\pi\mathrm{d}\varphi$$

$$= \frac{\mu_0 nI}{2}\left[\frac{z+L}{\sqrt{(z+L)^2+a^2}}-\frac{z-L}{\sqrt{(z-L)^2-a^2}}\right] \tag{4-20}$$

$$B_\rho = \frac{\mu_0 nIa}{2\pi}\left[\frac{1}{\sqrt{(z-L)^2+a^2}}-\frac{1}{\sqrt{(z+L)^2+a^2}}\right]\int_0^\pi\cos\varphi\mathrm{d}\varphi = 0 \tag{4-21}$$

4.2.2　流固耦合传热模型

流固耦合（气固耦合）力学是流体力学与固体力学交叉而成的一门力学分支，是研究固体在流场作用下的各种行为（传热等）以及固体位形对流场影响这两者交互作用的一门科学。固体电蓄热系统的实际传热是包含热传导、热对流和热辐射 3 种换热方式的复杂热交换过程。蓄热过程包括：①电热丝与空气的对流换热；②电热丝与通道内部的辐射换热；③热量在蓄热体内部传导。

放热过程包括：①蓄热体内部的热传导；②空气与蓄热体的流动换热。这些过程主要涉及两个区域，分别为固体区域和流体区域，建立流固区域耦合的流动、传热数学模型对于分析蓄热体内蓄、放热过程，提高蓄热体的利用率有着重要的意义。

流固耦合问题从控制方程的解法上可分为统一耦合解法和迭代耦合解法。统一耦合解法是将耦合项与流体域、固体域构造在同一控制方程中，所有变量在同一时间步内同时求解。迭代耦合解法是在每一时间步内依次求解流体控制方程和固体动力学方程，流体域和固体域的计算结果（如流体压力和固体位移等）通过耦合界面的插值计算来交换数据。依据对界面信息传递以及时间步的处理方法的不同，流固耦合分析方法从时间步角度可以分为强耦合分析、弱耦合分析；从对界面信息传递的处理方法角度，可以分为单向耦合、双向耦合、单双向耦合。

流固耦合问题按耦合机理可分为两大类：第一类是流固耦合作用仅仅发生在流固两相交界面上，在方程上耦合是由两相耦合面的平衡及协调关系引入的；第二类是流固两相部分或全部重叠在一起，耦合效用通过描述问题的微分方程来实现。固体电蓄热系统按耦合机理属于第二类，其耦合效用通过描述问题的微分方程来实现。建立流固耦合模型时，对研究模型进行以下合理简化：

（1）蓄热材料的内部是均匀且连续填充的固体导热介质，蓄热体为长、宽、高固定的立体结构。

（2）由于电热丝的横截面积相对于整个蓄热体而言非常小，故将其看作线热源处理。

（3）蓄热材料采用基于平均温度下的导热系数值。

流固耦合传热计算方法对流体和固体区域分别建立控制方程并进行求解，而在界面处用方程来实现耦合。

4.2.2.1 流体区域控制方程

空气在流体区域流动和传热的过程遵循流体的一般规律，即质量守恒、动量守恒和能量守恒。根据流体力学知识可知，蓄热体通道内流动属于湍流流动，湍流流动是一种高度非线性的复杂流动，使得直接求解 N-S 方程比较困难。但人们已经能够通过某些数值方法对湍流进行模拟，取得与实际比较吻合的结果。在内置式电蓄热体中，电热丝安放在蓄热体的间隔当中。蓄热体得到热量有两个途径：热空气与蓄热体表面进行热对流；电热丝与蓄热体直接热辐射。

1. 湍流模型

目前，湍流的数值模拟方法可以分为直接数值模拟方法和非直接数值模拟方法。所谓的直接数值模拟方法就是直接求解瞬时的湍流控制方程，亦即 N-S 方程。直接数值模拟方法的最大好处在于无需对湍流流动做任何简化与近似，理论上可以得到相对准确的计算结果。但是直接数值模拟方法需要巨大的运算量，试验测试表明，在 $0.1m \times 0.1m$ 的流动区域内，在高雷诺数的湍流中包含尺度为 $10 \sim 100\mu m$ 的涡，要描述这些微小尺度的漩涡，仿真时计算网格的节点数将十分庞大。同时，由于湍流脉动频率约为 10kHz，因此时间步长也应当取得很小。但是对于目前计算机的性能而言，要做到这些是很困难的。

非直接数值模拟法目前主要包括大涡模拟法（LES）、统计平均法和雷诺平均法。

（1）大涡模拟法的基本思想是用瞬时的 N-S 方程直接求解湍流中的大尺度涡，不直接求解小尺度涡，小涡对大涡的影响通过近似的模型来考虑。但总体而言，大涡模拟法对计算机的内存和 CPU 速度的要求仍比较高。

（2）统计平均法是根据湍流的随机性来求解湍流运动问题的一种方法，可分为时均法、体均法和系综平均法。其中，时均法适用于恒定湍流流动，体均法适用于均匀流场，系综平均法不要求某些特殊条件，但分析时需要做大量相同试验，比较困难。

（3）雷诺平均法是对瞬时的 N-S 方程进行时均化处理，求解时均化的 N-S 方程。从工程应用的观点上看，重要的是湍流所引起的平均流场变化。因此，求解时均化的 N-S 方程不仅可以避免直接数值模拟计算量庞大的缺点，而且在工程实际中又可以取得很好的结果。雷诺平均法是目前使用最广泛的湍流数值模拟方法。根据对雷诺应力做出的假定或处理方式的不同，雷诺平均法又可以雷诺应力模型和湍流黏性系数模型两大类型。雷诺应力模型包括雷诺应力方程模型和代数应力方程模型；湍流黏性系数模型包括零方程模型、一方程模型和两方程模型。在湍流黏性系数模型当中，不直接处理雷诺应力项，而是引入湍动黏度，然后把湍流应力表示成湍动黏度的函数，整个计算的关键在于确定这种湍动黏度。湍动黏度的提出来源于 Boussinesq 提出的湍流黏性系数假定，该假定建立了雷诺应力相对于平均速度梯度的关系，即

$$-\rho \overline{u_i' u_j'} = \mu_t \left(\frac{\partial u_i}{\partial x_j} + \frac{\partial u_j}{\partial x_i} \right) - \frac{2}{3} \left(\rho k + \mu_t \frac{\partial u_i}{\partial x_i} \delta_{ij} \right) \tag{4-22}$$

其中

$$k = \frac{\overline{u_i' u_i'}}{2} = \frac{1}{2} (\overline{u'^2} + \overline{v'^2} + \overline{w'^2}) \tag{4-23}$$

式中　　　ρ——密度；

　　u_i'，u_j'——脉动速度；

　　　μ_t——湍动黏度；

　　　δ_{ij}——克罗尼科数；

　　　k——湍动能；

u'，v'，w'——x，y，z 方向上的脉动速度。

湍动黏度 μ_t 是空间坐标的函数，取决于流动的状态，而非物性参数。由此可见，在引入了 Boussinesq 假定以后，就把湍流方程封闭的任务归结到 μ_t 的计算上，而所谓的零方程模型、一方程模型和两方程模型则是确定 μ_t 的微分方程的数目。

零方程模型是指不使用微分方程，而是用代数关系式把湍动黏度与时均值联系起来的模型。最简单的零方程模型是常系数模型。对例如射流等的自由剪切层流动，Prandtl 提出在同一截面上湍动黏度 μ_t 为常数。湍动黏度 μ_t 的计算式为

$$\mu_t = C\delta | u_{max} - u_{min} | \tag{4-24}$$

式中　　C——系数，取值见表 4-1；

　　　　δ——剪切层厚度，表示切应力层中边缘上两个点之间的距离，这两个点的流速与层外自由流动流体的速度差等于该截面上最大速差的 1%，对于轴对称流动，δ 是指从对称轴到 1% 点之间的距离；

u_{max}，u_{min}——同一截面上的最大流速、最小流速。

表 4-1　　　　　　　　　　　　　　　　C 的 取 值

系数	平面混合流动	平面射流	圆形射流	径向射流	平面尾迹
C	0.01	0.014	0.011	0.019	0.026

式（4-24）所得结果与实验测定的符合也能满足一般工程计算的需要。但由于系数没有通用性，当流动形式由射流变成其他形式时，计算结果不准确。

零方程模型中最著名的是普朗特提出的混合面长度模型，该模型假定湍动黏度 μ_t 正比于时均速度的梯度和混合长度 l_m 的乘积，即

$$\mu_t = l_m^2 \left| \frac{\partial u}{\partial y} \right| \tag{4-25}$$

湍流切应力表示为

$$-\rho \overline{u'v'} = \rho l_{\mathrm{m}}^2 \left| \frac{\partial u}{\partial y} \right| \frac{\partial u}{\partial y} \tag{4-26}$$

这样问题由确定 μ_{t} 转移到确定 l_{m} 上来，而 l_{m} 通常由假设、简单的分析和归纳数据得来。混合长度理论的优点是直观、简单，但由于对于复杂的湍流流动很难确定 l_{m}，因此在实际工程中很少使用。

目前两方程模型在工程中使用最为广泛，最基本的两方程模型是标准 $k\text{-}\varepsilon$ 模型，即分别引入关于湍动能 k 和湍动能的耗散率 ε 的方程。此外，还有各种改进型的 $k\text{-}\varepsilon$ 模型，比较著名的是 RNG $k\text{-}\varepsilon$ 模型和 Realizable $k\text{-}\varepsilon$ 模型。标准 $k\text{-}\varepsilon$ 模型是典型的两方程模型，该模型由 Launder 和 Spalding 于 1972 年提出，是在一方程模型的基础上引入一个关于湍动能的耗散率 ε 的方程后形成的。该模型是目前使用最广泛的湍流模型。在模型当中，湍动能耗散率 ε 定义为

$$\varepsilon = \frac{\mu}{\rho} \overline{\frac{\partial u_{\mathrm{i}}'}{\partial x_{\mathrm{k}}} \frac{\partial u_{\mathrm{i}}'}{\partial x_{\mathrm{k}}}} \tag{4-27}$$

湍动黏度 μ_{t} 可以表示成 k 和 ε 的函数，即

$$\mu_{\mathrm{t}} = \rho C_{\mu} \frac{k^2}{\varepsilon} \tag{4-28}$$

式中　C_{μ}——经验常数。

在标准的 $k\text{-}\varepsilon$ 模型中，k 和 ε 是两个基本的未知量，其相应的输送方程为

$$\frac{\partial(\rho k)}{\partial t} + \frac{\partial(\rho k u_{\mathrm{i}})}{\partial x_{\mathrm{i}}} = \frac{\partial}{\partial x_{\mathrm{j}}} \left[\left(\mu + \frac{\mu_{\mathrm{t}}}{\sigma_k} \right) \frac{\partial k}{\partial x_{\mathrm{j}}} \right] + G_{\mathrm{k}} + G_{\mathrm{b}} - \rho\varepsilon - Y_{\mathrm{M}} + S_{\mathrm{k}} \tag{4-29}$$

$$\frac{\partial(\rho\varepsilon)}{\partial t} + \frac{\partial(\rho\varepsilon u_{\mathrm{i}})}{\partial x_{\mathrm{i}}} = \frac{\partial}{\partial x_{\mathrm{j}}} \left[\left(\mu + \frac{\mu_{\mathrm{t}}}{\sigma_{\varepsilon}} \right) \frac{\partial\varepsilon}{\partial x_{\mathrm{j}}} \right] + C_{1\varepsilon} \frac{\varepsilon}{k} (G_{\mathrm{k}} + C_{3\varepsilon} G_{\mathrm{b}}) - C_{2\varepsilon} \frac{\varepsilon^2}{k} + S_{\varepsilon} \tag{4-30}$$

$$G_{\mathrm{k}} = \mu_{\mathrm{t}} \left(\frac{\partial u_{\mathrm{i}}}{\partial x_{\mathrm{j}}} + \frac{\partial u_{\mathrm{j}}}{\partial x_{\mathrm{i}}} \right) \frac{\partial u_{\mathrm{i}}}{\partial x_{\mathrm{j}}} \tag{4-31}$$

$$G_{\mathrm{b}} = \beta g_{\mathrm{i}} \frac{u_{\mathrm{t}}}{Pr_{\mathrm{t}}} \frac{\partial T}{\partial x_{\mathrm{i}}} \tag{4-32}$$

$$\beta = -\frac{1}{\rho} \frac{\partial\rho}{\partial T} \tag{4-33}$$

式中　G_{k}——由平均速度梯度引起的湍动能 k 的产生项；

　　　G_{b}——由于浮力引起的湍动能 k 的产生项，对于不可压缩流体，$G_{\mathrm{b}}=0$；对于可压缩流体，G_{b} 需计算得到；

　　　Pr_{t}——湍动普朗特数，在该模型中可以取 $Pr_{\mathrm{t}}=0.85$；

　　　g_{i}——重力加速度在第 i 方向上的分量；

　　　T——温度；

　　　β——热膨胀系数。

Y_{M} 代表可压湍流中脉动扩张的贡献，对于不可压缩流体，$Y_{\mathrm{M}}=0$；对于可压流体，有

$$Y_M = 2\rho\varepsilon M_t^2 \qquad\qquad (4-34)$$

其中
$$M_t = \sqrt{k/a^2}$$
$$a = \sqrt{\gamma RT}$$

式中　M_t——湍动马赫数；

　　　a——声速；

　　　γ——绝热指数。

在标准 k-ε 模型中，根据 Launder 等的推荐值以及后来的实验验证，模型常数的取值分别为 $C_{1\varepsilon}=1.44$、$C_{2\varepsilon}=1.92$、$C_\mu=0.09$、$\sigma_k=1.0$、$\sigma_\varepsilon=1.3$。对于可压缩流体的流动计算中与浮力相关的系数 $C_{3\varepsilon}$，当主流方向与重力方向平行时，有 $C_{3\varepsilon}=1$；当主流方向与重力方向垂直时，$C_{3\varepsilon}=0$。

根据以上分析，当流动为不可压缩流动，且不考虑自定义的源项时，$G_b=0$，$Y_M=0$，$S_k=0$，$S_\varepsilon=0$。

2. 辐射模型

主要的辐射模型包括离散传播（DT）辐射模型、基于球形谐波法的 P1 辐射模型、罗斯兰德（Rosseland）辐射模型、表面（S2S）辐射模型、离散坐标（DO）辐射模型。这些模型在模拟的精度、合理性和计算量上各有特点。

DT 辐射模型的主要思想是用单一的辐射射线代替从辐射表面沿某个立体角的所有辐射效应，求得每一射线的辐射强度之后，对体积微元内包含的所有辐射射线求和。因此，DT 模型的优点是简单且可以适用的计算对象的尺度范围较大，缺点是假设气体为灰体，忽略散射的作用，耗费计算资源较大，不能和滑移网格、非一致网格一起并行计算。

P1 辐射模型包括气体散射的影响，对于几何形状比较复杂的模型，也能很好拟合，且对 CPU 的性能要求不是很高。P1 辐射模型需要求解一个辐射输运方程并将所得的辐射热量直接带入能量方程的源项。当燃烧计算域的尺寸比较大时，P1 模型非常有效，并且稳定性较好；缺点是假设所有表面都为漫反射，容易夸大辐射传热量，光学厚度较小时，则不再适用。

Rosseland 辐射模型在计算辐射热量时因为引入了与温度成三次方的传热系数，并且 Rosseland 辐射模型不需要计算辐射强度的输运方程，所以 Rosseland 辐射模型耗费的计算资源较少，在计算量方面比 P1 辐射模型还小。Rosseland 辐射模型不适用于密度求解器，仅适用于压力求解器。

S2S 辐射模型可以用来计算在封闭区域内的漫灰表面之间的辐射换热。S2S 辐射模型的主要假定是忽略了辐射吸收、散射和发射问题。因此，模型中假设所有面都为漫反射，不能用于有介质参与的辐射问题，不能和对称边界、周期性边界、非一致网格交界面一起使用，仅考虑表面之间的辐射传热。

DO 辐射模型的主要思想是对辐射强度的方向变化进行离散，通过将整个 4π 空间

角分割成 $N_\theta N_\varphi$ 个辐射立体角，其中 θ、φ 分别为经度角和纬度角。在空间中，求解离散方向上的辐射输运方程，有多少个立体角方向，DO 辐射模型就求解多少个输运方程。立体角的离散精度越高，则求解精度越高。因此，如果把立体角的精度提高，那么计算量将会急剧增加。DO 辐射模型使用范围广泛，既能求解封闭区域有介质参与的辐射问题，又能求解封闭区域无介质参与的问题。可适用于半透明介质和非灰体辐射换热，考虑了颗粒的影响。同时，对解决灰体、非灰体、漫反射与镜面反射的问题，DO 辐射模型也可以使用。

在辐射模型的选择中，DO 辐射模型考虑了所有光学深度区间的辐射以及存在局部热源的问题，且占用计算机内存也比较适中。

4.2.2.2　固体区域控制方程

相比于流体区域，固体区域只有热量传递过程，其能量控制方程为

$$\frac{\partial}{\partial t}(\rho h) + \frac{\partial}{\partial x_i}(\rho u_i h) = \frac{\partial}{\partial x_i}\left(k\,\frac{\partial T}{\partial x_i}\right) + q \qquad (4-35)$$

式中　ρ——密度；

　　　h——显焓；

　　　k——导热系数；

　　　T——温度；

　　　q——固体内部体积热源。

4.2.2.3　流固耦合界面方程

1. 流固界面上的热量传递

由于在固体电蓄热系统内，固体在流体作用下的位移可忽略不计，故只需要考虑流固耦合传热计算即可。流固耦合传热计算的关键是实现流体与固体边界上的热量传递。直接耦合法中流固交界面上满足能量连续性条件，即温度和热流密度相等。具体控制方程式为

$$T_f = T_s$$

$$q_f = -\lambda_f\left(\frac{\partial T_f}{\partial n}\right) = -\lambda_s\left(\frac{\partial T_s}{\partial n}\right) = q_s \qquad (4-36)$$

式中　T_f，λ_f——流体温度和导热系数；

　　　T_s，λ_s——固体温度和导热系数；

　　　q_f，q_s——流固交界面上流体侧和固体侧的热流密度；

　　　n——流固交界面法向量。

2. 流固界面上的壁面函数

在流体区域接近流固耦合界面处（即湍流边界层内），湍流雷诺数比较低，这时候湍流发展不充分，湍流的脉动影响小，分子黏性的影响大。在更贴近壁面的底层内，流

动可能处于层流状态。因此，对雷诺数较低的流动使用标准 $k-\varepsilon$ 模型进行模拟可能会出现错误。在工程计算中，为了将壁面和湍流核心区域的物理量建立起相应的联系，常采用壁面函数法对流动边界层进行处理。壁面函数法实际是一组半经验公式，其基本思想是：对于湍流核心区的流动使用 $k-\varepsilon$ 模型求解，而在壁面区不进行求解，直接使用半经验公式将壁面上的物理量与湍流核心区内的求解变量联系起来。这样，不需要对壁面区内的流动进行求解，就可以直接得到与壁面相邻控制体积的节点变量值。采用一个无量纲的距离 y^+ 对网格节点在壁面区的布置进行判别，其公式为

$$y^+ = \frac{y(c_\mu^{1/4} K^{1/2})}{\nu} \tag{4-37}$$

式中　c_μ——常数，按边界层中脉动能的产生项与耗散项相平衡的试验结果整理而得；

　　　ν——运动黏度。

一般认为，当 $y^+ < 20$ 时，即可认为节点离壁面很近，此时该节点可认为处于壁面上，按壁面处理；当 $y^+ > 300$ 时，节点离壁面较远，此时可认为节点处于湍流充分发展区域，可采用湍流模型求解；当 $20 \leqslant y^+ \leqslant 300$ 时，认为节点处于湍流充分发展层和壁面之间的过渡层中，此时可以采用微分输运方程和混合长度理论计算该处的湍流能和耗散率。

4.2.3　热应力模型

根据流固耦合传热模型，可分别计算得到流体及固体区域的温度分布，基于固体区域的温度分布可对蓄热体进行热应力分析。热应力分析计算涉及材料力学中的热-弹性力学应力方程，其中包括平衡方程、应力方程和应变方程。

平衡方程为

$$\frac{\partial \sigma_x}{\partial x} + \frac{\partial \tau_{yx}}{\partial y} + \frac{\partial \tau_{zx}}{\partial z} = 0 \tag{4-38}$$

$$\frac{\partial \sigma_y}{\partial y} + \frac{\partial \tau_{yx}}{\partial x} + \frac{\partial \tau_{zy}}{\partial z} = 0 \tag{4-39}$$

$$\frac{\partial \sigma_z}{\partial z} + \frac{\partial \tau_{xz}}{\partial x} + \frac{\partial \tau_{yz}}{\partial y} = 0 \tag{4-40}$$

应力方程为

$$\sigma_x = \frac{E}{1-2\mu}\left[\frac{1-\mu}{1+\mu}\varepsilon_x + \frac{\mu}{1+\mu}(\varepsilon_y + \varepsilon_z) - \alpha\Delta T\right], \quad \tau_{xy} = \frac{E}{2(1+\mu)}\gamma_{xy} \tag{4-41}$$

$$\sigma_y = \frac{E}{1-2\mu}\left[\frac{1-\mu}{1+\mu}\varepsilon_y + \frac{\mu}{1+\mu}(\varepsilon_x + \varepsilon_z) - \alpha\Delta T\right], \quad \tau_{yz} = \frac{E}{2(1+\mu)}\gamma_{yz} \tag{4-42}$$

$$\sigma_z = \frac{E}{1-2\mu}\left[\frac{1-\mu}{1+\mu}\varepsilon_z + \frac{\mu}{1+\mu}(\varepsilon_y + \varepsilon_x) - \alpha\Delta T\right], \quad \tau_{zx} = \frac{E}{2(1+\mu)}\gamma_{zx} \tag{4-43}$$

应变方程为

$$\frac{\partial^2 \varepsilon_x}{\partial y^2} + \frac{\partial^2 \varepsilon_y}{\partial x^2} = \frac{\partial^2 \gamma_{xy}}{\partial x \partial y}, \frac{\partial}{\partial x}\left(\frac{\partial \gamma_{zx}}{\partial y} + \frac{\partial \gamma_{xy}}{\partial z} - \frac{\partial \gamma_{yz}}{\partial x}\right) = 2\frac{\partial^2 \varepsilon_x}{\partial y \partial z} \tag{4-44}$$

$$\frac{\partial^2 \varepsilon_y}{\partial z^2}+\frac{\partial^2 \varepsilon_z}{\partial y^2}=\frac{\partial^2 \gamma_{yz}}{\partial y \partial z}, \frac{\partial}{\partial y}\left(\frac{\partial \gamma_{xy}}{\partial z}+\frac{\partial \gamma_{yz}}{\partial x}-\frac{\partial \gamma_{zx}}{\partial y}\right)=2\frac{\partial^2 \varepsilon_y}{\partial z \partial x} \tag{4-45}$$

$$\frac{\partial^2 \varepsilon_z}{\partial x^2}+\frac{\partial^2 \varepsilon_x}{\partial z^2}=\frac{\partial^2 \gamma_{zx}}{\partial z \partial x}, \frac{\partial}{\partial z}\left(\frac{\partial \gamma_{yz}}{\partial x}+\frac{\partial \gamma_{zx}}{\partial y}-\frac{\partial \gamma_{xy}}{\partial z}\right)=2\frac{\partial^2 \varepsilon_z}{\partial x \partial y} \tag{4-46}$$

其中，正向变形量 ε_x、ε_y、ε_z 和切向变形量 γ_{xy}、γ_{yz}、γ_{zx} 的定义为

$$\varepsilon_x=\frac{\partial u}{\partial x}, \gamma_{xy}=\frac{\partial v}{\partial x}+\frac{\partial u}{\partial y} \tag{4-47}$$

$$\varepsilon_y=\frac{\partial v}{\partial y}, \gamma_{yz}=\frac{\partial w}{\partial y}+\frac{\partial v}{\partial z} \tag{4-48}$$

$$\varepsilon_z=\frac{\partial w}{\partial z}, \gamma_{zx}=\frac{\partial u}{\partial z}+\frac{\partial w}{\partial x} \tag{4-49}$$

式中 σ_x，σ_y，σ_z——x、y、z 方向上的正应力；

τ_{xy}，τ_{yz}，τ_{zx}——x、y、z 方向上的切应力；

E——材料的杨氏模量；

μ——材料的泊松比；

ε_x，ε_y，ε_z——x、y、z 方向上的正向变形量；

γ_{xy}，γ_{yz}，γ_{zx}——材料的切向变形量；

u，v，w——x、y、z 方向上的距离。

在求解应力方程之前，根据流固耦合方法计算得到蓄热体的温度分布，将温度分布作为荷载进行应力分析。结合边界条件和压力荷载，求解上述方程，得到了位移 u、v、w 和 Von-mises 等效应力 σ。σ 定义为

$$\sigma=\left\{\frac{1}{2}\left[(\sigma_x-\sigma_y)^2+(\sigma_y-\sigma_z)^2+(\sigma_z-\sigma_x)^2+6(\tau_{xy}^2+\tau_{yz}^2+\tau_{xz}^2)\right]\right\}^{\frac{1}{2}} \tag{4-50}$$

Von-Mises 等效应力是一种屈服准则，遵循材料力学第四强度理论（形状改变比能理论）。固体模型在一定的变形量下，当其单位体积的形变量达到一个数值，该种固体材料就会发生屈服。

第一强度理论指的是材料发生断裂是由最大拉应力引起，即最大拉应力达到某一极限值时材料发生断裂；第二强度理论认为最大伸长线应变是引起断裂的主要因素，最大伸长线应变达到单向应力状态下的极限值就会发生断裂破坏；第三强度理论认为最大剪应力是引起流动破坏的主要原因，即第一主应力减去第三主应力；第四强度理论认为形状改变比能是引起材料流动破坏的主要原因，一般材料在外力作用下产生塑性变形，其以流动形式破坏。当其发生塑性变形时，其 Von-Mises 等效应力为一个定值，Von-Mises 等效应力考虑了第一、第二、第三主应力以及各个方向的切应力，得到的等效应力可以用来对疲劳、破坏等进行评价，在弹塑性力学中，是一个力学的概念，得到的应力等值线可以用来表示模型内部的应力分布情况。

固体的热变形公式表达为

$$d=d_i+d_{th}+d_0 \tag{4-51}$$

$$d_{th}=\alpha \Delta T h \tag{4-52}$$

式中　d——固体热变形总量；

d_i——由于外部作用力而引起的上下表面相对变形，也称为机械变形；

d_{th}——上下表面由于热膨胀引起的变形量；

d_0——上下表面最初的间距；

α——热膨胀率；

ΔT——固体现在温度与初始状态时的温差；

h——固体初始长度。

采用 Steady - Static Structure 软件可将任一时刻的温度场、固体模型等数据输入其中进行计算，从而得到模型的热应力、热变形量在任一时刻的分布状态。

4.3　多物理场耦合仿真实例分析

4.3.1　实例物理模型及边界条件

以容量为 $1000kW \cdot h$ 的固体电蓄热系统为例，首先采用电磁场分析模型分析电热丝排布方式对放热效果的影响，然后利用流固耦合模型对流场和温度场耦合的问题进行三维数值模拟，得到固体电蓄热系统在不同工作时刻的温度分布，建立蓄热结构不同孔隙率、热交换面积与固体电蓄热系统热效率之间的关系，优化固体电蓄热装置的设计。

1. 蓄热体的网格模型

蓄热体堆砌于固体电蓄热装置内部，用来储存电热丝释放的热量；蓄热体与装置外壳之间是流体流动区域。装置下部为空气入口，顶部在出口右侧位置布置有隔板，所以从入口进入的空气必须从右往左经过蓄热体才可以从上部出口流出。这样使得空气可以最大限度地与蓄热体进行对流换热，提高蓄热体的蓄热效率。蓄热体三维结构图及其左视图如图 4 - 3 所示。其主要几何参数如下：

（1）空气入口通道横截面长 400mm、宽 200mm。

（2）空气出口通道横截面长 700mm、宽 200mm。

（3）蓄热砖砌成的蓄热体长 3250mm、宽 1500mm、高 1874mm。

（4）单个换热介质通道长 125mm、宽 40mm。

由于固体电蓄热装置几何形状比较规则，为了提高仿真精度以及节约计算时间，采用结构化网格划分方法。蓄热体蓄热过程是流固耦合传热的过程，故在分区域时须将流体区域和固体区域分离开来，以便在进行数值计算时设置边界条件，数据通过流固耦合界面直接传递。考虑计算速度、时间因素，最终整体网格数为 106 万，网格质量满足计算要求。蓄热体装置网格模型如图 4 - 4 所示。

2. 数学模型

装置内只有气流流动与传热，因此除流体流动与固体能量传递所需基本方程以外，

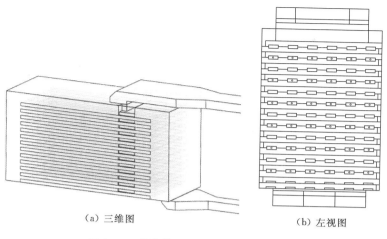

(a) 三维图   (b) 左视图

图 4-3 蓄热体三维结构图及其左视图

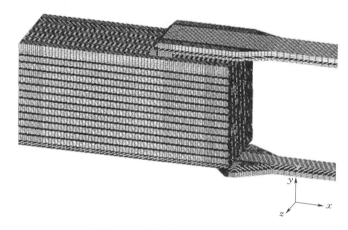

图 4-4 蓄热体装置网格模型

计算中采用的数学模型如下：

（1）气相湍流流动采用标准 $k - \varepsilon$ 双方程模型。

（2）辐射换热采用 DO 辐射模型。

3. 边界条件及参数设置

蓄热体材料为氧化镁砖，其热物性见表 4-2。

表 4-2   氧 化 镁 砖 的 热 物 性

密度 /(kg·m^{-3})	比热容 /(J·kg^{-1}·K^{-1})	熔点 /℃	热传导率 /(W·m^{-1}·K^{-1})	吸收系数 /m^{-1}
2900	960	1600	2.7	0.8

蓄热时，电热丝的总功率为 270kW，其吸收系数为 0.7/m。为防止电热丝过热，向蓄热体通入空气，空气入口速度为 1m/s，温度根据现场数据拟合函数确定。流体区域

与固体域的交界面设为耦合界面，流体出口设为压力出口，壁面设为绝热无滑移边界条件。时间步长为 10s，总加热时间为 26190s。

放热时，电热丝停止加热，空气入口速度为 28m/s，入口空气温度根据现场数据拟合函数得出。放热时间为 41130s。

4.3.2　电磁场仿真结果与分析

4.3.2.1　不同类型加热丝的建模

蓄热体中加热丝对称分布，可选取一组电热丝进行建模仿真。

1. 建模

几种简化模型如图 4-5 所示。

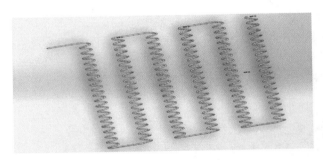

（a）电热丝型号 1

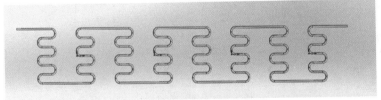

（b）电热丝型号 2

图 4-5　几种简化模型

2. 材料选择

蓄热砖材料为氧化镁，但材料库没有此材料，需自己添加。电阻丝的材料为铁铬铝，电阻率为 $1.35\mu\Omega \cdot m$，介电常数为 1.5，密度为 $7.25g/cm^3$，导热系数为 52.7 kJ/(m·h·℃)，恒压比热容为 490490J/(kg·℃)。

3. 边界条件及激励

蓄热体外接线电压为 110kV，相电压为 63.5kV，峰值电压为 898kV，每一个孔内电热丝等效为一段电阻，则每段电阻丝电压为 0.477kV，电流为 37A。

4.3.2.2　不同类型电热丝的建模结果

求解区域采用两孔内局部电热丝，电热丝左下端口为电压激励施加处，几种方案在800℃时仿真结果如下：

两相邻螺旋形电热丝绕向方向相反，电流方向也相反时，电热丝电场分布如图4-6和图4-7所示。

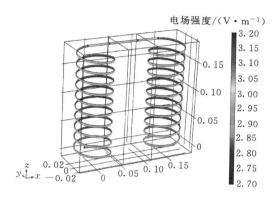

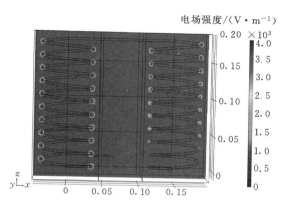

图4-6　电热丝绕向相反、电流方向相反时的整体电场分布图

图4-7　电热丝绕向相反、电流方向相反时的切面电场分布图

可以看出，绕向方向相反的两相邻电热丝电场分布呈对称关系，电热丝内部电场分布较强，两端处分布较弱。其中电场分布最强部位为电热丝的内侧，外侧表面相对弱一些，电场分布最弱部位为两螺旋电热丝的连接线处。磁场分布如图4-8和图4-9所示。

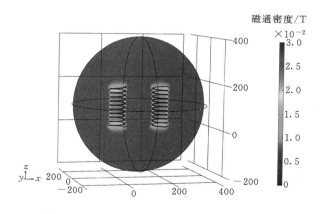

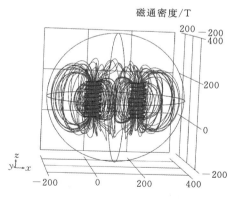

图4-8　电热丝绕向相反、电流方向相反时的整体磁密分布图

图4-9　电热丝绕向相反、电流方向相反时的磁力线分布图

由图4-8和图4-9可以看出，当相邻电热丝电流方向相反、旋转方向也相反时，磁场方向相同，电热丝内部磁场相互抵消一部分，但线圈之间的砖体内的磁场则有所增

加，导致线圈之间的辐向力增加，不利于线圈高温下稳定。

为了降低线圈之间的耦合度，改变相邻线圈绕向及电流设置，使线圈间磁场合成方向相反，基于有限元法对蓄热体内部磁场进行计算，仿真结果如图 4-10 和图 4-11 所示。

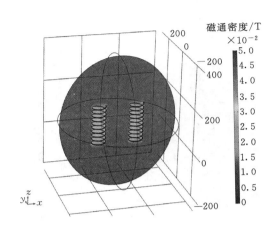

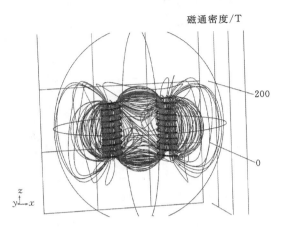

图 4-10　电热丝绕向相同、电流方向相反
时的整体磁密分布图

图 4-11　电热丝绕向相同、电流方向相反
时的磁力线分布图

由图 4-10 和图 4-11 可以看出，由于两线圈旋转方向相同，电流方向相反，所以磁场方向相反，电热丝内部的磁场相互叠加，形成闭合回路；电热丝之间的砖体内的磁场则因两线圈漏磁方向相反，磁场强度相对比较小，上述方案尽管降低了线圈之间的耦合度，但是增加了线圈内的磁场强度，相对增加了线圈轴向力分布，易造成线圈匝间短路。同时，对该方案电热丝的内部电场进行研究，电场分布图如图 4-12 和图 4-13 所示。

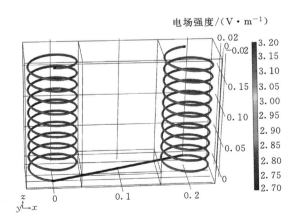

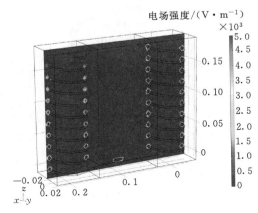

图 4-12　电热丝绕向相同、电流方向相反
时的电场分布图

图 4-13　电热丝绕向相同、电流方向相反
时的电场切面分布图

图 4 - 12 和图 4 - 13 中，两电热丝电场呈对称分布，丝内圈电场略高于外部且端部连接引线处电场最高，容易导致电场击穿，造成空气放电。

众所周知，高温情况下空气绝缘性能会降低，同时金属的机械强度也会变差。通过上述分析可知，传统螺旋线圈设计方案不能满足固体电蓄热体内部导体设计要求。为解决这个问题可采用 U 形金属电热丝结构，其结构如图 4 - 14 所示。

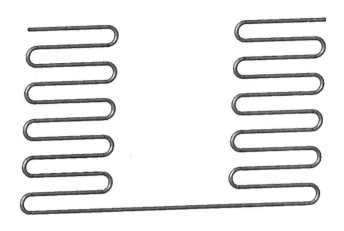

图 4 - 14 U 形金属电热丝结构

U 形金属电热丝电场分布如图 4 - 15 所示。

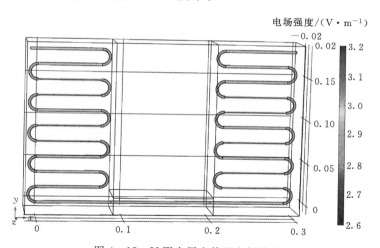

图 4 - 15 U 形金属电热丝电场分布

图 4 - 15 中，U 形金属电热丝电场分布略不均匀，连接两电热丝引线处的电场分布与内部平直部分的电热丝电场分布几乎相同，且分布比较均匀；在 U 形金属电热丝拐弯部分的内侧，电场分布最强烈，弯部外侧则最为弱小，所以此部位容易产生电场击穿等情况。

为了进一步降低导体电场突变，对 U 形金属电热丝做了少许改进后，电场分布情况如图 4 - 16 所示。

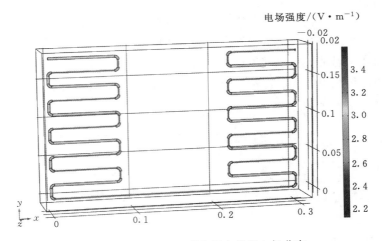

图 4-16 改进型 U 形金属电热丝电场分布

图 4-16 中，这种电热丝电场分布更加均匀，拐角处电场已被分散许多，大大减少了拐角处的电场强度。

改进型 U 形金属电热丝磁场分布如图 4-17 所示。

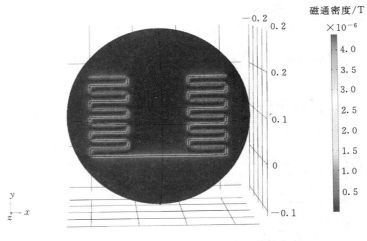

图 4-17 改进型 U 形金属电热丝磁场分布

由图 4-17 可知，改进型 U 形金属电热丝磁场非常弱，对工况影响非常小。

4.3.2.3 小结

综合几种电热丝排布方式所呈现出的电场和磁场分布可知：

（1）两相邻螺旋形电热丝绕向相反、电流方向也相反时，电热丝电场分布比较均匀；电热丝内部的磁场由于两丝磁场方向的原因而比较弱；但电热丝之间的磁场因相互叠加，磁场较强。

（2）两相邻螺旋形电热丝绕向相同、电流方向相反时，两电热丝之间的连接线电场分布过于强，容易造成击穿的现象，且这种连接线有一定倾斜度，在工作过程中容易产生脱落。另外电热丝内部磁场由于叠加耦合作用而被加强，电热丝受到磁场力会更大。

（3）U形电热丝电场分布相对均匀，但拐弯处电场比较集中，电场强度相对较大，容易造成空气击穿。

（4）U形改进型电热丝电场分布更加均匀，减小了电热丝弯部的电场强度，爬电距离相对减少，而且没有磁场的干扰，仿真研究显示U形改进型设计方案能够满足设计要求，结构合理。

4.3.3 流场与温度场仿真结果与分析

4.3.3.1 蓄热过程

按照测温热电偶的布置，可将蓄热体断面分为6个区域，每个区域内有6个通道布置电热丝，其布置区域如图4-18所示。将典型位置4号热电偶计算温度与测试温度作对比，如图4-19所示，可得4号热电偶最大误差为14%，最小误差为2.5%，平均误差为6.4%，误差在允许的范围内。4号热电偶检测的初始温度与炉内的初始温度的平均值相对接近，模拟边界条件设置合理，证明了模型的正确性。

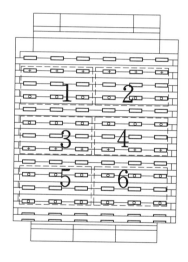

图4-18 阻热电偶布置区域

图4-20为蓄热体在加热过程中$z=0.15$截面处温度云图，可以看出，临近电热丝的蓄热体温度较高，蓄热体出口段温度比较均匀；入口段出现尖峰，且方向均指向蓄热体，这是由于蓄热体内存在空气，气流受热流动速度加快，入口段温度分布不同，气流速度有差异，故形成尖峰；靠近出口处的蓄热体隔板以及蓄热体下部温度较低，这是由于这两部分不直接接受蓄热体的辐射，仅通过蓄热体的导热作用来进行加热，故温度较低。

图4-21为蓄热体在加热完成时$x=-0.3$截面处温度云图。临近电热丝温度最高，蓄热体下端温度最低，其他部位温度分布均匀。电热丝布置方式合理。

4.3.3.2 放热过程

冷流体以一定的流速从入口流向各个通道，通过流固耦合界面被加热，传热方式主要以对流换热为主。图4-22为蓄热体放热过程中$x=-0.3$截面处流场图。由于入口存在拐角，流体在此处聚集，对壁面的冲击较大，阻力损失较大，流速较大，造成其附近通道接受流体流量较大。蓄热体的4个角均存在流体漩涡，且出口附近蓄热砖隔板附近存在流动死区。总体来说，流体流动平稳。

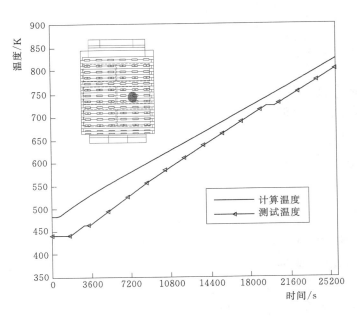

图 4 - 19　计算温度与测试温度对比

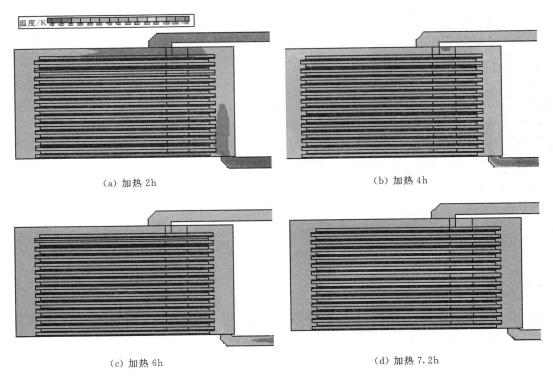

(a) 加热 2h

(b) 加热 4h

(c) 加热 6h

(d) 加热 7.2h

图 4 - 20　加热过程中 $z=0.15$ 截面处温度云图

图 4-23 是放热结束时蓄热体 $z=0.15$ 截面处温度云图。蓄热体温度为 350～500K，靠近入口处流体温度较低，与蓄热砖温差较大，故蓄热砖放热速率较快，蓄热体温度下降最多，基本与冷流体入口温度相同。

图 4-24 为蓄放热过程中蓄热砖、入口以及出口流体平均温度变化曲线。出口温度曲线蓄放热变换之间有一个接近竖直的尖峰。这是由于入口流体温度在放热初始时刻骤变，温度提高 50K 左右，故出口流体温度骤升。由于蓄热镁砖的导热系数较小，其对温度变化响应较慢，故入口温度的骤升对蓄热砖平均温度影响较小。蓄热体在放热的初始阶段平均温度为 780K，在放热结束时平均温度变为 420K。放热

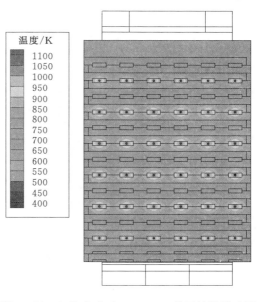

图 4-21　加热完成时 $x=-0.3$ 截面处温度云图

刚开始时，流体出口温度较高，达到 670K 左右，随着蓄热体温度逐渐降低，流体出口温度逐渐降低，最终为 400K 左右。

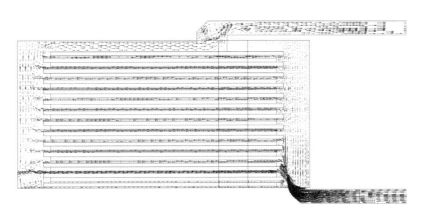

图 4-22　放热过程中 $x=-0.3$ 截面处流场图

图 4-25 为蓄放热过程中电热丝、通道表面以及蓄热砖平均温度变化曲线。在蓄、放热变换的过程中，电热丝处温度近似呈直线下降，这是由于此位置被冷流体覆盖，与流体完全接触，热量下降最快。在放热前期，电热丝处温度下降最快，通道附近砖体表面温度下降次之。镁砖的导热系数很大，故在整个放热阶段（不包括蓄、放热变换阶段），通道表面砖体温度下降速率基本与蓄热体整体平均温度的下降速率相同。

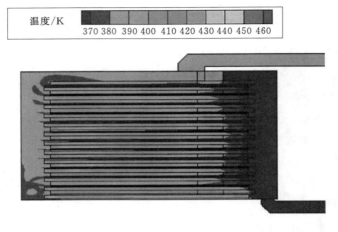

图 4-23　放热结束时蓄热体 $z=0.15$ 截面处温度云图

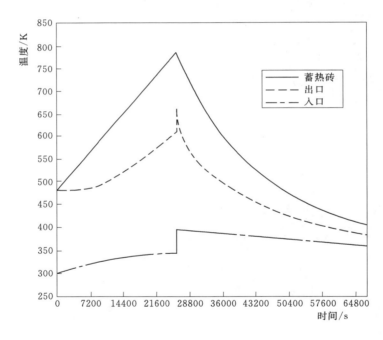

图 4-24　蓄放热过程中蓄热砖、入口以及出口流体平均温度变化曲线

4.3.4　热应力场数值模拟结果分析

对空气下进上出式蓄热体设置热膨胀约束条件，将底部设置为"fixed support"。这样蓄热体的底部就不会因为流体压力和蓄热体受热膨胀而发生移动，蓄热体受热膨胀部位将会出现在蓄热体与流体温差较大或者距离约束点较远的地方。将蓄热体底部固定在地面上，同时也是为了使蓄热体安全、高效地工作。图 4-26 为 25200s（7h）时蓄

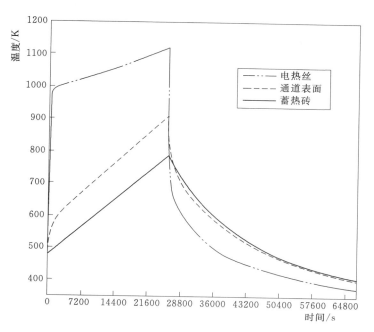

图 4 - 25　蓄放热过程中电热丝、通道表面以及
蓄热砖平均温度变化曲线

　　热体的热变形分布云图，蓄热体受热向四周膨胀，加上底部约束，因此其最大变形量在蓄热体上部的四周，此时蓄热体最大变形量为 0.018207m。

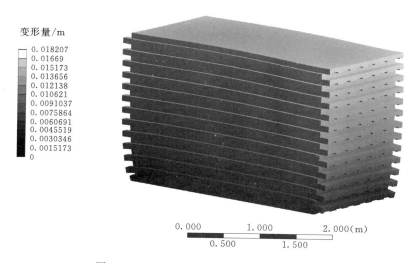

图 4 - 26　25200s 时蓄热体热变形分布云图

　　在 Workbench 中，每 3600s（1h）导出一个数据，蓄热体最大变形量的结果见表 4 - 3。

表 4 - 3　　　　　　　　　空气下进上出式蓄热体不同时间段最大变形量

时间/s	90	3600	7200	10800
最大变形量/m	0.0071689	0.0085985	0.010216	0.011832
时间/s	14400	18000	21600	25200
最大变形量/m	0.013437	0.015034	0.016623	0.018207

从图 4 - 27 中可以看出，蓄热体的温度随着时间呈线性上升。因为电加热丝放置在蓄热体空隙内部，所以蓄热体最高温在放置电加热丝的空隙内。由于蓄热体底部受到约束，其位移量始终为 0，不会因外界环境改变而变化。蓄热体在 25200s（7h）时，其变形量达到最大，为 0.018207m，蓄热体原高 2.3m，最大变形率只有 0.79%，在工程应用中不会对运行造成影响。

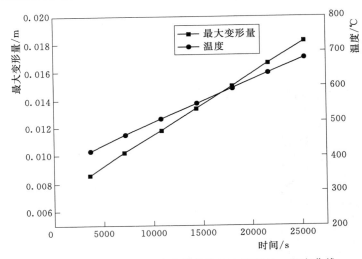

图 4 - 27　空气下进上出式蓄热体最大变形量、温度曲线

4.3.5　固体电蓄热装置结构优化

4.3.5.1　蓄热体砖体排列形式优化

如图 4 - 28 所示，为了研究蓄热体的砖体排布方式对蓄热效率的影响，设计了 4 种不同的结构，分别为 15% 交错式、20% 交错式、20% 对齐式以及 25% 交错式。

蓄热体内部具体参数和尺寸见表 4 - 4。

表 4 - 4　　　　　　　　　　蓄热体内部具体参数和尺寸

占空比 /%	通道长度 /mm	通道数量	通道尺寸（长×高）/mm	通道分布方式	蓄热尺寸（长×宽×高）/mm
15	1650	8×20=160	22.5×53	交错式	1650×1150×1272
20	1710	8×20=160	27×53	交错式	1710×1180×1166
20	1710	7×10=70	74×53	对齐式	1670×1438×1113
25	1710	9×20=180	32×53	交错式	1710×1380×1166

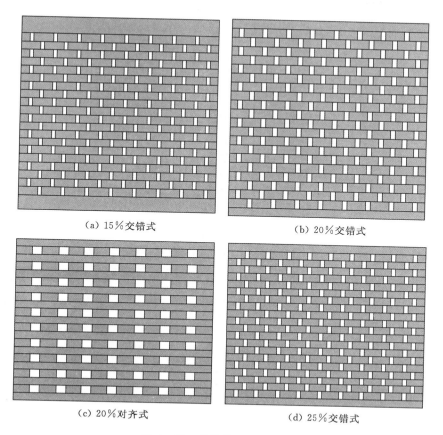

图 4-28　蓄热体通道截面图

图 4-29 为 4 种结构的蓄热体沿炉长方向的流场分布图。从占空比为 15% 的流场可以看出，热流体入口左右两侧存在对称漩涡，局部能量损失较大。由于自然对流的影响以及入口的位置，各个通道所接受的热流体的流量并不相同，其中，中部通道热流体流量最大，而下部热流体流量最小。在出口段与隔板之间存在流动死区。从砖体排布方式为交错式的 3 个图可以看出，占空比为 15% 的蓄热体通道内流速最大，而占空比为 25% 的蓄热体通道内流速最小。这是由于占空比为 15% 以及 20% 的蓄热体通道数量相同，而占空比为 20% 的蓄热体通道横截面积较大，根据不可压缩流体质量守恒原理，在流量相同的情况下，横截面积越大，流体速度越小。同理，由于占空比为 25% 的蓄热体通道数较多，每个通道接受的热流体流量相对较小，且通道截面积较大，故通道内流速最小。流速影响蓄热效果以及温升速率。

图 4-30 为 4 种结构的蓄热体沿炉宽方向的流场分布图。在通道尾部，流体脉动比较强烈，且在壁面处存在回流，能量损失较大。综合整体流场分布，蓄热结构内流动较为合理，利于热量传导。

单通道空气入口温度为 750℃，入口速度为 10m/s，4 种不同结构下，蓄热体平均温度随时间的变化如图 4-31 和图 4-32 所示。可以看出 20% 交错式的情况下蓄热体平

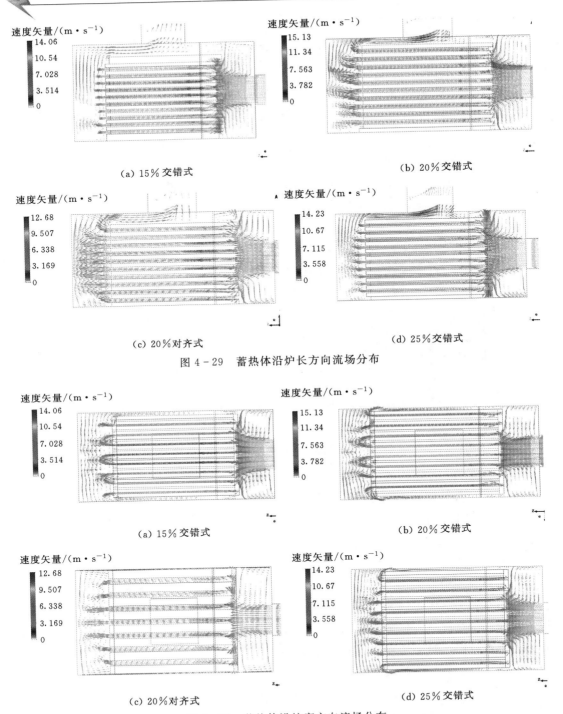

(a) 15%交错式　　　　　　　　　　(b) 20%交错式

(c) 20%对齐式　　　　　　　　　　(d) 25%交错式

图 4-29　蓄热体沿炉长方向流场分布

(a) 15%交错式　　　　　　　　　　(b) 20%交错式

(c) 20%对齐式　　　　　　　　　　(d) 25%交错式

图 4-30　蓄热体沿炉宽方向流场分布

均温度较高，10h 后平均温度达到 1015K。在蓄热初期，蓄热的温度迅速上升，但在后期，由于蓄热器接近热流的温度，温度变化缓慢。

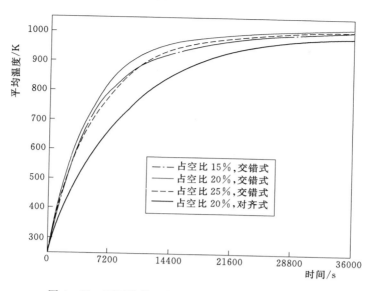

图 4-31 不同结构下蓄热体平均温度随时间的变化

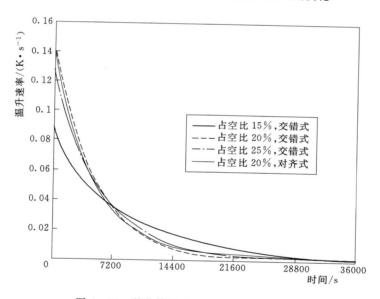

图 4-32 蓄热体温升速度随时间变化曲线

4.3.5.2 蓄热体单双通道优化

由于气体流动方式对空气与蓄热体对流换热有很大的影响，进而影响整个蓄热体的蓄热效果，所以研究不同通道结构（即蓄热砖的排列方式）对于提高蓄热单元的整体蓄热效果有很重要的意义。因此，基于前述的数学模型，对比研究占空比为 15% 下两种不同的蓄热砖排列方式对蓄热单元内流场、温度分布以及蓄热效果的影响。两种蓄热砖的排布方式（单回程和双回程砖体结构）如图 4-33 所示。

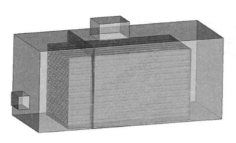

（a）单回程结构图

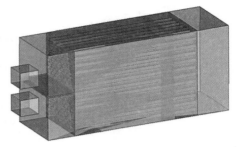

（b）双回程结构图

图 4 - 33　热单元物理模型

对应尺寸参数见表 4 - 5。

表 4 - 5　　　　　　　　　　单回程和双回程结构尺寸参数表

布置方式	占空比/%	孔数量	孔长度/mm	单个孔尺寸（长×高）/mm	蓄热体尺寸（长×宽×高）/mm
单回程	15	160	1650	22.5×53	1650×1150×1272
双回程	15	160	1650	22.5×53	1650×1150×1272

　　蓄热装置入口采用速度入口边界，速度为 10m/s，温度条件为 750℃。出口设置为自由出流，蓄热装置整体壁面设置为壁面边界。时间步长为 10s，计算步数为 3600 步。对两种不同结构分别进行计算，得出的结果如图 4 - 34 所示。

　　图 4 - 34 为单回程和双回程蓄热体结构主截面速度场，可知进口流量相同时，双回程通道内气流速度比单通道大。这是由于占空比不变的前提下，变成双通道后，气流流通截面积减小，根据不可压缩质量守恒原理，则速度会等比减小。同时，双回程情况下各个通道内气流速度大小基本一致，而单回程时蓄热体下部通道内的流速明显大于上部流速，速度梯度较大，由于对流换热系数与流速关系密切，势必对上、下两部分通道内热空气与蓄热体的对流传热造成影响。单回程时，进出口压力损失为 175Pa；双回程时，进出口压力损失为 917Pa。双回程压力损失是单回程的 5 倍左右，这是由于通道面积减半，长度加倍，符合流体流动规律。

　　对比图 4 - 35 可知，同样加热 5h 后，双回程整个计算域的平均温度高于单回程（注意：为了看清楚截面上温度分布差异，5h 和 10h 的温度标尺不同）。随着加热时间增长至 10h，这个计算域内最大温差在 100℃ 以内。无论单回程还是双回程，高温区都在空气入口处，临近出口处温度略低。双回程由于有上下两部分通道，温度呈现下部高、上部低的情况，上下两部分温差较大。热应力可能造成蓄热体结构变形，降低蓄热体使用寿命。

　　为了进一步明确蓄热体温度随时间变化的关系，即蓄热单元的蓄热效果，图 4 - 36 和图 4 - 37 给出了蓄热单元平均温度和蓄热体温升速率随时间的变化曲线。可见随着蓄热时间的增加，单、双回程蓄热体温度都有不同程度的增长，相同时刻，双回程结构蓄

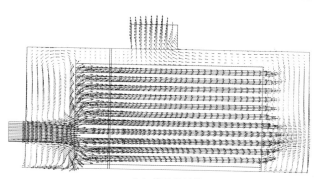

（a）单回程结构

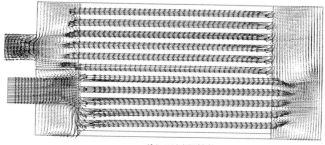

（b）双回程结构

图 4-34　单回程和双回程蓄热体结构主截面速度场

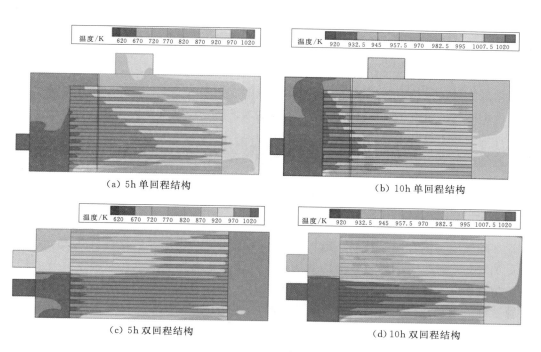

图 4-35　对称面温度分布

热体平均温度始终高于单回程结构。在前 3h 内蓄热体由 300K 升至 800K 左右，温度升高了 500K，而在后 7h 内，温度只升高了 200K。这是由于在前 3h 内，蓄热体与空气温差较大，根据强化传热理论，温差是决定换热效果的最主要因素。而 3h 后，蓄热体与空气之间的温差越来越小，换热量也随之减小。对比单、双回程升温速率曲线可以看出，在 0～3h 的蓄热过程中，双回程蓄热体蓄热速度快，3～10h 温升速率降低。这是由于在 0～3h 内，双回程蓄热体通道内的流速比单回程大，造成对流换热系数大，所以升温速率快。

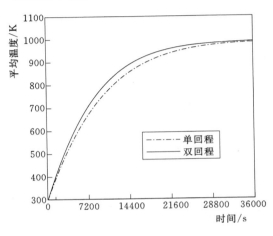

图 4-36　蓄热体平均温度随时间的变化曲线

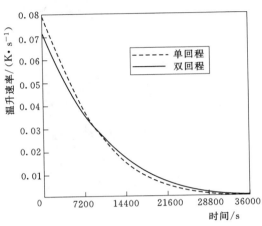

图 4-37　蓄热体温升速率随时间的变化曲线

4.4　本章小结

本章介绍了固体电蓄热系统计算流体力学仿真的基本理论，并对电蓄热系统工作时涉及的电磁场、温度场、流场、热应力场的基本控制方程以及多物理场耦合数学模型进行了详细描述。以某内置式固体电蓄热系统为例，对高温环境下蓄热体内电热丝周围电场、磁场的分布，流体与固体之间的耦合传热，蓄热体内部空气流动，蓄热体内热量传递等过程进行建模与分析，并对蓄热体结构进行优化，得到如下结论：

根据电场的基本原理，提出电磁场的数学模型，针对现有的绝缘问题，对电热丝提出了优化方案，利用有限元软件对电热丝进行仿真对比分析。结果表明，经优化后的螺旋形加热丝磁场耦合明显减弱，电场分布也更加均匀；U 形加热丝经优化后，电场分布更加均匀，减小了加热丝弯部的电场强度，爬电距离相对减少，而且没有磁场的干扰，仿真研究显示 U 形设计方案能够满足设计要求。采用直接耦合方法建立了固体电蓄热三维流固耦合传热数学模型，模拟固体电蓄热装置内的空气流动、空气与蓄热体传热、辐射加热、空气升温等过程。电热丝产生的热量主要通过辐射传热方式将蓄热体加热，蓄热体通过对流换热的方式将热量传递给空气，随着空气流速的增加，换热量也增加，当空气带走的热量超过蓄热体接受的热量时，蓄热体温度下降，故实际过程中应该根据监测数据动态调整空气流速；对比研究蓄热砖的不同排布形式发现，采用单回程时，相同加热时间内蓄热体的平均温度比双回程的低，可见从换热角度，双回程好于单回程；但采用双回程时由于流动截面积变小，流速增加，同时流体行程变长，故沿程阻力损失增大，需要选用大功率风机。

参 考 文 献

［1］ Pantankar S V. 数值传热与流体流动 ［M］. 张政，译. 北京：科学出版社，1985：91－126.

［2］ 张敏，盛颂恩，黄庆宏，等. 结构与非结构网格之间的转换及应用 ［J］. 浙江工业大学学报，2006（6）：684－687.

［3］ 陶文铨. 数值传热学 ［M］. 2版. 西安：西安交通大学出版社，2001：28－43.

［4］ 吴云峰. 双向流固耦合两种计算方法的比较 ［D］. 天津：天津大学，2009.

［5］ 李雪梅，陈文元. 流固耦合问题计算方法综述 ［J］. 山西建筑，2009，35（29）：79－80.

［6］ Piller M，Nobile E，Thomas J. DNS study of turbulent transport at low prandtlnumbers in a channel flow ［J］. Joural of Fluid Mechanics，2002（458）：419－441.

［7］ Balogh M，Parente A，Benocci C. RANS simulation of ABL flow over complex terrains applying an enhanced k－ε model and wall function formulation：implementation and comparison for fluent and open FOAM ［J］. Journal of Wind Engineering & Industrial Aerodynamics，2012，104－106.

［8］ 蔡梦丽. 天然气锅炉燃烧的数值模拟 ［D］. 长春：吉林大学，2009.

［9］ Liu J Y，Heidarinejad M，Pitchurov G，et al. An extensive comparison of modified zero－equation，standard k－ε，and LES models in predicting urban airflow ［J］. Sustainable Cities and Society，2018：28－43.

［10］ 严寒，张鸿雁. 不同辐射模型在太阳辐射数值模拟中的比较 ［J］. 节能技术，2015，33（5）：428－431.

［11］ 王坚. 关于强度理论的几点探讨 ［J］. 沈阳工程学院学报（自然科学版），2007（1）：85－89.

第5章 固体电蓄热系统运行控制策略

固体电蓄热系统通常以外部流体温度、流量为运行控制目标，以接入配电网下的单台分布式固体电蓄热机组的控制和以接入电蓄热调峰电站的电热联合运行的多目标协调和预测控制为主，配合电网调度运行。

电蓄热机组运行控制策略主要解决如何进行高效加热、释热控制的问题。需要解决的难题有：①计及气象天气预报的储热量预测技术；②基于模型辨识和自适应 PID 参数调节的变频风机 PID 控制。

5.1 单体固体电蓄热系统运行控制原理

5.1.1 蓄热体控制原理

单体电蓄热系统总体包括热量储存、热量控制、热量释放、热量输送四个步骤。图 5-1 中的设备分为蓄热与热转换供暖输出两大部分，蓄热部分是利用 66kV 高压电直接接入蓄热体，采用电阻发热原理，使蓄热机组发热并蓄热。当蓄热体温度达到 200℃ 以上时，由换热风机通过气、水换热器将管道内冷水加热。蓄热部分根据用户侧需求由运行人员按调度指令进行投切控制。热转换供暖输出部分使用风机变频调节方式，自动控制换热器出水口水温。

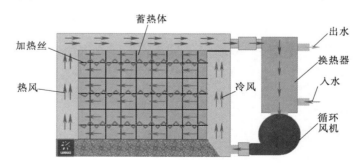

图 5-1 高电压固体电蓄热装置结构图

5.1.2 储热系统控制系统构成

1. 控制系统组成

控制系统组成可分为以下层次：

（1）本地设备级。该套控制系统由主控端、人机界面、RS485现场总线、远程云平台监控系统组成。

主控端由可编程控制器构成，是整个控制系统的核心元件。通过RS485现场总线读取模拟量及开关量信号，同时将控制结果输出到各终端设备。

人机界面是整个控制系统中操作人员与设备交互的主要途径。采用全中文菜单操作，可完成设备状态监控、数据查看、参数设定、故障记录、数据报表等功能。

RS485现场总线广泛应用在自动化控制的各个领域，其特点是利用差分传输方式，具有抗干扰性高、组网灵活、通用性强、维护方便等特点。

（2）远程云端监控级。通过远程Web浏览访问本地设备，进行开关机及故障诊断等工作，方便运行维护。

远程云平台监控系统可根据用户需要对设备状态及参数进行监视，同时对设备进行参数设定操作。

利用互联网技术将本地数据上传至远程监控云平台上，在平台上由厂家统一进行数据监控及信息维护，可极大提高设备运行的安全性，同时降低设备的本地运营成本。

2. 系统控制功能描述

设备控制逻辑主要由高压加热储能、供热输出放热两大部分组成。由主控端下达控制指令实现高压加热储能在规定时间、规定温度内自动投切或完成远程投切操作。当储能炉具备一定炉温后，经PID运算控制变频风机输出加热管道内冷水。

5.1.3　设备控制逻辑

1. 蓄热控制系统流程

蓄热控制系统流程图如图5-2所示。

设备在运行前需要对电网的运行状态进行检测。首先对电网所处状态（谷、峰或平状态）进行判断，当电网处于低谷运行状态时，就可以对蓄热体进行加热，但当电网处于另外的两个状态（峰、平状态）时，就需要对炉体内的出风温度进行判断，看炉内的温度是否可以满足要求。若炉风的温度能够满足要求，则不用对蓄热体进行加热；反之，则需要对蓄热体进行加热。当对蓄热体进行加热时，首先要设定需要加热到的温度，根据设定的温度决定开启加热丝的数量，然后对温度进行检测，对检测到的温度进行排序，按各处温度的高低对加热丝进行启停；当读取到加热丝产生高温报警信号时，对系统停止加热，完成整个加热过程。通过上述流程可以对炉内的温度进行合理的控制。

2. 变频风机控制系统流程

如图5-3所示，风机的控制首先需要对风机的命令状态进行读取。当风机开机命令为"是"的情况下，需要对风机的故障状态进行检测。当风机运行状态无故障发生时，需读取供暖温度的设置，以回水温度为目标对供暖进行控制；反之当风机故障时，则退出控制。当开机命令为"否"时，需要对出回风口的温度进行超限检测。当出回风

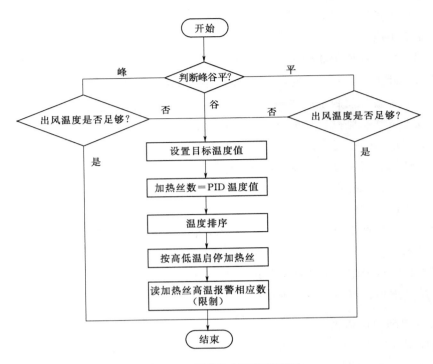

图 5 - 2　蓄热控制系统流程图

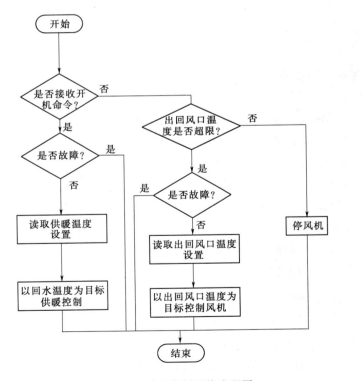

图 5 - 3　风机控制系统流程图

口的温度超限的情况下，再判断风机是否故障。若风机故障，退出风机运行控制；当无故障时，则读取出回风口温度的设定值，以出回风口的温度设置为目标来控制风机。当面对出回风口的温度检测并没有超限时，则发出停止风机命令。通过上述控制可以良好地控制供暖的温度。

3. 云平台管理系统

图 5-4 所示本地设备上的数据采集系统、保护系统、执行系统以及高压配电系统等系统的实时数据，通过 HMI UI 人机交互系统传至本地设备控制柜，本地设备控制柜通过网络无线（GPRS）传输方式将实时数据以及历史数据传输到上层能效管控智慧供暖系统的云平台上进行存储，并通过云平台对设备各个部分的运行状态进行实时监控。如果云平台对设备发出指令信号，则是按上述过程的反方向进行。

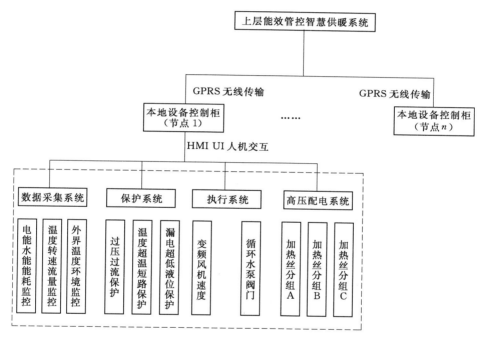

图 5-4　云平台管理系统示意图

4. 系统放热 PID 控制流程图

系统放热过程控制流程图如图 5-5 所示。当系统发出放热开始的命令时，以出水口温度为目标，通过设定的出水口温度值与传感器测量的实际值进行比较，得到出水口温度差值，将此差值送入到 PID 控制器中来控制变频风机以便对循环风系统进行控制。此系统还可以对循环风系统进行参数估计，将估计得出的 PID 参数估计值送入 PID 控制器中，控制系统稳定。

5. 系统主体结构运行流程图

设备主体运行控制流程图如图 5-6 所示。

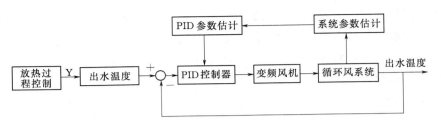

图 5-5　系统放热过程控制流程图

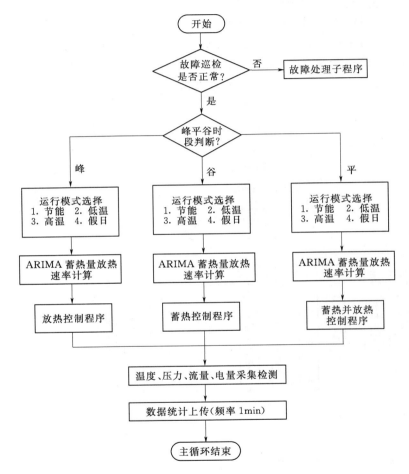

图 5-6　设备主体运行控制流程图

　　设备运行前首先要进行故障巡检，检验设备是否正常，当设备不正常时，程序进入故障处理子程序运行。当设备检测正常时，此时对电网的状态即峰谷平时段进行判断，无论电网处于哪种状态，都需要对设备的运行模式进行选择：当电网处于峰值状态时，进入 ARIMA 蓄热量以及放热速率的计算然后开始放热控制程序；而当电网处于谷状态时，程序也进行 ARIMA 蓄热量以及放热速率的计算，然后进入蓄热控制程序。当电网处于平状态时，可以看出程序也进行 ARIMA 蓄热量以及放热速率的计算，然后进入蓄热并放热的控制程序。上述三种状态无论是进入放热控制程序还是蓄热控制程序，都需要对设备的温度流量、压力、流量、电量进行采集检测，将数据统计上传到云平台中。

5.2 基于天气预报的蓄热量预测模型

根据当地气温、风向、风速与蓄热量历史数据，通过相关性分析确定影响蓄热量的主要因素，利用时间序列建模方法建立蓄热量预测模型，实现分布式蓄热系统蓄热量的估计，以及调峰电站蓄热负荷预测。

5.2.1 蓄热量预测模型建立技术路线

采集当地气温与蓄热量的历史数据，进行数据预处理，分析变量之间的关联性。采用自回归滑动平均模型（ARIMA）建立蓄热量短期预测模型，通过预测优度指标评价预测模型的预测精度，更新历史数据动态调整预测模型参数，实现分布式蓄热系统蓄热量的估计以及调峰电站蓄热负荷预测。

蓄热系统根据前一天的天气预报确定相应的蓄热量用来供暖，天气预报为晴天则蓄热量相应较小，蓄热体加热时间相对减小；天气预报为阴天或雨雪天则蓄热量相应增加，蓄热体加热时间相对增加，其加热结构框图如图5-7所示。

5.2.2 蓄热量预测模型研究方案

采集当地气温与蓄热量的历史数据，利用数据滤波和缺失数据处理等方法对所采集的历史数据进行归一化处理和相关性分析。

1. 数据滤波方法

由于蓄热过程是一个大惯性的慢过程，因此采用加权递推平均滤波方法对数据进行滤波处理，即

$$\overline{y}(k) = \sum_{i=1}^{m} a_i y(k-i) \qquad (5-1)$$

式（5-1）中 $\sum_{i=1}^{m} a_i$ 决定了信号的平滑度和灵敏度。

2. 缺失数据处理方法

缺失数据采用均值插补，数据的属性分为定距型和非定距型。如果缺失值是定距型的，就以该属性存在值的平均值来插补缺失的值；如果缺失值是非定距型的，根据统计学的众数原理，用该属性的众数（即出现频率最高的

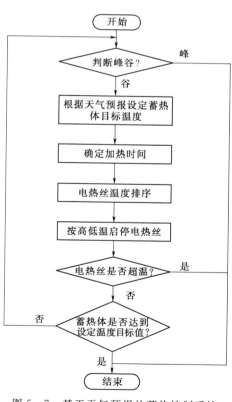

图 5-7 基于天气预报的蓄热控制系统

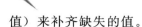

值）来补齐缺失的值。

3. 数据归一化处理

$$\hat{x} = \frac{x - x_{\min}}{x_{\max} - x_{\min}} \tag{5-2}$$

式中　$x_{\max}$——样本数据的最大值；

　　　$x_{\min}$——样本数据的最小值。

$$\hat{x} = \frac{x - \mu}{\sigma} \tag{5-3}$$

式中　μ——所有样本数据的均值；

　　　σ——所有样本数据的标准差。

4. 关联性分析

利用预处理后的当地气温与蓄热量的历史数据，当将其近似看成线性相关时，利用样本协方差和样本标准差计算其相关系数，分析其关联性。

样本协方差为

$$\mathrm{cov}(X, Y) = \mathrm{E}(XY) - \mathrm{E}(X)\mathrm{E}(Y) \tag{5-4}$$

如果两个变量的变化趋势一致，也就是说如果其中一个变量大于自身的期望值时，另外一个变量也大于自身的期望值，那么两个变量之间的协方差就是正值；如果两个变量的变化趋势相反，即其中一个变量大于自身的期望值时另外一个却小于自身的期望值，那么两个变量之间的协方差就是负值。

变量相关系数为

$$\rho_{\mathrm{XY}} = \frac{\mathrm{cov}(X, Y)}{\sqrt{\mathrm{D}X}\sqrt{\mathrm{D}Y}} \tag{5-5}$$

如果相关系数大于零，则说明两个变量正相关；若小于零则负相关；若等于零则不相关。

若将其看成非线性相关性，利用信息熵与互信息进行相关关系度量，即

$$H(x) = \mathrm{E}[I(x_i)] = -\sum_{i=1}^{N} P(x_i)\log P(x_i) \tag{5-6}$$

式中　x——随机变量；

　　　$P(x)$——输出概率函数。

变量的不确定性越大，熵也就越大，确定其值所需的信息量也就越大。

5.2.3　蓄热量预测模型

利用当地气温与蓄热量的历史数据，采用 ARIMA 模型建立蓄热量短期预测模型，实现分布式蓄热系统蓄热量的估计以及调峰电站蓄热负荷预测。

ARIMA 由自回归项（Autoregressive，AR）、差分项（Integrated，I）和滑动平均项（Moving Average，MA）共同合成，且是以 ARMA 为前提的。

（1）AP(p）模型是根据过去 p 个历史观测值和此刻的一个任意干预（误差）项对未来时刻值进行预测，具体表达式为

$$y_t = \varphi_1 y_{t-1} + \varphi_2 y_{t-2} + \cdots + \varphi_p y_{t-p} + a_t \tag{5-7}$$

式中　φ_1，φ_2，$\cdots$，φ_p——需要确定的未知数；

　　　a_t——白噪声序列。

设 $By_t = y_{t-1}$，上式简化为

$$y_t - \varphi_1(By_t) - \cdots - \varphi_p(B^p y_t) = -a_t \tag{5-8}$$

$$(1 - \varphi_1 B - \cdots - \varphi_p B^p) y_t = a_t \tag{5-9}$$

$$\varphi(B) = 1 - \varphi_1 B - \varphi_2 B^2 - \cdots - \varphi_p B^p \tag{5-10}$$

可得

$$\varphi(B) y_t = a_t \tag{5-11}$$

AR(p）模型对数据预测是以模型平稳为前提条件的，即 $\varphi(B) = 0$ 的解均大于 1，其中 ρ_k 符合

$$\rho_k - \varphi_1 \rho_{k-1} - \cdots - \varphi_p \rho_{k-p} = 0 \quad 或 \quad \varphi(B)\rho_k = 0 \quad k > 0 \tag{5-12}$$

其中，ρ_k 恒不等于 0 且随着 k 增加呈现负指数规律，即"拖尾性"。

（2）MA 模型预测值是由系统在过去时间里的运动过程中产生的随机误差进行线性组合来计算的，具体方程为

$$y_t = a_t - \theta_1 a_{t-1} - \cdots - \theta_q a_{t-q} \tag{5-13}$$

式中　θ_1，θ_2，$\cdots$，θ_q——待确定的未知系数。

设

$$\theta(B) = 1 - \theta_1 B - \theta_2 B - \cdots - \theta_q B^q \tag{5-14}$$

则可简化为

$$y_t = \theta(B) a_t \tag{5-15}$$

MA 模型同 AR 模型一样，都是在系统平稳的前提下进行预测的，对 $\varphi(B) = 0$ 有一样的要求，且其 ρ_k 为

$$\rho_k = \begin{cases} 1 & k=0 \\ \dfrac{-\theta_k + \theta_{k+1}\theta_1 + \cdots + \theta_q \theta_{q-k}}{1 + \theta_1^2 + \cdots + \theta_q^2} & 1 \leqslant k \leqslant q \\ 0 & k>q \end{cases} \tag{5-16}$$

由式（5-16）可知，MA(q）存在 q 个 ρ_k，当 $k > q$ 时，$\rho_k = 0$，表明 MA(q）含有截尾特性。

ARMA 模型是 AR 和 MA 两个模型的融合，是一种对系统运动状态的记忆，其是以往的 p 个记录值进行线性组合，同时结合了具有白噪声特性的 q 项滑动平均对在未来

时刻的预测值预算，具体计算公式为

$$y_t = \varphi_1 y_{t-1} + \cdots + \varphi_p y_{t-p} + a_t - \theta_1 a_{t-1} - \cdots - \theta_q a_{t-q} \tag{5-17}$$

式中　y_t——时间序列，例如风速序列；

　　　$\varphi_p y_{t-p}$——AR 项，为过去记录值的线性组合；

　　　y_{t-p}——$t-p$ 时刻的记录值；

　　　$\theta_q a_{t-q}$——MA 项；

　　　θ_q——系数；

　　　a_t——白噪声。

　则有

$$\varphi_p(B) y_t = \theta_q(B) a_t \tag{5-18}$$

该模型同样是在系统平稳的基础上进行预测的，ARMA(p,q) 过去的 $q-p$ 个记录值的 ρ_k 特性与 MA(q) 截尾特性一致，往后的样本记录值的 ρ_k 特性则与 AR(p) 特性不一致，故 ARMA(p,q) 模型具有"拖尾"特性。

（3）对于非平稳时间序列，需将其经差分变换为平稳时间序列。设非平稳时间序列 $\{x_t\}$，经 d 次差分，得到平稳的序列 $\{\nabla^d x_t\}$，则 (p,d,q) 阶的 ARIMA 模型计算公式为

$$\varphi_p(B) \nabla^d x_t = \theta_q(B) a_t \tag{5-19}$$

时间序列模型的建立首先是在序列平稳的基础上进行的，但在实际事件遇到的时间序列绝大多数是不平稳的，且均值参数随时间变幻莫测，同时还具有显著的趋势性以及多样性或周期性。对此，使用其建立模型时，必须判定时间序列平稳与否，对于不平稳的需进行平稳化处理。时间序列建模流程如图 5-8 所示。

平稳的时间序列的均值 $E(y_t)$ 为常量、方差 $D(y_t)$ 为常数，ρ_k 不因时间 t 的改变而改变，这也作为判断序列是否平稳的依据。对不平稳序列则实施一个差分历程，引进差分因子 $\nabla = 1 - B$，对 $\{y_t\}$ 实行 1 阶差分运算，即

$$\nabla y_t = (1-B) y_t = y_t - y_{t-1} \tag{5-20}$$

若经相关性函数判断后认为非平稳，则持续差分直到 d 阶差分平稳，即

$$\nabla y_t = (1-B)^d y_t \tag{5-21}$$

若序列同时还具有周期性，则引入周期差因子 $\nabla_S = 1 - B^S$，而且 $\nabla_S^D = (1-B^S)^D$，S 为周期，最终得到平稳时间序列 $\{\nabla_S^D y_t\}$。

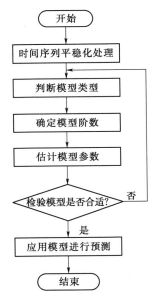

图 5-8　时间序列建模流程图

5.2.4 蓄热负荷预测仿真实例分析

以 2017 年 11 月某典型日的辽宁省统调风电负荷数据为例。数据采样间隔 5min，即每天 288 个样本点，其负荷趋势如图 5-9 所示。

采用所提出的 ARIMA 预测模型，利用 2017 年 11 月 1—7 日风电负荷数据预测 8—10 日的负荷，分别以前 7 天的负荷数据作为训练数据，预测后一天的负荷，图5-10～图 5-12 分别为 8—10 日的预测结果。

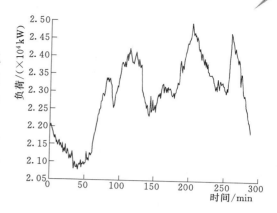

图 5-9 某典型日辽宁省统调风电负荷趋势图

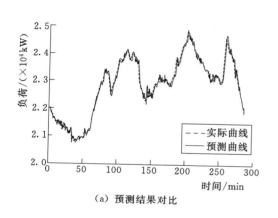

（a）预测结果对比

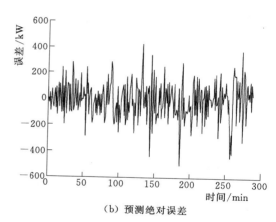

（b）预测绝对误差

图 5-10 11 月 8 日预测结果与预测绝对误差曲线

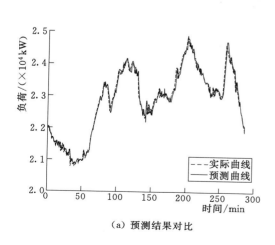

（a）预测结果对比

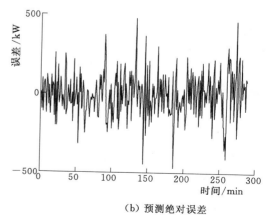

（b）预测绝对误差

图 5-11 11 月 9 日预测结果与预测绝对误差曲线

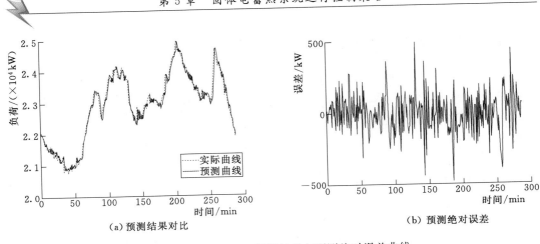

（a）预测结果对比　　　　　　　　　（b）预测绝对误差

图 5-12　11 月 10 日预测结果与预测绝对误差曲线

5.3　基于天气预报的前馈加反馈的温度模糊控制策略

蓄热系统根据一天或几天的天气预报确定相应的蓄热量用来供暖，当遇到电网调峰情况时，根据蓄热体存储的热量、天气预报情况和停炉天数确定蓄热体加热时间，决定是否进入超长加热蓄热模式，防止出现加热炉冷启动情况。

5.3.1　基于天气预报的前馈加反馈的温度模糊控制系统结构

固体电蓄热系统有夜间谷电时间段既利用谷电加热电阻丝进行蓄热同时蓄热体放热供暖和高峰、平峰时间段蓄热体单纯放热供暖两种不同的工况，且不同工况下系统参数相差巨大。针对固体电蓄热系统的工作特性设计了如图 5-13 所示的基于天气预报的前馈加反馈的温度模糊控制系统，根据天气预报情况设定适宜的供暖出水温度期望值，在对供暖出水温度进行控制时考虑蓄热体的温度会随着系统的运行发生变化，把蓄热体温度作为可测干扰，用递推增广最小二乘法辨识出固体电蓄热系统既加热又放热供暖和单纯放热供暖两种不同工况下的系统模型和扰动模型，设计前馈控制器，确定前馈补偿控制量 $u_1(t)$，快速抑制由于蓄热体温度扰动引起的供水温度偏差；反馈部分则根据固体

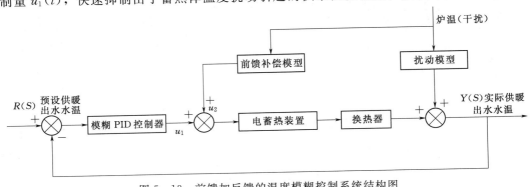

图 5-13　前馈加反馈的温度模糊控制系统结构图

电蓄热系统两种不同的工况设计各自适用的模糊 PID 控制器，以供暖出水温度误差和误差变化率作为输入，得到模糊 PID 控制器输出的控制量 $u_2(t)$，并以总的控制量 $u(t)$ $= u_1(t) + u_2(t)$ 驱动变频风机对供暖出水温度进行控制。基于天气预报的前馈加反馈的温度模糊控制策略实现了控制系统可以根据固体电蓄热系统的变化自动调整 PID 值，解决了供暖系统工况切换时传统 PID 控制难以适应系统参数变化剧烈的问题，有效地降低了供暖出水温度的波动，提高了供暖的可靠性。

5.3.2　固体蓄热系统机理模型

固体蓄热系统分为蓄热与热转换供暖输出两大部分。蓄热部分是利用 66kV 高压电直接接入蓄热体，采用电阻发热原理，使蓄热机组发热并蓄热。当蓄热体温度达到 200℃ 以上，由换热风机通过气、水换热器将管道内冷水加热。通过控制换热风机的转速来控制进入到换热器的热风温度，最终达到换热器出水口温度恒定的目标。蓄热部分根据用户侧需求的控制方式，由运行人员按调度指令进行投切。热转换供暖输出部分使用风机变频调节方式，自动控制换热器出水口水温。

令 G_1、G_2、T_{1i}、T_{2i}、T_{1o}、T_{2o}、C_1、C_2 分别为热流体和冷流体的流量、初始温度、末端温度、比热容，根据能量守恒定律，在忽略热损失的情况下，可以得到

$$q = G_1 C_1 (T_{1i} - T_{1o}) = G_2 C_2 (T_{2o} - T_{2i}) \tag{5-22}$$

以空气进口温度 T_{1i} 为输入，热水出口温度 T_{2o} 为输出的传递函数为

$$G(s) = \frac{K}{(T_1 S + 1)(T_2 S + 1)} e^{-\tau s} \tag{5-23}$$

其中

$$T_1 = \frac{\dfrac{W_1}{G_1} + \dfrac{W_2}{G_2}}{2}, \quad T_2 = \frac{\dfrac{W_1}{G_1} + \dfrac{W_2}{G_2}}{8}$$

式中　　　　　K——各通道的增益系数；

W_1，W_2，G_1，G_2——水和空气的容量和流量。

可见固体蓄热系统为二阶滞后系统。

5.3.3　基于最小二乘法的蓄热系统辨识

最小二乘法是通过极小化广义误差的平方和函数来确定模型的参数的一大类算法。最小二乘法理论最早是由高斯在 1975 年为进行行星轨道预测的研究而提出的。最小二乘法可用于动态系统的参数估计，也可用于静态系统的参数估计；可以用于线性系统，也可用于非线性系统；可以用于离线估计，也可以用于在线估计。即使在随机的环境下，利用最小二乘法并不要求观测数据的概率统计特性，而所获得的估计结果却具有较好的统计特性。现在最小二乘法理论已成为系统参数估计的主要方法之一。最小二乘法原理简单，易于理解和掌握，且最小二乘估计在一定条件下具有良好的一致性、无偏性等，因而最小二乘法得到了广泛的应用。

将二阶滞后固体电蓄热系统数学模型离散化后可表示为

$$A(z^{-1})y(k) = B(z^{-1})u(k) + C(z^{-1})\xi(k) \qquad (5-24)$$

其中
$$A(z^{-1}) = 1 + a_1 z^{-1} + a_2 z^{-2} + \cdots + a_{n_a} z^{-n_a}$$
$$B(z^{-1}) = b_0 + b_1 z^{-1} + b_2 z^{-2} + \cdots + b_{n_b} z^{-n_b}$$
$$C(z^{-1}) = 1 + c_1 z^{-1} + c_2 z^{-2} + \cdots + c_{n_c} z^{-n_c}$$

式中　$u(k)$，$y(k)$——固体电蓄热系统的冷风风速和供暖出水口温度；

　　　　$\xi(k)$——可测蓄热体温度。

　　建立以变频风机吹出的冷风风速和可测得的固体电蓄热系统炉温为输入，供暖出水口温度为输出的固体电蓄热供暖系统模型 G 的具体方法如下：

　　（1）分工况确定固体电蓄热系统模型 A、B、C 的阶次 n_a、n_b、n_c 和延迟步数 d。

　　（2）设置初值 $\boldsymbol{\theta}(\mathbf{0})$ 和 $\boldsymbol{P}(\mathbf{0})$，输入初始循环冷风风速和初始供暖出水口温度；$\boldsymbol{\theta}(k)$ 为固体电蓄热系统模型 G 估计参数向量，$\boldsymbol{P}(\mathbf{0}) = 10^6 \boldsymbol{I}$，$\boldsymbol{I}$ 为单位矩阵。

　　（3）采样当前供暖出水温度 $y(k)$ 和循环冷风风速 $u(k)$。

　　（4）构造供暖出水温度、循环冷风风速和随机系统扰动数据向量 $\boldsymbol{\varphi}(k)$，$\boldsymbol{\varphi}(k) = [-y(k-1), \cdots, -y(k-n_a), u(k-d), \cdots, u(k-d-n_b), \xi(k-1), \cdots, \xi(k-n_c)]^{\mathrm{T}}$。

　　（5）计算 $K(k)$、$\boldsymbol{\theta}(k)$ 和 $\boldsymbol{P}(k)$，计算公式为

$$\boldsymbol{\theta}(k) = \boldsymbol{\theta}(k-1) + K(k)[y(k) - \boldsymbol{\varphi}^{\mathrm{T}}(k-1)] \qquad (5-25)$$

$$K(k) = \frac{\boldsymbol{P}(k-1)\boldsymbol{\varphi}(k)}{1 + \boldsymbol{\varphi}^{\mathrm{T}}(k)\boldsymbol{P}(k-1)\boldsymbol{\varphi}(k)} \qquad (5-26)$$

$$\boldsymbol{P}(k) = [1 - K(k)\boldsymbol{\varphi}^{\mathrm{T}}(k)]\boldsymbol{P}(k-1) \qquad (5-27)$$

　　（6）$k \to k+1$，返回第（3）步循环。

　　（7）循环次数满足时结束循环，得到不同工况下以冷风风速为输入，供暖出水口温度为输出的主系统模型 G，即 $A(z^{-1})y(k) = B(z^{-1})u(k) + C(z^{-1})\xi(k)$。

5.3.4　前馈控制器设计

　　固体电蓄热系统供暖过程中，炉温一直在变化，在一直变化的炉温 $M(z)$ 的作用下，系统输出为

$$Y(z) = M(z)[G_f(z)G_o(z) + G_d(z)] \qquad (5-28)$$

式中　$G_f(z)$——前馈补偿控制单元的传递函数；

　　　　$G_d(z)$——炉温扰动通道的传递函数；

　　　　$G_o(z)$——控制通道的传递函数。

　　不论扰动量 $M(z)$ 为何值，达到完全补偿时总有 $Y(z) = 0$，可得前馈补偿控制单元的传递函数 $G_f(z)$ 为

$$G_f(z) = -\frac{G_d(z)}{G_o(z)} \qquad (5-29)$$

　　前馈补偿结构如图 5-14 所示。

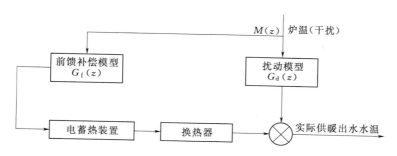

图 5 - 14　前馈补偿结构图

5.3.5　分工况模糊 PID 供暖控制器设计

模糊控制首先将专家经验和操作流程等归结为模糊规则，然后把生产信号进行模糊化处理，通过比对模糊规则，进行模糊推理，最后将模糊推理所得的模糊结果进行清晰化处理，转化为控制或执行机构所能识别的精确量。总体来说，模糊控制是将善于处理人类社会中的不确定型概念的人脑思维方法与相关领域的操作技师和行业专家经验有机地结合在一起，来解决传统 PID 控制方法所不能够解决的模型不定或不准确问题的一种有效控制方法。

模糊 PID 控制器的结构可划分为 2 层结构：模糊 PID 控制单元和基本 PID 控制单元。模糊控制器结构如图 5 - 15 所示。

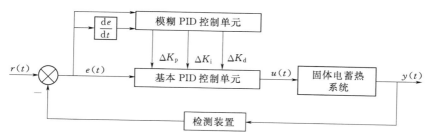

图 5 - 15　模糊控制器结构

1. 模糊 PID 控制单元

模糊规则的推理层，完成模糊控制规则的推理和计算，通过模糊推理和解模糊过程，得到控制量为 ΔK_p、ΔK_i、ΔK_d 作为 PID 控制器的修正参数。

模糊控制器选取温度偏差信号 $e(t)$ 及偏差变化率 $\dfrac{de}{dt}$ 作为输入信号，这两个信号都是精确量，首先要对输入信号进行模糊化处理，得到相应的模糊量 E 和 E_c，实际上就是求取一个精确量对应某个模糊子集的隶属度的问题。模糊子集数量过多，划分过于细密，模糊控制器的控制精度虽然提高了，但模糊推理计算过程变得相当缓慢，模糊规则过于复杂。综合控制精度要求和实际需要，用 7 个模糊语言值变量来定义温度偏差信号 $e(t)$，记为 A_1、A_2、$\cdots$、A_7；用 7 个模糊语言值变量来定义温度偏差变化率信号 $\dot{e}(t)$，

记为 B_1、B_2、$\cdots$、B_7；这 7 个模糊语言值变量 A_i、$B_i(i=1,2,3,\cdots,7)$ 与语言变量"正大""正中""正小""零""负小""负中""负大"（简记为 PB、PM、PS、ZR、NS、NM、NB）相对应。

模糊控制器的输出为 ΔK_p、ΔK_i、ΔK_d，用 7 个模糊语言值变量来定义 ΔK_p，记为 C_1、C_2、$\cdots$、C_7；7 个模糊语言值变量来定义 ΔK_i，记为 D_1、D_2、$\cdots$、D_7；7 个模糊语言值变量来定义 ΔK_d，记为 E_1、E_2、$\cdots$、E_7；其隶属度函数均采用三角形隶属度函数。

模糊规则是模糊控制器的核心，基于规则的模糊推理实际上是按模糊规则指示的模糊关系做模糊合成运算的过程。模糊控制规则的获取主要有以下 3 种途径：

（1）专家的经验和知识。模糊控制也称为控制上的专家系统，专家的经验和知识在规则设计中起到重要作用。借由询问经验丰富的专家，在获得系统的知识后，将知识改为 if　then 的形式，如此就可得到模糊控制规则。

（2）操作员的操作模式。在许多工业系统中无法以一般的控制理论做正确的控制，但是熟练的操作员在不清楚数学模型的情况下也能够成功地控制这些系统。

（3）实际数据的分析。为了改善模糊控制器的性能，完善模糊控制器的模糊规则，通过实际过程数据的总结和分析也可以获得部分模糊控制规则。

本章所提控制方法中共归纳了 49 条语言规则，模糊规则见表 5-1。

表 5-1　　　　　　　　　　　　模　糊　规　则　表

$K_p/K_i/K_d$		e_c						
		NB	NM	NS	ZR	PS	PM	PB
e	NB	PB/NB/PS	PB/NB/NS	PM/NM/NB	PM/NM/NB	PS/NS/NB	ZR/ZR/NS	ZR/ZR/PS
	NM	PB/NB/PS	PB/NB/NS	PM/NM/NB	PS/NS/NM	ZR/NS/NM	ZR/ZR/NS	NS/ZR/ZR
	NS	PM/NB/ZR	PM/NM/NS	PM/NS/NM	ZR/ZR/NS	NS/PS/NS	NS/PS/ZR
	ZR	PM/NM/ZR	PM/NM/NS	PS/NS/NS	ZR/ZR/NS	NS/PS/NS	NM/PM/NS	NM/PM/ZR
	PS	PS/NB/ZR	PS/NS/ZR	ZR/ZR/ZR	NS/PS/ZR	NS/PS/ZR	NM/PM/ZR	NM/PB/ZR
	PM	PS/NM/PB	ZR/ZR/PS	NS/PS/PS	NS/PS/PS	NM/PM/PS	NB/PB/PS	NB/PB/PB
	PB	ZR/ZR/PB	ZR/ZR/PM	NM/PM/PM	NM/PM/PM	NM/PM/PS	NB/PB/PS	NB/PB/PB

模糊推理方法采用经典的 Mamdani 极大极小推理方法，解模糊化的方法采用平均最大隶属度法，模糊控制器系统结构如图 5-16 所示。

2. 基本 PID 控制单元

完成基于系统误差的 PID 控制。

固体电蓄热系统有两种不同的工况，因此根据不同工况的实际情况设计了两组基本 PID 控制单元，按照如图 5-17 所示流程选择具体的基本 PID 控制单元。

PID 控制是基于偏差调节的控制算法，控制量与被控量之间调节作用的计算公式为

$$x(t) = K_p \left[e(t) + \frac{1}{T_I} \int_0^T e(t)\mathrm{d}t + T_D e(t) \right] \tag{5-30}$$

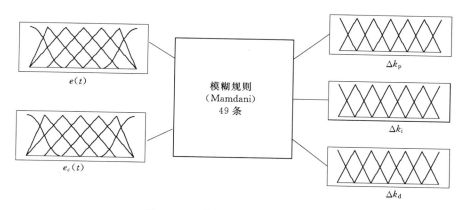

图 5 - 16　模糊控制器系统结构图

PID 参数整定可以根据过程的动态特性整定。在控制器设计中要达到满意的控制要求，就必须恰当选择 PID 的参数，即选择合适的比例放大系数 K_p、积分时间 T_I 和微分时间 T_D，再通过公式计算得到最终 PID 控制器的 3 个参数 K_p、K_i、K_d，K_p、K_i、K_d 实时变化，即

$$\left.\begin{aligned}K_i &= K_i^* + \Delta K_i\\K_p &= K_p^* + \Delta K_p\\K_d &= K_d^* + \Delta K_d\end{aligned}\right\} \quad (5-31)$$

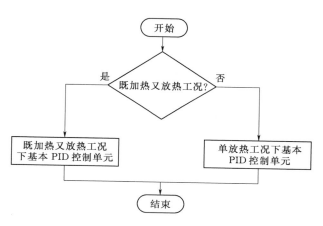

图 5 - 17　基本 PID 控制单元选取流程图

式中　K_i^*，K_p^*，K_d^* ——修正前的 PID 参数。

5.4　运行数据分析与控制策略验证

5.4.1　运行数据提取

5.4.1.1　大连某宾馆供暖系统基本情况

大连某宾馆总建筑面积为 $80000 m^2$。供暖系统为暖气片供暖。平均热耗值为 $50 W/m^2$，各房间温度 24h 保持在 18℃，估算热耗为 $120 kW \cdot h/(m^2 \cdot 季)$，负荷系数为 0.67 左右，供暖成本为 22 元$/(m^2 \cdot 季)$。

采用一体化的数据采集、计量、控制系统，实现自动化监测与控制，其结构图如图 5 - 18 所示。

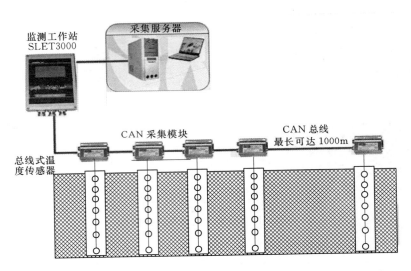

图 5 - 18　自动化监测与控制结构图

（1）计量分析。系统能够进行流量、热量的瞬时计算与累积计算，进行能源的管理与考核。

（2）实时控制。系统能够根据换热站或建筑物的用热特点进行自动化的控制，系统软件由多种控制策略组成，可以满足不同用热特性的控制要求，提高换热站及建筑物的供暖质量，降低能源消耗。

（3）数据通信系统。系统能够通过各种网络系统（宽带、GPRS 等），将大楼建筑的实时数据传输到供暖能效管理中心，供暖能效管理中心也可以通过网络系统将控制指令下达到现场控制器，执行控制调节指令。

（4）供暖能效调度中心管理系统。供暖能效调度中心可以实时接收现场采集系统传输上来的各种运行数据，系统将实时运行参数存储在中央数据库中，为后续的管理、分析、控制提供基础数据。调度中心管理系统可以实时对上传数据进行连续动态分析，并可以根据分析结果下达调节指令。

5.4.1.2　供暖设备情况

用于大连某宾馆的固体电蓄热调峰项目设备共由 2 台电蓄热装置组成，分别为 1 号电蓄热装置（容量 5MW）、2 号电蓄热装置（容量 5MW），总容量共计 10MW。产品参数列表见表 5 - 2。

表 5 - 2　　　　　　　　　　产 品 参 数 列 表

参　　数	数　　值
最大加热总功率/MW	10
电蓄热装置数量/台	2
最大蓄热量/(kW·h)	66500

参　　数	数　　值
加热电源电压/kV	10
装置型式	加热与储热/放热为一体式
加热方式	电阻（电热合金）
最高蓄热温度、最低取热温度/℃	500、200
额定工作压力	常压
供热类型	热水，60～130℃
风水换热器出厂测试压力/MPa	2.5
设备总热水进、出口接口管径/mm	1220×16、1220×16
配套风水换热器机组	36
取热风机电机用电电压/V	380
取热风机转速调整方式	变频
配套取热风机数/台	108
单台取热风机电机功率/kW	4.5
测温探头型式及数量/只	K 型热电偶，72
高压绝缘耐压/kV	≥42
高压电气部分对地绝缘电阻/MΩ	≥2
保温外罩壳表面温度	不大于环境温度25℃
本体设计热效率/%	＞95
寿命期内储热体的散热损失/%	＜5
控制运行方式	自动/手动/远程
平均输出功率/kW	2770.8

5.4.2 运行测试数据统计

从图 5-19～图 5-21 可以看出，无论是蓄热体温度还是换热器出风口温度以及出回风口的温差变化曲线都十分接近，都是在 22：00 左右到早上 6：00 左右处于上升阶段，这说明蓄热体正利用电网谷时间段的电能对蓄热体进行加热，将电用热量的形式储存起来，既节约了能源，也可对电网中的有功功率进行

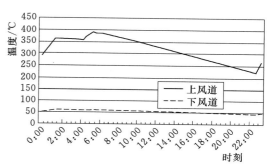

图 5-19　上下风道温度变化曲线

调节。

图 5 - 22、图 5 - 23 为蓄热体冷启动与热启动温度变化曲线。从图中可以看出，储热体冷启动时，需要对蓄热体进行一段时间的加热，并在随后的时间中到达最高点，并保持稳定值，而风道的温度则是先达到最高温度然后出现下降，在晚上才能够到达正常的状态，所需的时间比较长，而热启动在启动后蓄热体就可以按照日常的温度变化曲线进行工作，较为高效、可靠。

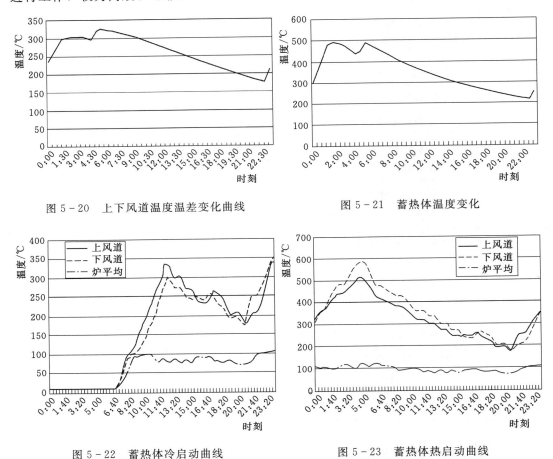

图 5 - 20　上下风道温度温差变化曲线　　　　图 5 - 21　蓄热体温度变化

图 5 - 22　蓄热体冷启动曲线　　　　　　　图 5 - 23　蓄热体热启动曲线

5.4.3　控制策略验证

经递推增广最小二乘辨识得固体电蓄热系统既加热又放热供暖工况下（延迟时间为 20min）的系统模型为

$$A_1(z^{-1}) = 1 - 0.5148z^{-1} - 0.4055z^{-2}$$

$$B_1(z^{-1}) = 0.0039z^{-2} + 0.0128z^{-3}$$

$$C_1(z^{-1}) = 1 - 0.0006516z^{-1} + 0.0058z^{-2}$$

固体电蓄热系统单纯放热供暖工况下（延迟时间为 20min）的系统模型为

$$A_2(z^{-1}) = 1 - 0.6849z^{-1} - 0.3155z^{-2}$$

$$B_2(z^{-1}) = -0.0007137z^{-2} - 0.00009980z^{-3}$$

$$C_2(z^{-1}) = 1 - 0.0362z^{-1} + 0.0361z^{-2}$$

图 5-24～图 5.29 为传统 PID 控制和自适应 PIP 控制时各工况运行曲线。供暖控制系统采用传统 PID 控制时，系统超调量大，风机频率变化大，噪声大，影响变频热风机的使用寿命，且供暖出水口温度波动大，供暖稳定性差。前馈补偿模糊自适应 PID 可分工况设置不同的 PID 参数，并且可以根据实时跟踪系统参数变化，自适应调整 PID 参数。采用前馈补偿模糊自适应 PID 控制策略时，风机频率平稳变化，噪声大大减小，提高了变频热风机的使用寿命，且供水温度波动范围非常小，大大提高了供暖稳定性。

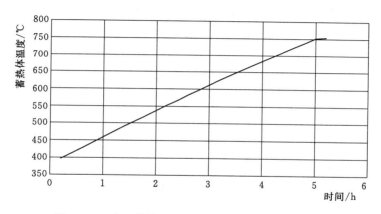

图 5-24 蓄、放热同时进行情况下蓄热体温度变化

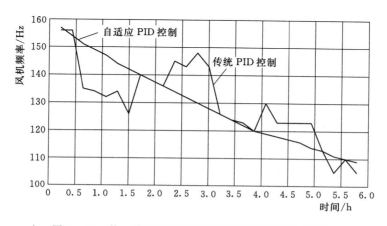

图 5-25 蓄、放热同时进行情况下变频风机运行情况

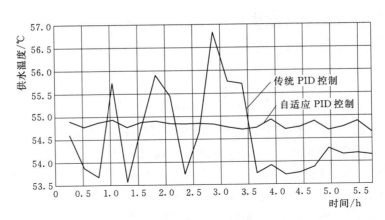

图 5 - 26　既加热又放热时供热出水口温度

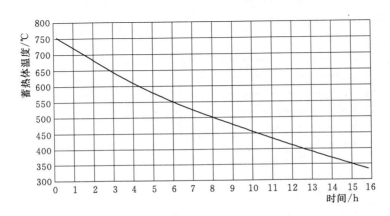

图 5 - 27　纯放热时蓄热体温度变化

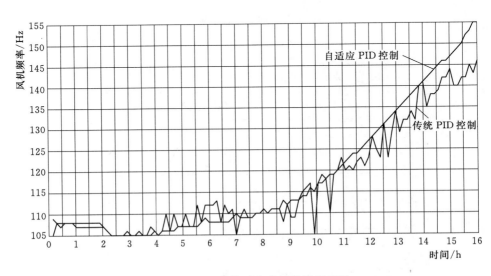

图 5 - 28　纯放热时变频风机运行情况

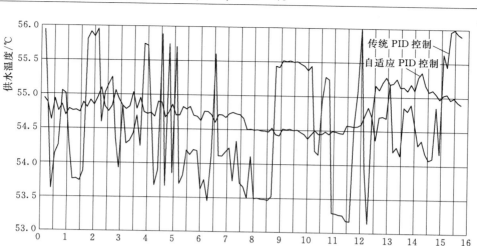

图 5 - 29　纯放热时供热出水口温度

5.5　本章小结

　　（1）根据当地气温和储热量历史数据进行相关性分析，确定影响蓄热量的主要因素，利用时间序列建模方法建立蓄热量预测模型，实现固体见蓄热系统蓄热量的估计，以及调峰电站蓄热负荷预测。

　　（2）为了对固体电热蓄热系统的蓄放热进行控制，采用了递推增广最小二乘法，辨识出固体电蓄热系统不同工况下的系统模型，并采用基于天气预报的前馈加反馈的供暖出水温度模糊控制策略来实现多工况下在线自适应 PID 分层控制，满足变化目标温度的分时控制要求。

参 考 文 献

［1］　吕泉，姜浩，陈天佑，等. 基于电锅炉的热电厂消纳风电方案及其国民经济评价［J］. 电力系统自动化，2014，38（1）：6－12.

［2］　吕泉，陈天佑，王海霞，等. 含储热的电力系统电热综合调度模型［J］. 电力自动化设备，2014，34（5）：79－85.

［3］　Roy P K，Paul C，Sultana S. Oppositional teaching learning based optimization approach for combined heat and power dispatch ［J］. International Journal of Electrical Power & Energy Systems，2014，57：392－403.

［4］　Bai X，Wei H. Semi－definite programming－based method for security－constrained unit commitment with operational and optimal power flow constraints ［J］. IET Generation，Transmission & Distribution，2009，3（2）：182－197.

［5］　晋宏杨，孙宏斌，郭庆来，等. 含大规模储热的光热电站——风电联合系统多日自调度方法［J］. 电力系统自动化，2016，40（11）：17－23.

［6］　Kou P，Gao F，Guan X. Stochastic predictive control of battery energy storage for wind farm dis-patching：using probabilistic wind power forecasts ［J］. Renewable Energy，2015，80：286 - 300.

［7］　Liu X，Jenkins N，Wu J，et al. Combined analysis of electricity and heat networks ［J］. Energy Procedia，2014，61：155 - 159.

［8］　毕庆生，吕项羽，李德鑫，等. 基于热网及建筑物蓄热特性的大型供热机组深度调峰能力研究［J］. 汽轮机技术，2014，56（2）：141 - 144.

［9］　赵海森，杜中兰，刘晓芳，等. 基于递推最小二乘法与模型参考自适应法的鼠笼式异步电机转子电阻在线辨识方法 ［J］. 中国电机工程学报，2014，34（30）：5386 - 5394.

第6章　基于大容量固体电蓄热柔性负荷控制的新能源消纳技术

大容量高温固体电蓄热技术具有典型的柔性负荷特性，可作为可平移负荷参与电网调度。在电力系统运行中描述功率平衡过程需要源网荷三侧的诸多关键变量进行综合推导，构建功率平衡方程，特别是新能源发电与负荷侧用电方面，要维持功率平衡需配备一定容量的调节量。本章以风电调控为例，针对固体电蓄热负荷柔性控制策略进行研究，为同时满足按电网要求投切和使蓄热满足用户对热负荷需求，电网调度直接调控策略在日前可按负发电或修正负荷曲线方式，通过自动发电控制跟踪下调机组容量方式，完成蓄热负荷的柔性调度方法。

6.1　固体电蓄热柔性负荷特性

6.1.1　固体电蓄热负荷的电热特性

根据固体电蓄热系统供热方式，可将其分为3模式：①直接供暖蓄热负荷；②与其他热源联合供热蓄热负荷；③发电厂侧蓄热负荷。其中①和②两种模式同属于用户侧固体电蓄热柔性负荷，③属于厂站侧固体电蓄热柔性负荷。

6.1.1.1　用户侧固体电蓄热负荷特性

用户侧蓄热一般直接安装在热用户处，远离风电场，如图6-1所示。当系统有大量弃风时，蓄热系统存蓄热量；当电力系统没有弃风并且蓄热系统还有剩余热量时，由蓄热系统向热用户供热；当电力系统没有弃风并且蓄热系统没有剩余热量时，需要利用正常的上网电进行供热。因为电力网络会存在经常没有弃风的情况，所以这种模式下一般要求蓄热容量较大。

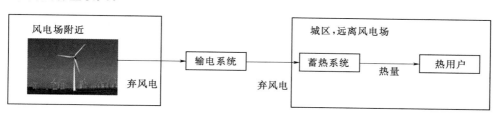

图6-1　用户侧蓄热负荷供热模式

用户侧蓄热以固体电蓄热式电锅炉为典型，固体电蓄热式电锅炉通过固体电蓄热与电锅炉的联合运行模式实现用户侧供热，其中涉及电负荷、热负荷，电-热及热-热转换等过程。建立固体电蓄热式电锅炉的电热外特性，固体电蓄热的蓄、放热能量转换数学模型，用于分析用户侧蓄热负荷的可调节特性。

晚上低谷电时段，采用何种模式运行需视负荷情况而定。一般情况下采用固体电蓄热式电锅炉单供热模式或边蓄热边供热模式，但对夜间负荷应有所控制，否则过量的夜间负荷会影响系统蓄热量，可能造成第二天固体电蓄热式电锅炉的过量运行而增加运行费用。

白天采用固体电蓄热优先的联合供热模式，采用固体电蓄热速放热方式，保证在工作时间段将固态蓄热量用尽。在计算放热量时，需考虑固体电蓄热式电锅炉的避峰电时段运行，此时段固体电蓄热应全量供热（即固体电蓄热单供热模式），从而尽量减少固体电蓄热式电锅炉的运行费用。

在固体电蓄热以单供热模式运行时，若换热器的出水温度保持在最低温度（50℃），则系统重新切换到电锅炉和固体电蓄热联合供热模式。

6.1.1.2　厂站侧固体电蓄热负荷特性

厂站侧蓄热一般安装在热电厂处，如图 6-2 所示。蓄热系统安装在热电厂处，与热电厂的供热机组一起向用户供热。该种模式与用户侧蓄热模式相比的优势是当系统没有弃风，蓄热又没有剩余热量的时候，可以由热电厂的热电联供机组提供热量，不需要使用正常的上网电进行供热。因此厂站侧蓄热的运行成本比较低，并且其对蓄热系统容量的要求稍低。

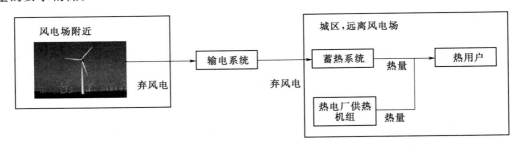

图 6-2　厂站侧蓄热供热模式

厂站侧柔性负荷运行本质是用电功率在时间上的可中断、可平移、可转移。电功率的实时特性与温度的惯性响应间存在数学对应关系，固体电蓄热柔性负荷的电热耦合方程如下：

电蓄热用电时

$$T_c^{t+\Delta t}=T_a^{t+\Delta t}+\eta PR+(T_c^t-\eta PR-T_a^{t+\Delta t})e^{-\Delta t/RC} \tag{6-1}$$

固体电蓄热停电放热时

$$T_c^{t+\Delta t}=T_a^{t+\Delta t}-(T_a^{t+\Delta t}-T_c^t)e^{-\Delta t/RC} \tag{6-2}$$

电热耦合方程为

$$\Delta T_c = (T_a^{t+\Delta t} + \eta PR - T_c^t)(1 - e^{-\Delta t/RC}) \tag{6-3}$$

式中 $T_c^{t+\Delta t}$——电蓄热温度，℃；

$T_a^{t+\Delta t}$——外界介质温度，℃；

C——等值热电容，J/℃；

R——等值热电阻，℃/W；

η——电热转化效率，%；

P——电功率，W。

目前，厂站侧蓄热负荷容量可达到百万级，通过现场实测，给出大容量固体电蓄热负荷的电热特性。电蓄热负荷蓄热时长为 7h，放热时长为 24h，最高蓄热温度为 800℃，取热最低温度为 120℃。蓄热温度由供热负荷需求决定，正常运行温度在 200～750℃范围内。

图 6-3 给出厂站侧电蓄热系统温度-时间、电功率-时间的耦合运行特性曲线。从图中可以看出，在固体电蓄热装置投入时间段内，蓄热温度随时间变化而升高，经过一段时间后，在某一时刻温度达到峰值；在固体电蓄热装置切除后，温度开始随时间而下降，初始时刻温度随时间下降较快，在此过程中蓄、放热同时进行。在固体电蓄热装置切除后某一时间段内，温度随时间呈现出横幅衰减特性，根据分析可知固体电蓄热系统在此时间段内呈现出恒功率放热特性。根据固体电蓄热装置的投运情况以及温度变化情况可计算出本时间段内系统的蓄热量。

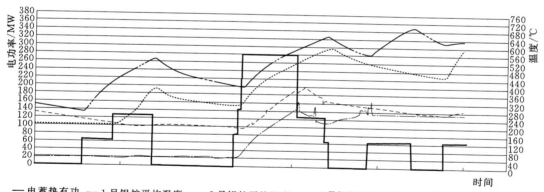

—— 电蓄热有功 --- 1号锅炉平均温度 - - 2号锅炉平均温度 ---- 3号锅炉平均温度 ····· 4号锅炉平均温度

图 6-3 厂站侧电蓄热系统的温度与电功率耦合特性曲线

6.1.2 固体电蓄热负荷柔性控制特性

6.1.2.1 电网负荷曲线主动式柔性分解

电网负荷曲线主动分解方法以负荷不同类特征为依据，分解成特征类曲线群。以尖峰可平移与低谷可转移为特征进行分解，分解函数公式为

$$P_L(t) = \sum_{n=1}^{N} P_n(t) = \sum_{m=1}^{M} P_{m,\text{tran}}(t) + \sum_{i=1}^{I} P_{i,\text{shift}}(t) + \sum_{j=1}^{N-M-I} P_{j,\text{wait}}(t) \qquad (6-4)$$

式中　$P_{m,\text{tran}}(t)$——可转移特征分量；

$\quad\quad M$——可转移特征负荷的观测点数总量；

$\quad\quad P_{i,\text{shift}}(t)$——可平移特征分量；

$\quad\quad I$——可平移特征负荷的观测点数总量；

$\quad\quad P_{j,\text{wait}}(t)$——待建模特征分量；

$\quad\quad N$——全部负荷的观测点数总量。

1. 可转移特征分量提取函数

$$P_{m,\text{tran}}(t) = \left\{ P(t) \left| \frac{\int_{t_i}^{t_j} P(t)}{\int_0^{24} P(t)} \geqslant \frac{(t_i - t_j)n}{24}, [t_i, t_j] \in T \right. \right\} \qquad (6-5)$$

函数含义为 $t_i \sim t_j$ 连续时段内平均负荷是全天平均负荷的 n 倍。$t_i \sim t_j$ 连续时段依据时段特征取值，n 依据比例特征取值，具备该特征的负荷定义为可转移特征负荷。

2. 可平移特征分量提取函数

选取典型的间歇式阶跃负荷，针对该典型负荷曲线，采用灰色关联分析，以关联度为指标，提取与典型负荷曲线相似的负荷，特征提取函数如下：

$$\begin{cases} P_{i,\text{shift}}(t) = \{ P(t) \mid R_{P_a,P_i} \geqslant z \} \\ R_{P_a,P_i} = \frac{1}{n} \sum_{k=1}^{n} L_{P_a,P_i}(k) \\ L_{P_a,P_i}(k) = \dfrac{\Delta_{\min} + \rho \Delta_{\max}}{\Delta_{ai}(k) + \rho \Delta_{\max}} \end{cases} \qquad (6-6)$$

其中

$$\Delta_{ai}(k) = | P_a(k) - P_i(k) |$$

式中　$P_a(k)$——典型间歇式阶跃负荷，特征负荷曲线；

$\quad\quad P_i(k)$——被比较序列；

$\quad\quad \Delta_{\min}, \Delta_{\max}$——所有比较序列各个时刻绝对差中的最大值和最小值；

$\quad\quad \rho$——系数，一般情况下 $\rho = 0.5$；

$\quad\quad L_{P_a,P_i}(k)$——关联系数；

$\quad\quad R_{P_a,P_i}$——关联度；

$\quad\quad n$——负荷值采样点数；

$\quad\quad z$——可平移特征分量提取阈值，依据特征关联需求取值。

3. 待建模特征分量

$P_{j,\text{wait}}(t)$ 为待建模的特征负荷，有待于大数据技术的不断研究逐步分解该待建模负荷部分的多种特征。

6.1.2.2　电网负荷曲线分解控制策略

电网负荷曲线经大数据观测分解后，需进一步对分解得出的每一类负荷曲线进行优化调整，建立分控矩阵，提出峰谷互动控制模型，将分解后的特征负荷进行控制，从而形成可互动的负荷控制器。

1. 构建分控矩阵

$$\boldsymbol{K}_n(t) = [k_{n,ctr}(t), k_{n,pr}(t)], \boldsymbol{P}_n(t) = [P_i(t), \cdots, P_n(t)]^T \qquad (6-7)$$

式中　$\boldsymbol{P}_n(t)$——负荷 n 类分解矩阵；

　　　$\boldsymbol{K}_n(t)$——第 n 类特征负荷的判别矩阵；

　　　$k_{n,ctr}(t)$——控制字，表示第 n 类特征负荷是否可控，属于 $0-1$ 变量，0 为不可控，1 为可控；

　　　$k_{n,pr}(t)$——第 n 类特征负荷控制权重值，权重值需根据负荷补偿定价等因素进行核定。

定义分控运算规则为

$$z_i(t) = z_i(K_i, P_i) = P_i(t) k_{i,ctr}(t) \bigcap P_i(t) k_{i,pr}(t) \qquad (6-8)$$

式中　$z(\cdot)$——自定义运算规则，含义是矩阵相乘后行内取与运算；

　　　$k_{i,pr}$——判别系数。

构建负荷曲线分控矩阵为

$$\boldsymbol{Z}_n(t) = [z_i(K_i, P_i), \cdots, z_n(K_n, P_n)]^T \qquad (6-9)$$

2. 建立峰谷互动调整模型

目标函数为

$$\min C[z_i(K_i, P_{i,shift}), z_m(K_m, P_{m,tran})] \qquad (6-10)$$

式中　$z_i(K_i, P_{i,shift})$——第 i 类可平移特征负荷的调控量；

　　　$z_m(K_m, P_{m,tran})$——第 m 类可转移特征负荷的调控量。

式（6-18）为可平移特征负荷与可转移特征负荷的调控代价罚函数，实际意义为电力客户意愿程度，C 与控制器判别矩阵中 $k_{i,pr}$ 控制权重成正比关系，即 $C \propto k_{i,pr}$。该目标函数的实际含义是客户用电意愿受影响程度最低方式下，最大化调用可互动负荷量。可互动负荷峰谷互动控制模型原理图如图 6-4 所示。

（1）尖峰时段负荷互动约束。在尖峰时段实现负荷互动调控，确保尖峰时段用电总量不变，削峰填谷。互动模型为

$$\begin{cases} z_i(K_i, P_{i,shift}) \geqslant P_{L_k,ini}(t) - P_{L_k,op} \\ S = S', [t_1, t_2] \bigcup [t'_1, t'_2] \in T_k \\ S = \int_{t_1}^{t_2} [P_{L_k,ini}(t) - P_{L_k,op}] \\ S' = \int_{t'_1}^{t'_2} [P'_{L_k,op}(t) - P_{L_k,ini}] \end{cases} \qquad (6-11)$$

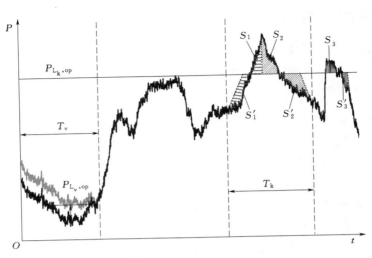

图 6-4　可互动负荷峰谷互动控制模型原理图

式中　$P_{L_k,op}$——总负荷曲线中尖峰时段可平移负荷的参考限值。

（2）低谷时段负荷互动约束。在低谷时段实现负荷互动调控，调用可转移负荷、政策/经济激励低谷负荷，提高低谷时段用电负荷，互动模型为

$$z_m(K_m,P_{m,tran}) \geqslant P_{L_v,op} - P_{L_v,ini}(t), t \in T_v \tag{6-12}$$

式中　$P_{L_v,op}$——总负荷曲线中低谷时可转移负荷的参考限值。

3. 电网负荷曲线分解控制机制

结合电网负荷曲线特征分解控制模型，设计电网负荷曲线内外环控制模型。

电网负荷曲线分解控制内环原理如图 6-5 所示。首先，将观测器作为反馈环节，环节内串联包含负荷曲线分解、特征分量提取、特征分量累加。其次，将理想给定负荷曲线与初始反馈曲线进行有差对比。最后，经控制器进行执行控制，判别出可互动的特征负荷，进行尖峰等面积平尖调控与低谷激励调控。内环输入为负荷期望曲线，输出为控制修正后可互动负荷曲线。

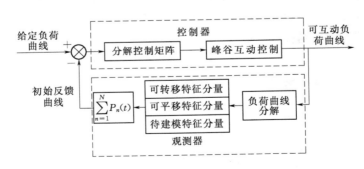

图 6-5　电网负荷曲线分解控制内环原理图

如图 6-6 所示，弃风接纳能力评估模型作为反馈环节，接纳需求量作为输入给定

环节，依据内环输出的可互动负荷曲线调整发电计划，下调空间量的最大化作为输出。结合电网负荷曲线分解控制内环设计，一并构成电网负荷曲线分解控制机制。

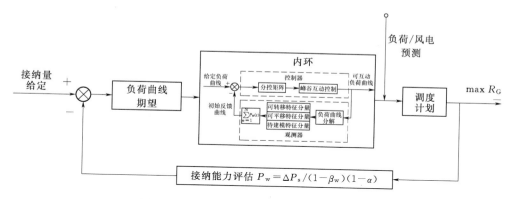

图 6-6 电网负荷曲线分解控制机制原理图

6.1.2.3 大容量固体电蓄热负荷对电网负荷曲线柔性修正

经以上分析，取电网典型日负荷大数据，将负荷曲线进行特征分解，可分解出大容量固体电蓄热负荷、空调类负荷、间歇式可平移负荷、尖峰时段特征负荷，分解示意如图 6-7 所示。

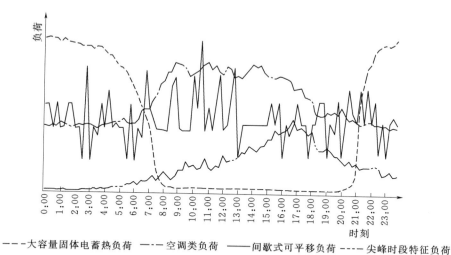

----大容量固体电蓄热负荷 —— 空调类负荷 —— 间歇式可平移负荷 ----尖峰时段特征负荷

图 6-7 电网负荷曲线特征分解示意图

大容量固体电蓄热将作用在低谷可转移特征负荷曲线上，针对分解曲线，生成对应的负荷分解控制曲线，负荷曲线分解控制结果如图 6-8 所示。其中低谷时段的控制曲线为大容量固体电蓄热的控制曲线，其他两种为尖峰时段空调与间歇式可平移负荷的控制曲线。通过电网负荷曲线分解与控制，负荷总曲线发生变化，对比如图 6-9 所示，负荷峰谷差减小，弃风接纳能力得到有效提高，图中低谷部分的调整由大容量固体电蓄热负荷实现，可以得出固体电蓄热负荷控制对电网负荷曲线的调整作用。

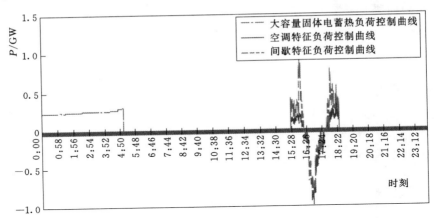

图 6 - 8　电网负荷曲线分解控制结果图

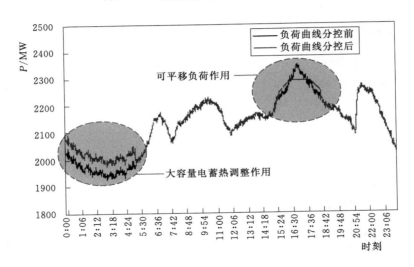

图 6 - 9　电网负荷曲线分控前后对比图

6.2　固体电蓄热柔性负荷控制策略

6.2.1　固体电蓄热负荷的控制策略

6.2.1.1　就地控制策略

厂站侧固体电蓄热系统可实现就地控制和远方调度直接控制，就地控制可利用原有控制系统实现机组发电调节，可利用遥控实现蓄热单元开关投切。由于蓄热单元的容量不同，每个单元可以实现独立投切，因此对蓄热可以进行分级控制，基于电网的要求进行蓄热容量的分级投切。

固体电蓄热系统和电池相比，其接纳风电能力更强，响应更快，不存在过度放热的情况，因此蓄热单元的运行状态可以分为正常投入、蓄热系统投切限制和最小蓄热三个区间，如图 6-10 所示。利用弃风功率预测的信息，对蓄热单元进行预控制，使蓄热系统维持在一定的能量水平。正常投入区间是蓄热单元最优的容量配置，与限制区间和最小蓄热区间共同构成了蓄热单元的全部容量，要满足日前计划调度需要蓄热系统的出力范围。

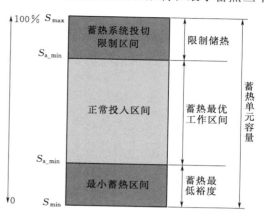

图 6-10 蓄热单元分区控制示意图

1. 正常投入区间

当蓄热单元处于正常区间（$S_{a\_min} < S < S_{a\_max}$，$S$ 为蓄热容量值）时，对蓄热单元的控制是需要让容量保持在正常区间，要求既能即时消纳风电又能保持一定的供热水平，因此控制的目标是通过调节放热速率使蓄热单元能够运行在正常投入区间。对于电网而言，蓄热单元作为负荷参与调度进而接纳风电，蓄热单元的热力限制不作考虑，因此蓄热单元的放热需根据电网的需要进行调整。对于蓄热单元的放热速度，设定放热量与时间的比值作为放热功率，与蓄热单元投切的固定电功率作比较进行控制。

对于处于正常区间的蓄热单元，未接收到电网调度投切指令时，控制逻辑为

$$\left.\begin{array}{ll} P_{ft} > P_{ct} = 0, & \dfrac{1}{2} S_{max} < S < S_{a\_max} \\[2mm] P_{ct} = P_{ce} > P_{ft} \geqslant 0, & S_{a\_min} < S < \dfrac{1}{2} S_{max} \end{array}\right\} \tag{6-13}$$

在未接收到投切指令，仅在电厂内部进行就地控制时，发电厂根据调度指令，内部对蓄热系统进行调整，保持蓄热单元运行在 50% 容量附近。

接收到电网调度投切指令时，控制逻辑为

$$\left.\begin{array}{l} P_{ct} = P_{ce} > P_{ft} \\[2mm] S_{a\_min} < S < S_{a\_max} \end{array}\right\} \tag{6-14}$$

在接收到投切指令时，蓄热单元要保证在运行期间不超过额定容量，在正常区间内运行不考虑放热速度。

2. 蓄热系统投切限制区间及最小蓄热区间

当蓄热单元处于蓄热系统投切限制区间（$S_{a\_max} < S < S_{max}$）及最小蓄热区间（$S_{min} < S < S_{a\_min}$）时，需要通过调整蓄热、放热功率使蓄热回到正常区间内，保证充足的容量空间，更好地实现蓄热有限容量的合理利用。未接收到电网调度投切指令时，控制逻辑为

$$\left.\begin{array}{ll} P_{\text{ft}}=P_{\text{f\_max}}>P_{\text{ct}}=0\,, & S_{\text{a\_max}}\leqslant S\leqslant S_{\max} \\ P_{\text{ct}}=P_{\text{ce}}>P_{\text{ft}}=0\,, & 0\leqslant S\leqslant S_{\text{a\_min}} \end{array}\right\} \tag{6-15}$$

在未接到电网调度投切指令时，在蓄热限制区间，发电厂内部限制投切蓄热单元，蓄热单元只进行放热操作以回到正常投切区间。在最小蓄热区间，蓄热单元为确保充足的放热裕度，只进行蓄热操作。

接收到电网调度投切指令时，控制逻辑为

$$\left.\begin{array}{ll} P_{\text{ft}}=P_{\text{f\_max}}\geqslant P_{\text{ct}}=P_{\text{ce}}\,, & S_{\text{a\_max}}\leqslant S\leqslant S_{\max} \\ P_{\text{ct}}=P_{\text{ce}}>P_{\text{ft}}=0\,, & 0\leqslant S\leqslant S_{\text{a\_min}} \end{array}\right\} \tag{6-16}$$

式中　P_{ft}——蓄热单元放热功率；

　　　P_{ct}——蓄热单元蓄热功率；

　　　P_{ce}——蓄热单元额定蓄热功率；

　　　$P_{\text{f\_max}}$——蓄热单元最大放热功率。

接收电网调度投切指令后，若蓄热单元运行在蓄热系统投切限制区间，为了确保不达到蓄热的最大容量，此时放热的功率调至最大；若蓄热单元运行在最小区间，则进行正常蓄热操作即可。

6.2.1.2　远方控制策略

远方控制策略在接到调度发电指令后，自动下达发电调整指令、蓄热单元投切指令。4 个蓄热单元可快速的投切消纳风电，发电计划可根据不同的蓄热单元组合进行制定。在进行调度时，蓄热系统运行约束模型为

$$H_t=\eta H_{t-1}+S_t \quad t=1,2,\cdots,24 \tag{6-17}$$

$$H_{\min}\leqslant H_t\leqslant H_{\max} \quad t=1,2,\cdots,24 \tag{6-18}$$

$$-h_{\max}^{in}\leqslant S_t\leqslant h_{\max}^{in} \quad t=1,2,\cdots,24 \tag{6-19}$$

$$\sum_{t=1}^{24}S_t=0 \tag{6-20}$$

6.2.2　固体电蓄热负荷的电网调度模型

针对固体电蓄热负荷控制策略的研究，既要按电网要求投切，也必须使蓄热满足用户对热负荷需求。为同时满足电网和用户需求，电网调度直接调控策略在日前可按负发电或修正负荷曲线方式，日内调度通过自动发电控制跟踪下调机组容量方式。

6.2.2.1　目标函数

建立发电成本 C_G 为最小的目标函数，即

$$f(\theta)=R-C=\sum_{t=1}^{24}(\textstyle\prod_t^{pc}p_t^c+\textstyle\prod_t^{pw}p_t^w+\textstyle\prod_t^{h}h_t^{\text{load}})-\sum_{t=1}^{24}F_t$$

$$F_t=a_i[p_t^c+c_v(h_t^c+S_t)]^2+b_i[p_t^c+c_v(h_t^c+S_t)]+c_i \tag{6-21}$$

式中　　R——售电收益（含风电场和热电机组）和供热收益；

　　　　C——发电和供热成本；

　　　　t——时间，$t=1$，2，$\cdots$，24，对应于日前调度的 24 个时刻；

　　　$\prod_t^{px}$——热电机组上网电价；

　　　$\prod_t^{pw}$——风电机组上网电价；

　　　$\prod_t^{h}$——热电机组供热价格；

　p_t^w，p_t^c——风电场和热电机组的发电功率；

　　h_t^{load}——热电厂被分配的供热负荷；

　　　F_t——储能及热电机组系统的运行成本；

a_i，b_i，c_i——蓄热-热电机组运行成本系数；

　　　c_v——机组运行参数；

　　　h_t^c——热电机组供热功率；

　　　S_t——t 时刻蓄热装置的蓄、放热功率（放热时 S_t 为负值）。

售电收益为电价乘以热电机组和风电场的共同出力。在当前运行条件下，每一时段的供热负荷是确定的，由热电机组和蓄热装置共同承担，两者供热的收益即为供热价格乘以供热负荷。

6.2.2.2　约束条件

1. 电力平衡约束

$$\sum_{i\in N} P_{\text{el},i}^t + P_{\text{w}}^t - P_{\text{ex}}^t = P_{\text{D,el}}^t \tag{6-22}$$

式中　　N——该地区火电机组的集合，$N=G_c+G_b+G_e$；

　　P_{w}^t——系统中 t 时刻并网的风电功率；

　　P_{ex}^t——$P_{\text{ex}}^t>0$ 表示该区域在 t 时刻向外输送电量，$P_{\text{ex}}^t<0$ 表示该区域在 t 时刻向该地区输入电量；

　　$P_{\text{D,el}}^t$——系统 t 时刻电负荷。

2. 供热约束

$$\sum_{i\in G_e^k \cup G_b^k} P_{\text{h},i}^t + S_{\text{h},k}^t - S_{\text{h},k}^{t-1} \geqslant P_{\text{D,h,k}}^t \tag{6-23}$$

式中　　$P_{\text{h},i}^t$——机组 i 的热出力；

　　　k——供热分区数目，$k=1$，2，$\cdots$，M，M 为供热分区总数；

　$P_{\text{D,h,k}}^t$——t 时刻第 k 个分区热电厂需要承担的总热负荷；

　$S_{\text{h},k}^{t-1}$——第 k 个分区蓄热装置 $t-1$ 时刻的蓄热量；

G_e^k，G_b^k——第 k 个分区的抽气式、背压式机组的集合。

3. 机组约束

机组有功出力上、下限约束为

$$
\left.\begin{aligned}
&P_{el,i}^{t} \geqslant \min\{c_{m,i}P_{h,i}^{t}+K_{i}, P_{el,min,i}-c_{v,i}P_{h,i}^{t}\}\\
&P_{el,i}^{t} \leqslant P_{el,max,i}-c_{v,i}P_{h,i}^{t}
\end{aligned}\right\}
\tag{6-24}
$$

式中　　　$P_{el,i}^{t}$——机组 i 在凝气工况下的有功出力；

$P_{el,min,i}$，$P_{el,max,i}$——机组 i 在凝气工况下最小、最大有功出力；

$c_{m,i}$——机组 i 的 c_{m} 值；

$c_{v,i}$——机组 i 的 c_{v} 值；

K_{i}——常数。

机组热出力上、下限约束为

$$
0 \leqslant P_{h,i}^{t} \leqslant P_{h,max,i}
\tag{6-25}
$$

式中　　$P_{h,max,i}$——机组 i 热出力最大限制，该值主要取决于热交换器容量的大小。

机组爬坡速率约束为

$$
\left.\begin{aligned}
&P_{i}^{t}-P_{i}^{t-1} \leqslant P_{up,i}\\
&P_{i}^{t-1}-P_{i}^{t} \leqslant P_{down,i}
\end{aligned}\right\}
\tag{6-26}
$$

式中　　　P_{i}^{t}——机组 i 在 t 时刻的有功出力；

$P_{up,i}$，$P_{down,i}$——机组 i 向上、向下爬坡速率约束。

一般火电机组的出力变化需通过改变锅炉状态来实现，故将机组的电、热出力所对应的爬坡速率约束折算为抽气前纯凝工况下的电功率约束。

当 $c_{v}=0$、$c_{m}=0$ 时，为纯凝式机组，约束不变。

当 $c_{v}=0$、$c_{m}\neq 0$ 时，为背压式热电机组，其约束为

$$
\left.\begin{aligned}
&P_{el,i}^{t}=c_{m,i}P_{h,i}^{t}+K_{i}\\
&P_{el,min,i} \leqslant P_{el,i}^{t} \leqslant P_{el,max,i}
\end{aligned}\right\}
\tag{6-27}
$$

4. 蓄热装置运行约束

蓄热装置的蓄、放热能力约束为

$$
\left\{\begin{aligned}
&S_{h,k}^{t}-S_{h,k}^{t-1} \leqslant P_{h,k,cmax}\\
&S_{h,k}^{t-1}-S_{h,k}^{t} \leqslant P_{h,k,fmax}
\end{aligned}\right\}
\tag{6-28}
$$

式中　　$P_{h,k,cmax}$，$P_{h,k,fmax}$——蓄热装置最大蓄、放热功率。

蓄热装置的容量约束为

$$
S_{h,k}^{t} \leqslant S_{h,k,max}
\tag{6-29}
$$

式中　$S_{h,k,max}$——蓄热装置的蓄热容量。

6.3 基于固体电蓄热负荷的新能源消纳模型

6.3.1 电网功率平衡

电力供需功率实时平衡是电力系统安全稳定运行的物理前提，由于系统中含有诸多不确定性变量，特别是风力发电与负荷侧用电方面，要维持功率平衡需配备一定容量的调节量。在电力系统运行中描述功率平衡过程需要源、网、荷三侧的诸多关键变量进行综合推导，构建含风电系统功率的平衡方程，即

$$\left.\begin{array}{l} P_{Gmax}(t_i) = \overline{P}_L(t_i) + \overline{R}_G \\ P_{Gmin}(t_j) = \underline{P}_L(t_j) - \underline{R}_G \\ P_L(t) = P_{L,a}(t) + P_{L,na}(t) \end{array}\right\} \qquad (6-30)$$

式中　$P_{Gmax}(t_i)$——系统电源侧在负荷尖峰时刻的最大可调出力；

　　　$P_{Gmin}(t_j)$——系统电源侧在负荷低谷时刻的最小可调出力；

　　　$\overline{R}_G$——系统上调备用；

　　　$\underline{R}_G$——系统下调备用；

　　　$P_L(t)$——电网供电负荷；

　　　$P_{L,a}(t)$——大容量固体电蓄热负荷；

　　　$P_{L,na}(t)$——常规网供负荷。

$$\begin{bmatrix} P_{Gmax}(t) \\ P_{Gmin}(t) \end{bmatrix} = \begin{bmatrix} \boldsymbol{P}_{max} \\ \boldsymbol{P}_{min} \end{bmatrix} [1 - \boldsymbol{\alpha}]^T \qquad (6-31)$$

$$\left.\begin{array}{l} \boldsymbol{P}_{max} = \left[P_{fmax}(t)\, P_{hmax}(t)\, P_{nmax}(t)\, P_{wmax}(t)\, P_{cmax}(t) \right] \\ \boldsymbol{P}_{min} = \left[P_{fmin}(t)\, P_{hmin}(t)\, P_{nmin}(t)\, P_{wmin}(t)\, P_{cmin}(t) \right] \\ \boldsymbol{\alpha}^T = \left[\beta_f \quad \beta_h \quad \beta_n \quad \beta_w \quad a \right]^T \end{array}\right\} \qquad (6-32)$$

式中　$P_{fmax}(t)$，$P_{fmin}(t)$——燃煤机组最大、最小可调出力；

　　　$P_{hmax}(t)$，$P_{hmin}(t)$——水电机组最大、最小出力；

　　　$P_{nmax}(t)$，$P_{nmin}(t)$——核电机组最大、最小出力；

　　　$P_{wmax}(t)$，$P_{wmin}(t)$——风电机组最大、最小出力；

　　　$P_{cmax}(t)$，$P_{cmin}(t)$——联络线交换最大、最小电力；

　　　β_f，β_h，β_n，β_w——各类机组所对应的厂用电率；

　　　a——网损率；

　　　$\boldsymbol{P}_{max}$，$\boldsymbol{P}_{min}$——电源可调最大、最小出力的行向量；

　　　$\boldsymbol{\alpha}$——电源出力的系数向量。

6.3.2 大容量固体电蓄热负荷的弃风接纳能力

依据含风电电力系统功率平衡方程，综合考虑系统多元电源的开机方式、电网备

用、联络线约束等变量，推导出含风电电力系统接纳能力评估指标。

1. 电网的备用关系

结合功率平衡方程，建立系统初始状态下的系统备用关系方程，进一步解析系统向上、向下备用的关联关系为

$$\left.\begin{array}{l}\overline{R}_G = P_{Gmax}^0(t) - \overline{P}_L(t) \\ P_{Gmin}^0(t) = g\left[P_{Gmax}^0(t)\right] \\ \underline{R}_G = \underline{P}_L(t) - g\left[\overline{R}_G + \overline{P}_L(t)\right]\end{array}\right\} \tag{6-33}$$

式中　$g(\cdot)$——最大开机容量与最小开机方式的关系函数，也可以理解为系统电源侧的调峰深度。

通过式（6-33）可知，由于电力系统尖峰备用涉及系统安全稳定裕度，电网上调备用 $\overline{R}_G$ 通常取尖峰负荷的 3%～5%，模型中作为研究边界的条件值被给定。将式（6-33）进行递推分析，$\underline{R}_G$ 与包含大容量固体电蓄热的低谷负荷正相关，与调峰深度正相关，与上调备用和尖峰负荷负相关。

2. 消纳能力的本质因素

在源网荷协调运行与消纳过程中，提升消纳能力的措施有多种，对应每一种的研究成果在当前的研究领域均有体现，电源侧促进消纳包括火电机组深度调峰、大容量电池储能、抽水蓄能电站、电蓄热等；电网侧促进消纳包括互联电网跨区接纳、特高压电网风电外送等；负荷侧促进消纳包括可中断负荷、可转移负荷、可平移负荷等。然而，根据功率平衡方程可知，在满足安全稳定约束的前提下，消纳能力提升的本质过程是上调备用最小化与下调备用最大化的过程。因此，含风电电力系统消纳的总体目标函数为

$$\left.\begin{array}{l}\min\overline{R}_G \\ \max\underline{R}_G\end{array}\right\} \tag{6-34}$$

3. 弃风消纳能力指标

依据以上备用推导模型，计及大容量固体电蓄热负荷特性，进一步建立大容量固体电蓄热负荷的弃风消纳能力评估指标，从物理过程描述大容量固体电蓄热负荷的并网，提高了电网最低负荷，并同时增加了热电机组的向下调节裕度。评估指标为

$$\Delta P_s = \underline{R}_G = \left[\underline{P}_L(t_j) + \Delta P_{L,a}(t)\right] - \left[P_{Gmin}^0(t_j) - \gamma\Delta P_{L,a}(t)\right] \tag{6-35}$$

式中　ΔP_s——弃风电力消纳量；

$\Delta P_{L,a}(t)$——大容量固体电蓄热的运行功率；

γ——固体电蓄热相对热电机组的替代效率。

进一步考虑弃风电力的网损率与厂用电率，实际弃风接纳能力为

$$P_w = \Delta P_s / (1 - \beta_w)(1 - a) \tag{6-36}$$

式中　P_w——弃风消纳能力指标量。

6.3.3　源网荷接纳贡献能力评估

确定消纳需求时段，定义源网荷消纳贡献能力指标，计算得出源网荷各因素对消纳

量的贡献占比。图 6-11 为风电消纳原理图，定义当系统发电最小可调出力大于负荷所在的时段为消纳需求时段，即图 6-11 中的 $t_1 \sim t_2$ 时段。

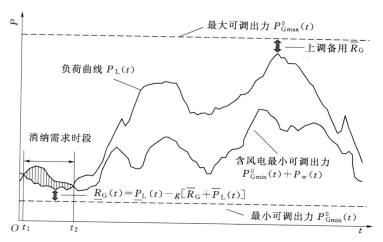

图 6-11　风电消纳原理图

定量求解源网荷对消纳的影响，给出源网荷消纳贡献能力指标，即

$$\delta_{\text{x}} = \frac{\displaystyle\int_{t_1}^{t_2}(P_{\text{x,av}} - P_{\text{x}})}{\displaystyle\sum_{x}\int_{t_1}^{t_2}(P_{\text{x,av}} - P_{\text{x}})} \tag{6-37}$$

式中　P_{x}——源网荷不同变量的发出功率值，负荷当做负值虚拟发电机处理；

　　　$P_{\text{x,av}}$——各变量的全时段平均功率。

6.4　含固体电蓄热负荷电网的新能源消纳模型验证

以某区域电网为例，基于四级 300MW 容量电蓄热系统和 2×300MW 发电机联合供热系统的实际运行参数进行算例分析，通过仿真验证所提电蓄热负荷控制策略和电网调度直接控制策略对于风电消纳的有效性，并对风电消纳效益进行了分析。

6.4.1　风电消纳就地控制验证

对目前某区域 2 台典型 300MW 供热机组配置蓄热装置。总容量 300MW 的蓄热装置由 2×70MW 和 2×80MW 4 个单元构成，由 66kV 母线 4 回出线直接供电。区域内风电并网装机容量共 1000MW。区域电网等值同步发电机组的额定功率为 8000MW，有功负荷为 6200MW。区域热负荷 350MW，由发电厂热网供热。等值系统图如图 6-12 所示。

采用电网某区域实际风电场以及负荷典型日曲线进行仿真，就地控制方式下热电厂出力曲线图如图 6-13 所示。

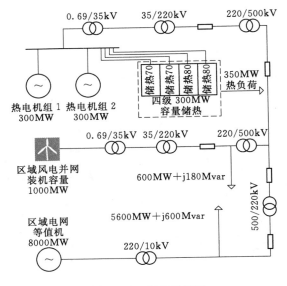

图 6-12 等值系统图

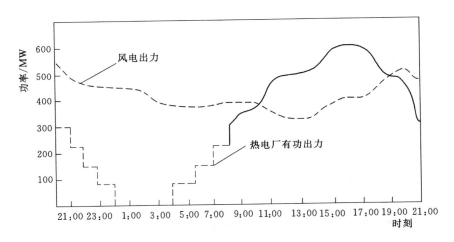

图 6-13 就地控制方式下热电厂出力曲线图

分析图 6-13 可知，直接控制电蓄热的本地控制策略仅考虑自身区间限制和风电出力，不依赖于电网调度，以最大接收风电为目标。在 21：00 开始启动蓄热，因此热电厂出力也从 300MW 直接下降至 0，在 7：00 结束，全部退出运行，发电出力恢复至 300MW，为风电消纳提供 300MW 发电空间。实际上，电网真正的低谷和消纳困难在凌晨 0：00—4：00，为节省资源，也可按电网需求，在 21：00 开始投入，至翌日 0：00 全部投入，在 4：00 开始退出，直至 7：00 全部退出，如图 6-13 虚线所示。因此，采用本地控制策略来调整热电厂出力，在弃风高峰时段，以保证本地蓄热不越限为前提，能够最大限度消纳风电并网。本地控制策略能够为扩大热电厂出力调节范围、提升风电消纳能力和降低负荷峰谷差提供有效的控制手段。

6.4.2 风电消纳远方控制验证

直接控制电蓄热负荷在接收电网直接调度指令时，基于远方控制策略，同时实现满足电网调峰和用户供热需求。电厂的发电限值可调整为 $0 \sim 600\text{MW}$，在 300MW 以下时，发电限值调整原理如图 6-14 所示。图中 P_{Gmin} 表示负荷低谷时段热电机组可压低的最低出力，但由于最小出力受供热约束，风电最大消纳空间被压缩，导致弃风现象发生。依据直接控制蓄热装置运行策略，将在机组出力受限的低谷时段完成投切，可按 0、70MW、140MW、220MW 和 300MW 依次投入，热电机组的最小输出功率也按 300MW、230MW、160MW、80MW 和 0 依次降低，直至四级蓄热全部投入，此时发电机最小输出功率为 0，可为风电消纳最高提供 300MW 的容量空间。

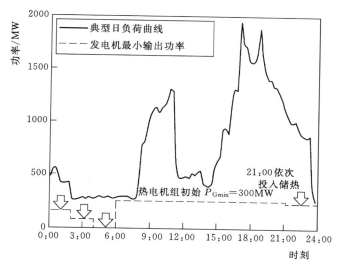

图 6-14 发电限值调整原理图

日前调度按负发电方式制定发电计划，得到基于远方控制策略的蓄热运行曲线，如图 6-15 阴影部分所示。由图可知，蓄热运行曲线在负荷低谷期（即弃风高峰期）为正值，将负荷值增加，可实现电蓄热装置的分级投切。因蓄热装置的投切，日负荷曲线也由 y_1 修正为 y_2，峰谷差降低至 1679.1MW，使电网运行更为稳定。

为编制发电计划，首先根据远方控制策略求得蓄热运行曲线，然后利用蓄热控制策略跟随，以机组深度调峰为目标，按修正负荷曲线方式，以修正后日负荷曲线 y_2 制定发电计划，最后只需将负荷曲线在 23：00 至翌日 6：00 上移 300MW，即可得到电厂等效日前发电计划。图 6-16 是热电机组出力功率曲线，图中表明，当机组以远方控制方式运行时，最大出力 600MW，最小出力 0MW，减少了机组启停次数，为低谷时段消纳风电预留了更大的空间，同时使电网经济运行和深度调峰得以实现。

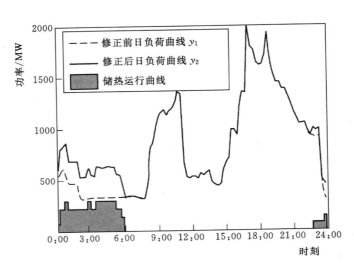

图 6-15　远方控制方式下蓄热装置运行曲线图

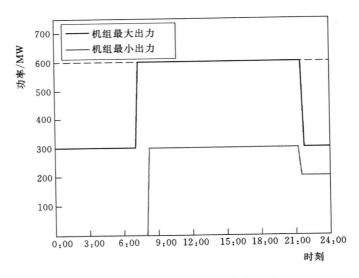

图 6-16　热电机组出力功率曲线图

6.4.3　风电消纳效益分析

　　利用蓄热系统调峰，使电厂侧深度调峰能力提高 300MW，同时不影响供热能力，较好地解决了调峰和供热矛盾。低谷时段利用就地控制和远方控制，可有效抬高低谷负荷，使电网留出更多向下调节容量消纳风电。

　　在蓄热系统运行安全条件内，蓄热系统使得电网多消纳风电电量为

$$E_{\mathrm{Gwind}} = \sum_{k=1}^{365} \int_{t_1}^{t_2} f_{\mathrm{HS}}(t)\,\mathrm{d}t \tag{6-38}$$

式中　t_1、t_2——直接控制蓄热在低谷时段投入的起止时间；

$f_{HS}(t)$——t 时刻蓄热单元功率，为阶跃函数，由前述控制策略计算。

电网侧提高可调负荷容量 300MW，在蓄热运行时，电网可向下切负荷 300MW，在蓄热停止运行时，电网可投入负荷 300MW。风电消纳能力提高 300MW，按每天运行 7h，每天可接纳 2100MW·h 电量，每年按 5 个月计算，可接纳 3.15 亿 kW·h 风电电量。

6.5　本章小结

本章通过就地控制与远方控制两种控制方式，对含固体电蓄热负荷电网的控制策略进行了验证，实现大容量固体电蓄热负荷的柔性控制。验证表明，为了应对长周期的风电不确定性，保证足够的蓄热容量满足日前计划调度及实现电网事故情况下的快速响应，蓄热系统需要提前安排放热，为未来控制留下足够的容量空间。对于固体电蓄热系统，容量是运行状态的重要指标之一，容量保持在中间值能够提高蓄热的灵活调节能力，保证充足的调整裕度。固体电蓄热单元同样需要保持在一定的能量水平，保证固体电蓄热系统在夜晚有放热能力及接收投切指令后的快速响应能力。

参 考 文 献

［1］　舒印彪，张智刚，郭剑波，等. 新能源消纳关键因素分析及解决措施研究［J］. 中国电机工程学报，2017，37（1）：1-8.

［2］　Shu Y, Zhang Z, Guo J, et al. Study on key factors and solution of renewable energy accommodation［J］. Proceedings of the CSEE, 2017, 37（1）: 1-8.

［3］　孙川，汪隆君，许海林. 用户互动负荷模型及其微电网日前经济调度的应用［J］. 中国电机工程学报，2016，40（7）：2009-2015.

［4］　Sun C, Wang L, Xu H. An interaction load model and its application in microgrid day-ahead economic scheduling［J］. Proceedings of the CSEE, 2016, 40（7）: 2009-2015.

［5］　王珂，姚建国，姚良忠，等. 电力柔性负荷调度研究综述［J］. 电力系统自动化，2014，38（20）：127-135.

［6］　Wang K, Yao J, Yao L, et al. Survey of research on flexible loads scheduling technologies［J］. Automation of Electric Power Systems, 2014, 38（20）: 127-135.

［7］　曾博，杨雍琦，段金辉，等. 新能源电力系统中需求侧响应关键问题及未来研究展望［J］. 电力系统自动化，2015，17（39）：1-9.

［8］　Zeng B, Yang Y, Duan J, et al. Key issues and research prospects for demand response in alternate electrical power systems with renewable energy［J］. Automation of Electric Power Systems, 2015, 17（39）: 1-9.

［9］　刘小聪，王蓓蓓，李扬，等. 智能电网下计及用户侧互动的发电日前调度计划模型［J］. 中国电机工程学报，2013，33（1）：30-39.

［10］　Liu X, Wang B, Li Y, et al. Day-ahead generation scheduling model considering demand side interaction under smart grid paradigm［J］. Proceedings of the CSEE, 2013, 33（1）: 30-39.

［11］　董存，李明节，范高锋，等. 基于时序生产模拟的新能源年度消纳能力计算方法及其应用

[J]. 中国电力，2015，48 (12)：166-172.

[12] Dong C，Li M，Fan G，et al. Research and application of renewable energy accommodation capability evaluation based on time series production simulation [J]. Electric Power，2015，48 (12)：166-172.

[13] 王芝茗，苏安龙，鲁顺. 基于电力平衡的辽宁电网接纳风电能力分析 [J]. 电力系统自动化，2012，34 (3)：86-90.

[14] Luo W，Feng S，Si Y，et al. The online estimating system for the units of automatic generation control [J]. Advanced Power System Automation and Protection，2012，1：524-528.

[15] Luo W，Feng S，Shi Y，et al. Coordinated strategy for AGC of thermal hydro wind power and energy storage system [J]. Applied Mechanics & Materials，2014 (543-547)：873-877.

[16] 黄杨，胡伟，闵勇，等. 计及风险备用的大规模风储联合系统广域协调调度 [J]. 电力系统自动化，2014，38 (9)：41-47.

第7章 含固体电蓄热电网的调度技术与多域新能源消纳

调度一般通过控制电源适应负荷的变化进行调峰调频，实现电网的供需平衡和安全稳定运行。大容量高温固体电蓄热技术参与电网调度可有效地提高新能源消纳能力。为更好地利用新能源发电和水电，减少火力发电，保护生态环境，本章深入研究电蓄热与电网协调调度关键技术，通过智能电网调度控制系统的平台、调度计划和 AGC，实现了电蓄热的计划控制、AGC 自动控制、调度实时控制和蓄热控制策略验证。

7.1 多区域电网的频率控制

7.1.1 电力系统的功频静态特性

电网内新能源发电的大规模整合将导致发电量的快速变化，由于传统的发电方式无法与之平衡，使得电网频率不平衡日益频繁，新形势下的电网控制成为研究热门。在电力系统运行方面，保证频率的稳定是最主要任务之一。一次调频是指当电网频率偏离额定值时，发电机组自动控制有功功率的增加或减少，与负荷共同作用以限制电网频率变化的过程。系统的发电变化量与负荷的变化量不匹配是系统产生频率偏移的主要原因，即功率缺额。一次调频能力是指单位时间内改变机组有功功率出力的大小，其值越大，则对电网频率的稳定作用越大，但机组稳定性差；反之，对电网频率的稳定作用越小，但机组稳定性好。

单位调节功率表示在计及发电机组和负荷的调节效应时，引起频率单位变化的度和变化量，单位调节功率的大小，可以确定在允许的频率偏移范围内系统所能承受的负荷变化量，它对于系统的稳定运行具有极其重要的作用，特别是在事故情况下，决定着系统频率和线路潮流功率的变化量，掌握其规律，有助于对电网运行的分析及事故处理原则的把握。一次调频作为一项辅助服务，对于它的分析和研究有助于辅助服务市场的改革深化。频率与负荷关系曲线如图 7-1 所示。

图 7-1 中，A 点为系统的初运行点；B 点为负荷增加 ΔP 后的系统的稳定运行点；$P_L(f)$ 为负荷在 A 点运行时的特性曲线；$P'_L(f)$ 为负荷在 A 点运行时的特性曲线；$P_G(f)$ 为发电机的特性

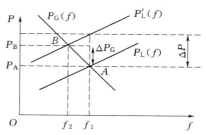

图 7-1 频率与负荷关系曲线

曲线；P_A 为初运行点的系统功率；P_B 为负荷增加，系统稳定后的系统功率；f_1 为初运行点的系统频率；f_2 为负荷增加，系统稳定后的系统频率。

由图 7-1 可得

$$\Delta P = \Delta P_G - \Delta P_L = -K\Delta f \tag{7-1}$$

即

$$K = -\frac{\Delta P_G - \Delta P_L}{\Delta f}$$

式中　ΔP_G——不同时刻发电量的变化量；

　　　ΔP_L——不同时刻负荷的变化量；

　　　Δf——不同时刻频率的变化量；

　　　K——系统的单位调节功率。

频率与负荷的变化规律研究主要分为：①发电与负荷造成的不平衡功率与频率变化量的关系；②K 值变化量的变化趋势。②以①为基础，得出在不同负荷程度下 K 值的整体变化趋势。

在系统进行一次调频时，要确定电力系统的负荷变化引起的频率波动，需要同时考虑负荷与发电机组两者的调节效应：当系统负荷增加 ΔP 后，负荷的运行点由 A 点变成了 B 点，发电机运行点从 A 点变为 B 点，发电机发电增量为 ΔP_G，系统频率由 f_1 下降到 f_2。因此当系统负荷增加时，在发电机组工频特性和负荷本身的调节效应共同作用下，频率下降，发电机按照有差调节增加输出，输出量为 ΔP_G，同时负荷实际取用的功率也因频率的下降而有所减小，减小量为 $\Delta P - \Delta P_G$。可见电力系统的功频静态特性的调节主要由负荷自身的调节特性和发电机增加出力两部分组成。

7.1.2　不平衡功率与频率变化量之间的关系

当系统负荷在 40000MW 且不超过 3% 的范围内波动时，通过对数据进行采集和分析处理，得到汇总数据见表 7-1。

表 7-1　　　　　　　　　系统负荷在 40000MW 时的 ΔP 与 Δf 数据

ΔP/MW	−251.61	128.36	−199.38	−57.88	210.93	−223.15	−412.96	125.49	−241.84
Δf/Hz	−0.026	0.010	−0.028	−0.015	0.0215	−0.029	−0.052	0.015	−0.035
ΔP/MW	96.01	41.05	−127.88	171.60	−144.16	299.45	385.09	−374.00	64.94
Δf/Hz	0.0122	0.004	−0.019	0.020	−0.002	0.037	0.045	−0.048	0.002
ΔP/MW	−69.51	−310.07	70.03	−69.21	228.86	269.3	50.15	339.51	323.79
Δf/Hz	−0.010	−0.040	0.015	−0.008	0.025	0.030	0.010	0.038	0.033
ΔP/MW	−320.79	−267.09	−318.1	143.53	−120.51	184.33	253.93	−160.21	−32.89
Δf/Hz	−0.037	−0.032	−0.043	0.013	−0.017	0.018	0.024	−0.023	−0.002
ΔP/MW	−26.79	29.43	−151.26	19.69	−116.22	129.98			
Δf/Hz	−0.006	0.005	−0.010	0.002	−0.017	0.021			

绘制 $\Delta P-\Delta f$ 关系曲线，如图 7-2 所示。

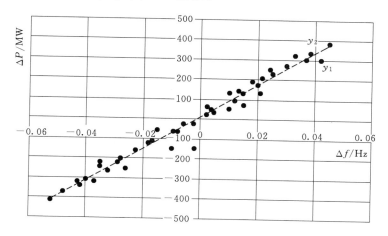

图 7-2　$\Delta P-\Delta f$ 关系曲线（40000MW 负荷）

排除不良数据点后对所采集的点进行数据拟合，拟合线性关系和二次关系为

$$y_1=8060.8x+6.023$$

$$y_2=-0.2057x^2+8060.8x+6.023$$

当系统负荷在 45000MW 且不超过 3% 的范围内波动时，通过对数据进行采集和分析处理，得到汇总数据见表 7-2。

表 7-2　　　　　　　系统负荷在 45000MW 时的 ΔP 与 Δf 数据

$\Delta P/\mathrm{MW}$	262.69	435.97	−284.19	482.64	−275.19	152.04	−338.48	206.79	105.48
$\Delta f/\mathrm{Hz}$	0.027	0.050	−0.026	0.047	−0.032	0.023	−0.041	0.014	0.010
$\Delta P/\mathrm{MW}$	−131.78	284.48	−238.66	232.06	−59.56	310.12	324.08	−358.60	−531.3
$\Delta f/\mathrm{Hz}$	−0.010	0.024	−0.025	0.031	−0.003	0.036	0.035	−0.023	−0.060
$\Delta P/\mathrm{MW}$	−104.11	65.01	−122.73	−210.74	381.78	−573.79	−436.78	198.10	−375.05
$\Delta f/\mathrm{Hz}$	−0.013	0.007	−0.014	−0.022	0.036	−0.055	−0.055	0.021	−0.035
$\Delta P/\mathrm{MW}$	398.13	−74.47	64.49	−382.72	−457.26	396.75	−25.78	220.06	−260.20
$\Delta f/\mathrm{Hz}$	0.042	−0.025	0.002	−0.037	−0.048	0.045	−0.007	0.019	−0.034
$\Delta P/\mathrm{MW}$	523.67	−314.79	141.51						
$\Delta f/\mathrm{Hz}$	0.051	−0.033	0.015						

绘制 $\Delta P-\Delta f$ 关系曲线，如图 7-3 所示。

排除不良数据点后对所采集的点进行数据拟合，拟合线性关系和二次关系为

$$y_1=9391.3x+6.4709$$

$$y_2=-0.7445x^2+9391.3x+6.4717$$

当系统负荷在 50000MW 且不超过 3% 的范围内波动时，通过对大电网数据进行采集和分析处理，得到汇总数据见表 7-3。

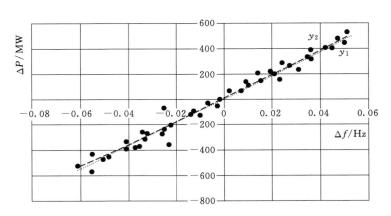

图 7 - 3　$\Delta P - \Delta f$ 关系曲线（45000MW 负荷）

表 7 - 3　　　　　　　　　系统负荷在 50000MW 时的 ΔP 与 Δf 数据

$\Delta P/\mathrm{MW}$	106.45	−59.23	−47.85	161.2	−130.91	121.67	−312.42	339.01
$\Delta f/\mathrm{Hz}$	0.006	−0.009	−0.005	0.020	−0.01	0.012	−0.036	0.026
$\Delta P/\mathrm{MW}$	−303.02	27.24	355.35	101.45	−231.43	289.47	2.01	325.46
$\Delta f/\mathrm{Hz}$	−0.032	0.002	0.045	0.014	−0.023	0.023	0	0.038
$\Delta P/\mathrm{MW}$	−342.01	−184.07	304.52	427.2	−67.85	366.79	220.14	−152.6
$\Delta f/\mathrm{Hz}$	−0.030	−0.022	0.030	0.038	−0.005	0.035	0.023	−0.018
$\Delta P/\mathrm{MW}$	−152.6	295.02	−379.56	−228.45	−281.56	−296.63	250.85	−219.58
$\Delta f/\mathrm{Hz}$	0.031	−0.037	−0.026	−0.026	−0.025	−0.029	0.021	−0.019
$\Delta P/\mathrm{MW}$	147.27	217.24	60.45	−145.52	−27.11	175.37	−117.54	71.57
$\Delta f/\mathrm{Hz}$	0.009	0.017	0.007	−0.036	−0.003	0.014	−0.013	0.005
$\Delta P/\mathrm{MW}$	185.75	−114.94	324.59					
$\Delta f/\mathrm{Hz}$	0.017	−0.016	0.029					

绘制 $\Delta P - \Delta f$ 关系曲线，如图 7 - 4 所示。

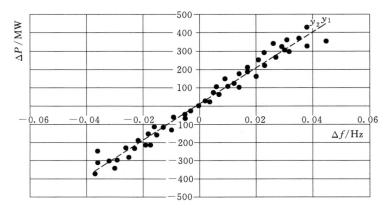

图 7 - 4　$\Delta P - \Delta f$ 关系曲线（50000MW 负荷）

排除不良数据点后对所采集的点进行数据拟合，拟合线性关系和二次关系为

$$y_1 = 10244x + 8.1137$$

$$y_2 = 0.03079x^2 + 10244x + 8.1136$$

当系统负荷在55000MW且不超过3%的范围内波动时，通过对大电网数据进行采集和分析处理，得到汇总数据见表7-4。

表7-4 系统负荷在55000MW时的 ΔP 与 Δf 数据

ΔP/MW	211.99	-398.55	-436.35	620.94	482.71	797.54	98.03	-485.44	-483.35
Δf/Hz	0.014	-0.026	-0.030	0.059	0.042	0.074	0.009	-0.038	-0.049
ΔP/MW	-705.09	363.65	-1041.9	180.54	-247.15	1254.83	-78.05	239.92	980.29
Δf/Hz	-0.056	0.023	-0.079	0.006	-0.012	0.096	-0.011	0.028	0.082
ΔP/MW	944.19	-966.71	928.03	1030.41	-1553.15	908.94	497.94	-1002.97	782.89
Δf/Hz	0.092	-0.072	0.086	0.078	-0.049	0.071	0.032	-0.090	0.065
ΔP/MW	-712.19	-200.94	484.89	-531.22	574.35	607.69	5.15	-128.41	-655.23
Δf/Hz	-0.062	-0.019	0.048	-0.037	0.048	0.041	0.002	-0.005	-0.050
ΔP/MW	634.04	723.74	328.52	-786.08					
Δf/Hz	0.053	0.058	0.034	-0.076					

绘制 $\Delta P - \Delta f$ 关系曲线，如图7-5所示。

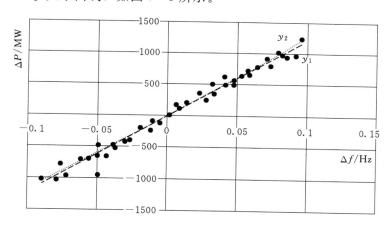

图7-5 $\Delta P - \Delta f$ 关系曲线（55000MW负荷）

排除不良数据点后对所采集的点进行数据拟合，拟合线性关系和二次关系为

$$y_1 = 11971x - 8.0515$$

$$y_2 = 0.05116x^2 + 11971x - 8.053$$

当系统负荷在60000MW且不超过3%的范围内波动时，通过对大电网数据进行采集和分析处理，得到汇总数据见表7-5。

表 7 - 5　　　　　　　　　　系统负荷在 60000MW 时的 ΔP 与 Δf 数据

ΔP/MW	380.45	−427.2	−389.61	657.8	520.09	22.48	−569.17	−521.10	400.25
Δf/Hz	0.021	−0.026	−0.030	0.059	0.042	0.009	0.009	−0.039	0.002
ΔP/MW	−904.02	189.39	−906.19	207.24	−679.17	−155.61	1391.25	−221.91	1159.66
Δf/Hz	−0.083	0.022	−0.070	0.015	−0.063	−0.012	0.096	−0.020	0.092
ΔP/MW	723.01	1000.11	1164.48	−1287.61	1093.02	−1269.61	−162.19	895.26	−975.61
Δf/Hz	0.053	0.086	0.078	−0.076	0.072	−0.090	−0.021	0.065	−0.062
ΔP/MW	824.39	383.17	−488.04	6.39	−60.12	−649.61	507.39	−1232.54	429.39
Δf/Hz	0.072	−0.062	−0.090	−0.021	0.0656	−0.062	−0.019	−0.053	0.033

绘制 ΔP - Δf 关系曲线，如图 7 - 6 所示。

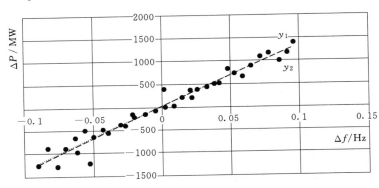

图 7 - 6　ΔP - Δf 关系曲线（6000MW 负荷）

排除不良数据点后对所采集的点进行数据拟合，拟合线性关系和二次关系为

$$y_1 = 13352x + 11.551$$

$$y_2 = 0.0394x^2 + 13352x + 11.551$$

通过 5 组数据可以看出，当系统的负荷在一定范围波动且范围不大时，负荷的所产生的功率缺额与系统频率偏移量之间的关系，当变化趋势合成二次关系时，二次项的系数绝对值分别为 0.2057、0.7445、0.03079、0.05116、0.0394，意味着当系统的频率波动 0.1Hz 时，5 种负荷程度电力网络二次项达到 10^{-4} 数量级，变化幅度非常小，由于大电网的系统较为复杂，计算困难，出于简化的目的，可以忽略二次项系数，将功率缺额与频率变化量的关系近似视为线性。

7.1.3　系统所带负荷程度与单位调节功率之间的关系

将系统在不同负荷（40000～60000MW 11 个负荷数值区间内）的大量数据进行采集并拟合，结果如图 7 - 7 所示。

表 7-6			系统负荷在 60000MW 时的 P 与 K 数据			
P/MW	37000	40000	42500	45000	48400	50000
K/(MW·Hz^{-1})	6260	8060	8525	9391	9850	10366
P/MW	52900	55000	57300	60000	62900	
K/(MW·Hz^{-1})	11023	11939	12550	13207	15279	

绘制 P-K 关系曲线，如图 7-7 所示。

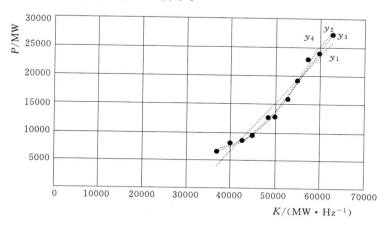

图 7-7 P-K 关系曲线（60000MW 负荷）

对数据进行拟合，结果如下：

$$y_1 = 0.3021x - 4545.8$$

$$y_2 = 2 \times 10^{-6} x^2 + 0.0622x + 1287.5$$

$$y_3 = 8 \times 10^{-10} x^3 - 0.0001x^2 + 5.6481x - 88848$$

$$y_4 = -1 \times 10^{-14} x^4 + 3 \times 10^{-9} x^3 - 0.0003x^2 + 12.156x - 167300$$

通过拟合出来的曲线和表达式进行对比，当电网承受的负荷量逐渐增大时，系统的单位调节功率也逐渐平稳地呈现增大趋势，系统对于负荷变化量具有一定的承受和自身调节的能力。拟合曲线最高次项的系数绝对值分别是 0.3021、2×10^{-6}、8×10^{-10}、1×10^{-14}，拟合成的曲线幂数越高，最高项的系数越小。由于大电网具有稳定性，具备一定的抗干扰和自消除能力，故当系统负荷逐渐上升时，K 值更趋向于二次函数的变化趋势，故单位调节功率与负荷变化规律用二次函数来描述更为合理。

当系统的负荷等级在 40000MW、45000MW、50000MW、55000MW、60000MW 时，K 值随着负荷的增加有所上升。通过比较，当负荷程度不同时，对单位调节功率所呈现的变化规律进行分析，得出结论：系统的负荷程度与单位调节功率所呈现的二次函数特性更为明显。

根据实验所得 K 值来确定负荷量与频率的变化关系，具体如下：

（1）在各地方电网中，需根据实际的运行情况及电网运行可容许的频率变化来确定负荷与出力之间的不平衡功率，并以此来消纳新能源发电量，增加新能源发电的利用率。

（2）国家标准规定容许的频率偏移范围为（50±0.2）Hz，国网公司规定允许的频率偏移范围为（50±0.1）Hz。通过掌握 K 值，利用频率空间来接纳新能源的容量是非常有效果的。

根据在不同的负荷情况下 K 值的变化趋势来估计电网频率变化，做到预测电网安全稳定运行水平，提高调度驾驭大电网的能力。

7.2　含固体电蓄热与新能源发电的电网调度策略

7.2.1　大容量电蓄热的电源负荷调度与控制序列

某地区电网调度依照国家能源战略、各电蓄热和电源的实际情况、国家电网公司的管理体系以及各类能源特性开展调度与控制策略，控制序列如图 7-8 所示，当减少发电出力时，依次是水电、火电、电蓄热、电池、频率空间、核电、风电、光伏发电；当增加发电出力时，依次是光伏发电、风电、核电、频率空间、电蓄热、电池、火电、水电。

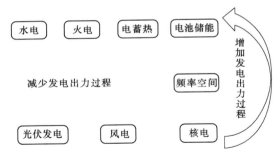

图 7-8　某地区电源负荷调度与控制序列

1. 水电

水电的优势明显，具备清洁、可再生、发电效率高、运维成本低、机组投入/退出速度快等特点，同时水利大坝建成后再形成人工湖泊，有利于防洪抗旱等。水电的缺点有建设成本高、容量受水势地形限制等，对生态也产生一定负面影响。东北地区冬季水电资源匮乏，因此在研究柔性负荷与电网电源负荷调度与控制中应该尽量节省使用，在调度控制序列中等级最高，为第 1 级，即减少发电出力时，首先减水电；增加发电出力时，最后增加水电。由于北方地区水电比较匮乏，因此多域电网控制中不考虑水电的影响。

2. 火电

火电厂布局灵活，装机容量的大小可按需要决定，一次性建造投资少，仅为水电厂的一半左右，建造工期短，发电设备的年利用小时数较高。火电厂耗煤量大，生产成本比水力发电高出 3～4 倍，火力发电在用水、燃料输送、环境保护等方面有所限制。不考虑大气污染、温排水、噪声等环境保护因素，效率对额定输出而言，输出越低即其发电效率降低越明显。

火电消耗煤炭，释放污染物，不利于环境保护。因此，从最大化接纳新能源角度考虑,火电应列在控制序列的第 2 级。

3. 电蓄热

电蓄热为柔性负荷,与电源出力调节呈反趋势,当电网需要减少发电出力适应负荷时,可以投入柔性负荷,通过增加负荷的方式来维持电源与负荷的平衡;相反可以通过降低负荷的方式来维持电源与负荷的平衡。电蓄热清洁环保,而且功率转化效率较高,能够稳定在 97% 左右,尤其可以利用弃风电,是未来供热发展的方向,应列在控制序列的第 3 级。

热电厂通过配置蓄热参与调峰,在负荷低谷时段降低电出力的同时依然可以保证其热负荷要求,通过灵活运行,提高了机组的调峰能力,可为风电提供额外的上网空间。配置蓄热能够很好地平抑热负荷的波动,在热负荷高峰时段利用存储的热量进行供热,可缓解热负荷压力,避免使用尖峰锅炉等昂贵热源;在热负荷低谷时段可存储多余的热量,避免供热电源停机。

4. 电池储能

电池储能在电网中属于双向设备,当电池处于充电状态时,属于负荷设备,将电能转化为化学能源;当电池处于放电状态时,属于电源设备,将化学能源转化为电能。在控制序列中为第 4 级。

5. 频率空间

电网频率波动与负荷的频率特性有关。所谓负荷的频率特性,就是系统负荷随系统频率变化的规律。电力系统各种负荷,有的与频率无关,如照明;有的与频率成正比,如压缩机;有的与频率的二次方成正比,变压器中的涡流损耗;有的与频率的三次方成正比,如通风机;有的与频率的更高次方成正比。负荷频率特性如下,称为电力系统的负荷频率特性方程,即

$$P_L = a_0 P_{LN} + a_1 P_{LN}(f/f_N) + a_2 P_{LN}(f/f_N)^2 + a_3 P_{LN}(f/f_N)^3 + \cdots + a_n P_{LN}(f/f_N)^n$$

$$(7-2)$$

式中 f_N——额定频率;

     P_L——系统频率为 f 时,整个系统的有功负荷;

     P_{LN}——系统频率为 f_N 时,整个系统的有功负荷;

a_0,a_1,$\cdots$,a_n——占 P_{LN} 的比例系数。

当前国家规定允许的频率偏移范围为 (50 ± 0.2) Hz,国家电网公司规定允许的频率偏移范围为 (50 ± 0.1) Hz。在大电网中,负荷较大,组成因素较多,在较小的频率变化范围内,负荷的频

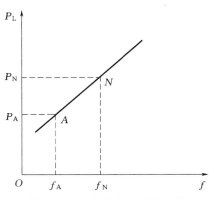

图 7-9 负荷的频率特性曲线

率特性呈线性关系，如图 7-9 所示。

图 7-9 中，f 为频率；P_L 为负荷；N 点为额定时负荷运行点；A 点为下降后负荷运行点；f_N 为系统额定频率；P_N 为系统额定负荷；f_A 为负荷下降后的频率；P_A 为改变后的系统负荷。

频率特性曲线中的斜率 K_L 称为负荷的频率调节效应系数，即

$$K_L = \frac{P_N - P_A}{f_N - f_A} = \frac{\Delta P_L}{\Delta f} \tag{7-3}$$

式中　ΔP_L——负荷变化量；

　　　Δf——频率变化量。

理想情况下，电网频率应该稳定在 50Hz，为更好地接纳新能源，可以牺牲部分电网频率。在控制序列中将频率空间列为第 5 级。当减少发电出力时，先柔性负荷和电池全部投入，仍然需要减出力，应先坚持频率接近 50.1Hz 后，再开始减新能源。

6. 核电

随着核发电技术的发展，核电机组可安全调节到 80% 左右，再往下调节就会涉及安全和较大核能放弃问题。机组发电率与弃核率关系曲线如图 7-10 所示。考虑到核电机组 80%～100% 的调节弃核较少，所以将其列为第 6 级。

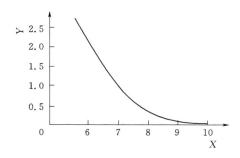

图 7-10　核电机组发电率与弃核率关系
X—核电机组发电效率；Y—当前发电弃核率

7. 风电

风电开发的限制条件相对较少，清洁环保，已具有比较明显的成本优势，在可再生能源中最具发展前景。风电出力的变化率大，不仅表现在其日出力特性上，同时其季节出力变化也较大。图 7-11 以春、夏、秋、冬四个季节任选一天的风电出力曲线分析，从图中可以看出，风电电力的日出力变化率较大。图 7-12 为春、夏、秋、冬四个季节典型日风电平均出力曲线。

风电由于受自然来风影响，出力波动性很大，具体体现为较大的日变化率和季节变化率，呈现较强的日波动性、季节性和间歇性。某地区风电消纳难度较为突出，为控制策略第 7 级。

8. 光伏发电

光伏发电具有许多独有的优点：①太阳能是取之不尽、用之不竭的能源，且光伏发电安全可靠，不会受到能源危机和燃料市场不稳定因素的影响；②除跟踪式外，光伏发电没有运动部件，不易损毁，安装容易，维护费用较低；③光伏发电不会产生任何废弃物，并且不会产生噪声、温室及有毒气体，是很理想的能源；④光伏电站建设周期短，且发电组件的使用寿命长，发电方式比较灵活，投资收回周期短。光伏发电也有其缺

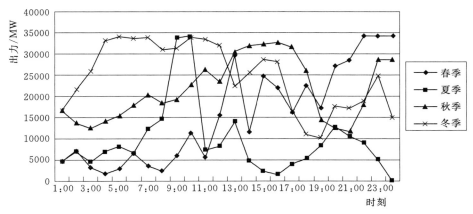

图 7-11 风电场春、夏、秋、冬某日风电实际出力曲线

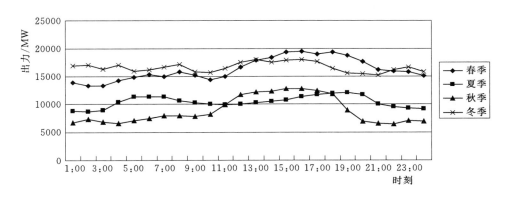

图 7-12 风电场春、夏、秋、冬典型日风电平均出力曲线

点：①受地理分布、季节变化、昼夜交替影响；②能量的密度低，占用面积大，且受到太阳辐射强度影响；③建设成本较高。某光伏电站发电出力日曲线如图 7-13 所示。

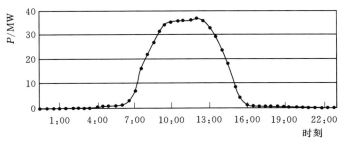

图 7-13 某光伏电站发电出力日曲线

7.2.2 三态电网新能源控制策略区域划分

根据根据电网中各类电源与负荷的运行状态，将电网新能源消纳控制分为常规电源控制态、柔性负荷控制态和清洁能源控制态，又将常规电源控制态分为火电调节区和电

池放电区，柔性负荷控制态分为柔性负荷控制区和电池充电区，新能源控制态分为频率空间区和弃新能源区，六个区域包括五个临界约束条件。三态电网新能源控制策略区域如图 7 - 14 所示。

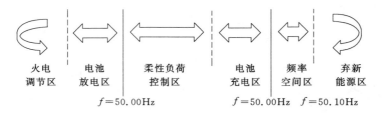

图 7 - 14　三态电网新能源控制策略区域图

1. 火电调节区

在此区域，电网可以全部接纳新能源，电池全部投入放电，或者电池全部为放完电状态，柔性负荷未投入运行，电网调度通过调节火电出力适应负荷变化，保证电网频率在 50Hz。

2. 电池放电区

在此区域，火电已经是处于最低发电状态，电网调度通过调节电池放电出力大小适应负荷变化，保持电网频率在 50Hz。此时，清洁能源可以全部接纳，柔性负荷未投入运行。

3. 柔性负荷控制区

在此区域，火电处于最低发电状态，电池全部退出放电状态，发电出力和联络线出力仍然高于全网负荷，通过控制柔性负荷来改变全网负荷变化，保持电网频率在 50Hz，实现新能源全部消纳。

4. 电池充电区

在此区域，火电处于最低发电状态，柔性负荷全部投入，发电出力和联络线出力仍然高于全网负荷，电网调度通过调节电池充电来改变全网负荷变化，保持电网频率在 50Hz，实现新能源全部接纳。

5. 频率空间区

在此区域，火电处于最低发电状态，柔性负荷全部投入，电池全部投入充电状态，或者电池已经充满电，电网调度通过牺牲频率来消纳新能源。此时电网频率不等于 50Hz，不可以超过 50.1Hz。

6. 弃新能源区域

在此区域，火电处于最低发电状态，柔性负荷全部投入，电池全部投入充电状态，或者电池已经充满电，电网频率为 50.1Hz，电网已经没有措施可以提升清洁能源水平，只能开始放弃清洁能源。

7.2.3 控制区域间的临界约束条件

1. 火电控制区与电池放电区临界条件

$$\int_{t_0}^{t_1} (P_{\text{Gmin}} + P_{\text{C}} + P_{\text{n}}) \mathrm{d}t + \sum_{i=1}^{m} \int_{t_0}^{at'_{i.\,\text{soc}} + (1-\alpha)t_1} P_{\text{Fi}} \mathrm{d}t = \int_{t_0}^{t_1} P_{\text{D}} \mathrm{d}t$$

$$(t'_{i.\,\text{soc}} < t_1, \alpha = 1 ; t'_{i.\,\text{soc}} \geqslant t_1, \alpha = 0) \tag{7-4}$$

式中　P_{D}——负荷功率；

　　P_{Gmin}——火力发电下限值；

　　P_{C}——联络线功率；

　　P_{n}——新能源入网发电功率；

　　m——蓄电池组数；

　　P_{Fi}——第 i 个蓄电池放电功率；

　　$t'_{i.\,\text{soc}}$——第 i 个电池组的最大放电时间；

　　t_0——积分开始时间；

　　t_1——积分结束时间；

　　α——电池放电状态。

2. 电池放电区与柔性负荷区临界条件

$$\int_{t_0}^{t_1} (P_{\text{Gmin}} + P_{\text{C}} + P_{\text{n}}) \mathrm{d}t = \int_{t_0}^{t_1} P_{\text{D}} \mathrm{d}t \tag{7-5}$$

3. 柔性负荷控制区与电池充电区临界条件

$$\int_{t_0}^{t_1} (P_{\text{Gmin}} + P_{\text{C}} + P_{\text{n}}) \mathrm{d}t = \sum_{r=1}^{n} \int_{t_0}^{\beta t_{r.\,\text{soc}} + (1-\beta)t_1} P_{\text{r}} \mathrm{d}t + \int_{t_0}^{t_1} P_{\text{D}} \mathrm{d}t$$

$$(t_{r.\,\text{soc}} < t_1, \beta = 1 ; t_{r.\,\text{soc}} \geqslant t_1, \beta = 0) \tag{7-6}$$

式中　P_{r}——柔性负荷装置功率；

　　n——柔性负荷组数；

　　$t_{r.\,\text{soc}}$——第 r 个蓄热组的为最大蓄热时间；

　　β——蓄热组的状态。

4. 电池充电区与频率空间区临界条件

$$\int_{t_0}^{t_1} (P_{\text{Gmin}} + P_{\text{C}} + P_{\text{n}}) \mathrm{d}t = \sum_{r=1}^{n} \int_{t_0}^{\beta t_{r.\,\text{soc}} + (1-\beta)t_1} P_{\text{r}} \mathrm{d}t + \sum_{i=1}^{m} \int_{t_0}^{\delta t_{i.\,\text{soc}} + (1-\delta) \cdot t_1} P_{\text{Ci}} \mathrm{d}t + \int_{t_0}^{t_1} P_{\text{D}} \mathrm{d}t$$

$$(t_{r.\,\text{soc}} < t_1, \beta = 1 ; t_{r.\,\text{soc}} \geqslant t_1, \beta = 0 ; t_{i.\,\text{soc}} < t_1, \delta = 1 ; t_{r.\,\text{soc}} \geqslant t_1, \delta = 0) \tag{7-7}$$

式中　δ——电池充电状态；

　　β——柔性负荷状态。

5. 频率空间区与弃新能源区临界条件

$$\int_{t_0}^{t_1}(P_{\text{Gmin}}+P_{\text{C}}+P_{\text{n}})\text{d}t = \sum_{r=1}^{n}\int_{t_0}^{\beta t_{\text{r. soc}}+(1-\beta)t_1}P_r\text{d}t + \sum_{i=1}^{m}\int_{t_0}^{\delta t_{\text{i. soc}}+(1-\delta)t_1}P_{\text{Ci}}\text{d}t + \int_{t_0}^{t_1}(P_{\text{D}}+P_{\text{f}})\text{d}t$$

$$(t_{\text{r. soc}}<t_1,\beta=1;t_{\text{r. soc}}\geq t_1,\beta=0;t_{\text{i. soc}}<t_1,\delta=1;t_{\text{r. soc}}\geq t_1,\delta=0) \qquad (7-8)$$

式中　P_{f}——频率空间所能携带的不平衡功率，若在频率偏移范围内，应按照积分形式进行计算，得出频率空间牺牲所容纳的新能源发电量。

对于积分时间的选取，因利用超短期负荷预测可对 15min 以内的变化进行调度与预测，因此 5～15min 内为宜，时间过短导致调节过于频繁，易造成执行机构磨损严重且调节效率不高。

在负荷变化波动不大时，系统的单位调节功率与频率近似呈现线性关系，而对于不同的负荷程度来说，单位调节功率与负荷呈现近似的二次方关系，具有近似上升的趋势。

对于频率空间而言，理想情况下，电网频率应该稳定在 50Hz，为更好地接纳清洁能源，可以牺牲部分电网频率。根据实际运行情况，确定频率变化所能容纳的不平衡功率。此时控制频率在 50.1Hz。

7.3　面向大容量固体电蓄热的多域新能源消纳系统

多域新能源消纳是针对火电、柔性负荷和电池三种电源和负荷的自动发电控制，系统结构图如图 7-15 所示。首先，基于 D5000 系统采集电网运行状态相关量测，获取电网运行数据，包括基本参数、遥测和遥信数据。其次，选择不同的调控模式，如自动、手动和计划模式，并根据上述电网运行数据计算功率调节需求，结合电网负荷的峰谷情况，确定各类型能源参与区域调节的启动条件和调节策略。最后，建立以火电调节为主、柔性负荷电蓄热为辅的调控机制，对电厂中的各类型能源机组进行调控，这样可在一定程度上降低电网负荷的峰谷差，减少不必要的开停机，实现削峰填谷（或称负荷转移），并最大化消纳清洁能源。

7.3.1　数据采集处理

通过 SCADA 检索所有需要的模拟和状态量测，检查数据的质量标志，质量标志包含坏数据、旧数据、退出服务、人工置数等。检索后的数据放在遥测表对应的记录中。对于重要量测（如频率）可处理多重数据源，当主数据源质量不好时，程序按多源数据在数据库中的排列顺序自动选择次数据源，也可以通过量监视界面人工指定数据源。对于有多重数据源的量测，可选用对数据值的合理性检测，当某数据与其他数据源的值偏差大于门限时，该量测作无效量测处理。

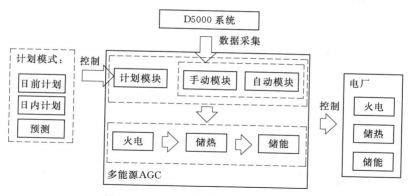

图 7-15 多域新能源消纳系统结构图

区域量测数据见表 7-7。

表 7-7
区 域 量 测 数 据

项目	类别	数 据	说 明
遥测数据	区域	频率	用于计算区域 ACE、进行 CPS 考核等
		ACE	上级调度转发的 ACE
		负荷	
		非常规备用	用于蓄热单元投/退
	联络线	首端有功值	可用于计算走廊交换功率
		末端有功值	可用于计算走廊交换功率
	走廊	首端实际交换功率	可用于计算区域交换功率
		末端实际交换功率	可用于计算区域交换功率
		首端计划交换功率	可用于计算区域计划交换功率
		末端计划交换功率	可用于计算区域计划交换功率

火电及电蓄热量测数据见表 7-8。

表 7-8
火电及电蓄热量测数据

项目	类别	数 据	说 明
参数	机组	装机容量	
		控制上限	
		控制下限	
		最大调节步长	即每次指令与机组出力的最大偏差
		标准上升速率	
		标准下降速率	
	PLC	调节死区	判定指令结束的依据
遥测数据	机组	有功值	
		计划交换功率	
	PLC	指令反馈值	机组反馈的实际接收指令,用于对比指令接收情况

续表

项目	类别	数据	说　明
遥信数据	机组	机组运行信号	判定机组是否开机
		机组成组信号	判定机组是否投入远方控制
	PLC	投 AGC 信号	判定控制器是否投入远方控制
		AGC 允许信号	判定控制器是否具备指令接收条件

储能量测数据见表 7-9。

表 7-9　　　　　　　　　储 能 量 测 数 据

项目	数据	说　明
参数	最大电量	指储能电站最大存储电量值
	最大充电功率	
	最大放电功率	
遥测数据	当前电量	
	计划充放功率	放电功率为正，充电功率为负
遥信数据	投 AGC 信号	判定储能电站是否投入远方控制
	AGC 允许信号	判定储能电站是否具备指令接收条件

采集完数据后需要进行处理。

（1）当发现下列情况之一时，自动作为无效测点处理：

1）电网稳态监控模块带有不良质量标志。

2）量测值超出指定的合理范围。

3）量测值在指定的时间内不发生任何变化。

（2）当发现下列情况之一时，自动作为无效量测处理：

1）所有主备测点都是无效测点。

2）存在多个有效测点，但它们之间的偏差太大。

如果无效量测导致 ACE 无效，区域 AGC 自动暂停；如果机组的重要量测无效，机组 AGC 自动暂停。

7.3.2　系统接口

系统接口包括用户接口、软件接口、硬件接口和通信接口，由于硬件接口通过局域网实现，无需做深入研究，主要研究用户接口、软件接口和通信接口。

1. 用户接口

用户接口包括数据输入接口和数据输出接口。

（1）数据输入接口。即用户可通过界面创建、修改、删除系统重要参数，包括以下方面：

1）全局参数。采样周期、指令周期、考核周期、存历史时刻、清除实时库时刻等。

2）区域参数。频率特性系数、ACE 各区间限值、各类备用需求、各区间比例积分因子、控制策略、控制模式等。

3）电厂参数。所属区域、计划来源等。

4）控制器参数。调节死区、响应测试死区、机组类型、基点模式、调节模式、非常规挡位、所属电厂等。

5）机组参数。容量、调节步长、控制上下限、所属控制器等。

6）走廊参数。首端区域、末端区域、量测来源、计划来源等。

7）储能参数。目标电量、静态充电功率、静态放电功率等。

（2）数据输出接口。自动发电控制为用户提供了大量数据输出接口，可通过界面保存和导出以下数据：

1）用户接口数据输入接口中所列的重要参数。

2）区域全天运行统计、分钟统计、时段统计数据等。

3）机组性能考核、机组投运统计数据等。

4）下发记录、操作记录、报警信息等。

5）界面上展示的各类监视曲线。

2. 软件接口

软件接口包括数据输入接口和数据输出接口。

（1）数据输入接口。从电网运行稳态监控功能模块获取电网的实时运行数据，主要包括以下部分：

1）区域量测。系统频率、时差、上级调度下发的 ACE 等。

2）联络线量测。联络线交换功率等。

3）机组量测。实际出力、机组调节上下限值、机组运行状态、机组 AGC 受控状态、机组升（降）出力闭锁信号等。

4）火电断面量测。控制区域内部重要火电断面的输送功率。

从日前和日内发电计划功能模块获取相关计划数据，主要包括以下部分：

1）电厂发电计划。

2）联络线交换计划。

3）储能充放功率计划。

4）柔性负荷投入计划。

（2）数据输出接口。软件数据接口主要包括以下部分：

1）向电网运行稳态监控功能模块提供机组的 AGC 指令信息。

2）向综合智能告警功能模块提供各种告警信息，如量测数据异常告警、区域控制异常告警、机组控制异常告警等。

3）向运行分析与评价功能模块提供 AGC 运行分析和考核指标等信息，包括 AGC 投运率、A1/A2 或 CPS1/CPS2 性能指标、AGC 调节备用容量、频率和联络线交换功率的合格率等。

3. 通信接口

通信接口只有数据输出，主要包括以下部分：

1）向电网运行稳态监控功能模块提供机组的 AGC 指令信息。

2）向综合智能告警功能模块提供各种告警信息，如量测数据异常告警、区域控制异常告警、机组控制异常告警等。

3）向运行分析与评价功能模块提供 AGC 运行分析和考核指标等信息，包括 AGC 投运率、A1/A2 或 CPS1/CPS2 性能指标、AGC 调节备用容量、频率和联络线交换功率的合格率等。

7.4　新能源消纳全过程监控及验证平台

电蓄热与电网协调调度需要实时校验其控制的正确性和合理性。基于智能电网调度控制系统，研究开发了电蓄热与电网协调调度校验平台，对电网的每项控制进行校验，验证调度策略的合理性。校验平台主要包括数据实时采集、数据分析处理和校验展示界面三个部分。

校验平台的设计需要考虑全网负荷、联络线、火电、水电、风电、电蓄热、电池、核电和光伏发电等，将这些相关的量以曲线的形式展现在同一个界面上，实现各能源与负荷变化的实时监控，从而验证控制的合理性，同时对各个分量进行深入、细化的采集监控。各校验界面如图 7-16～图 7-22 所示。

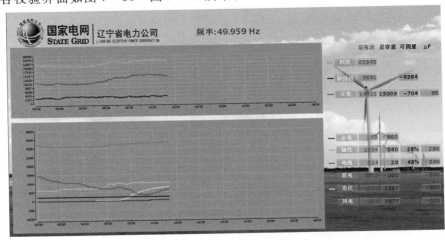

图 7-16　AGC 监控平台界面

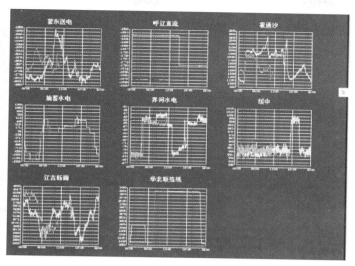

图 7-17 联络线界面

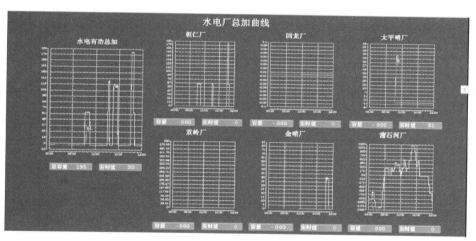

图 7-18 水电校验界面

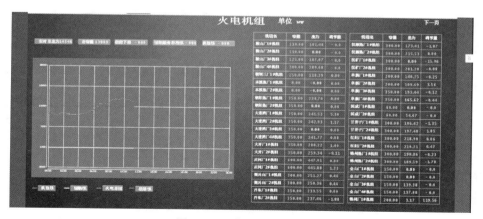

图 7-19 火电校验界面

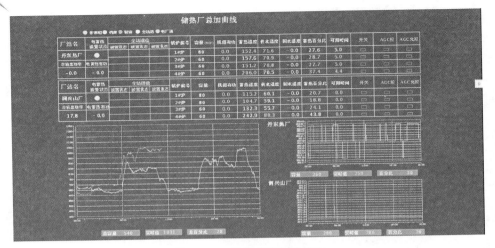

图 7 - 20　柔性负荷校验界面

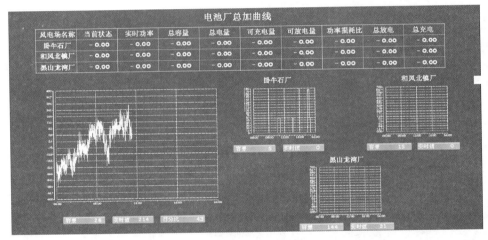

图 7 - 21　电池校验界面

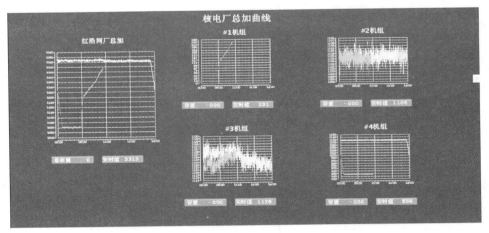

图 7 - 22　核电校验界面

7.5 本章小结

本章主要针对大容量电蓄热与电网协调控制技术有如下创新性工作：

（1）根据电网中各类电源与负荷的运行状态，将电网清洁能源消纳控制分为常规电源控制态、柔性负荷控制态和清洁能源控制态，又将常规电源控制态分为火电调节区和电池放电区，柔性负荷控制态分为柔性负荷控制区和电池充电区，清洁能源控制态分为频率空间区和弃清洁能源区。

（2）单位调节功率表示在计及发电机组和负荷的调节效应时，引起频率单位变化的度和变化量，单位调节功率的大小可以确定在允许的频率偏移范围内系统所能承受的负荷变化量。

（3）为研究频率与负荷的变化规律，主要分为两个部分：第一部分利用电网实际数据确定当负荷波动范围不大时，发电与负荷造成的不平衡功率与频率变化量具有怎样的关系，K 值变化量呈现怎样的变化趋势；第二部分以第一部分为基础，增加第一部分的数据内容，得出在不同负荷程度下，K 值的整体变化趋势。

参 考 文 献

［1］ 舒印彪，张智刚，郭剑波，等．新能源消纳关键因素分析及解决措施研究［J］．中国电机工程学报，2017，37（1）：1－8.

［2］ 谭忠富，鞠立伟．中国风电发展综述：历史、现状、趋势及政策［J］．华北电力大学学报（社会科学版），2013（2）：1－7.

［3］ Makarov Y V, Etingov P V, Ma J, et al. Incorporating uncertainty of wind power generation forecast into power system operation, dispatch, and unit commitment procedures［J］. IEEE Transactions on Sustainable Energy, 2011, 2（4）: 433－442.

［4］ 周欢．新能源电力系统源荷互动关键问题的研究［D］．北京：华北电力大学，2016.

［5］ 赵阅群．面向能源互联网的直接负荷控制模型与仿真研究［D］．北京：华北电力大学，2016.

［6］ Obara S, Morizane Y, Morel J. Study on method of electricity and heat storage planning based on energy demand and tidal flow velocity forecasts for a tidal microgrid［J］. Applied Energy, 2013, 111（11）: 358－373.

［7］ Cardona E, Piacentino A. Optimal design of CHCP plants in the civil sector by thermo economics［J］. Applied Energy, 2007, 84（7）: 729－748.

［8］ Vollaro R D L, Calvesi M, Battista G, et al. Calculation model for optimization design of low impact energy systems for buildings［J］. Energy Procedia, 2014, 48: 1459－1467.

［9］ 尚志娟，周晖，王天华．带有储能装置的风电与水电互补系统的研究［J］．电力系统保护与控制，2012，40（2）：99－105.

［10］ 陈磊，徐飞，王晓，等．储热提升风电消纳能力的实施方式及效果分析［J］．中国电机工程学报，2015，35（17）：4283－4290.

［11］ 廖毅．风光储联合发电系统输出功率特性和控制策略的研究［D］．北京：华北电力大学，2012.

[12]　Villanueva D, Pazos J L, Feijoo A. Probabilistic load flow including wind power generation [J]. IEEE Transactions on Power Systems, 2011, 26 (3): 1659 - 1667.

[13]　林卫星, 文劲宇, 艾小猛, 等. 风电功率波动特性的概率分布研究 [J]. 中国电机工程学报, 2012, 32 (1): 38 - 46.

附　录

附录 A　各地区温度参数

辽宁

城市	大连	鞍山	抚顺	本溪	丹东	锦州	营口	阜新	铁岭	朝阳	葫芦岛
供暖室外计算温度/℃	-9.8	-15.1	-20	-18.1	-12.9	-13.1	-14.1	-15.7	-20	-15.3	-12.6
日平均温度不高于5℃的天数/d	132	143	161	157	145	144	144	159	160	145	145
平均温度不高于5℃期间内的平均温度/℃	-0.7	-3.8	-6.3	-5.1	-2.8	-3.4	-3.6	-4.8	-6.4	-4.7	-3.2
日平均温度不高于8℃的天数/d	152	163	182	175	167	164	164	176	180	167	167
平均温度不高于8℃期间内的平均温度/℃	0.3	-2.5	-4.8	-3.8	-1.7	-2.2	-2.4	3.7	-4.9	-3.2	-1.9

北京、天津、吉林

城市	北京	天津	塘沽	长春	吉林	四平	通话	白山	松原	白城	延边
供暖室外计算温度/℃	-7.6	-7	-6.8	-21.1	-24	-19.7	-21	-21.5	-21.6	-21.7	-18.4
日平均温度不高于5℃的天数/d	123	121	122	169	172	163	170	170	170	172	171
平均温度不高于5℃期间内的平均温度/℃	-0.7	-0.6	-0.4	-7.6	-8.5	-6.6	-6.6	-7.2	-8.4	-8.6	-6.6
日平均温度不高于8℃的天数/d	144	142	143	188	191	184	189	191	190	191	192
平均温度不高于8℃期间内的平均温度/℃	0.3	0.4	0.6	-6.1	-7.1	-5	-5.3	-5.7	-6.9	-7.1	-5.1

黑龙江

城市	哈尔滨	齐齐哈尔	鸡西	鹤岗	伊春	佳木斯	牡丹江	双鸭山	黑河	绥化	漠河	加格达奇
供暖室外计算温度/℃	-24.2	-23.8	-21.5	-22.7	-28.3	-24	-22.4	-23.2	-29.5	-26.7	-37.5	-29.7
日平均温度不高于5℃的天数/d	176	181	179	184	190	180	177	179	197	184	224	208
平均温度不高于5℃期间内的平均温度/℃	-9.4	-9.5	-8.3	-9	-11.8	-9.6	-8.6	-8.9	-12.5	-10.8	-16.1	-12.4
日平均温度不高于8℃的天数/d	195	198	195	206	212	198	194	194	219	206	244	227
平均温度不高于8℃期间内的平均温度/℃	-7.8	-8.1	-7	-7.3	-9.9	-8.1	-7.3	-7.7	-10.6	-8.9	-4.2	-10.8

河北

城市	石家庄	唐山	邢台	保定	张家口	承德	秦皇岛	沧州	廊坊	衡水
供暖室外计算温度/℃	-6.2	-9.2	-5.5	-7	-13.6	-13.3	-9.6	-7.1	-8.3	-7.9
日平均温度不高于5℃的天数/d	111	130	105	119	146	145	135	118	124	122
平均温度不高于5℃期间内的平均温度/℃	0.1	-1.6	0.5	-0.5	-3.9	-4.1	-1.2	-0.5	-1.3	-0.9
日平均温度不高于8℃的天数/d	140	146	129	142	168	166	153	141	143	143
平均温度不高于8℃期间内的平均温度/℃	1.5	-0.7	1.8	0.7	-2.6	-2.9	-0.3	0.7	0.3	0.2

山西	太原	大同	阳泉	运城	晋城	朔州	晋中	沂州	临汾	吕梁
供暖室外计算温度/℃	-10.1	-16.3	-8.3	-4.5	-6.6	-20.8	-11.1	-12.3	-6.6	-12.6
日平均温度不高于5℃的天数/d	141	163	126	101	120	182	144	145	114	143
平均温度不高于5℃期间内的平均温度/℃	-1.7	-4.8	-0.5	0.9	0	-6.9	-2.6	-3.2	-0.2	-3
日平均温度不高于8℃的天数/d	160	183	146	127	143	208	168	168	142	166
平均温度不高于8℃期间内的平均温度/℃	-0.7	-3.5	0.3	2	1	-5.2	-1.3	-1.9	-1.1	-1.7

内蒙古	呼和浩特	包头	赤峰	通辽	鄂尔多斯	满洲里	海拉尔	临河	乌兰察布	兴安盟	二连浩特	锡林郭勒
供暖室外计算温度/℃	-17	-16.6	-16.2	-19	-16.8	-28.6	-31.6	-15.3	-18.9	-20.5	-24.3	-25.2
日平均温度不高于5℃的天数/d	167	164	161	166	168	210	208	157	181	176	181	189
平均温度不高于5℃期间内的平均温度/℃	-5.3	-5.1	-5	-6.7	-4.9	-12.4	-12.7	-4.4	-6.4	-7.8	-9.3	-9.7
日平均温度不高于8℃的天数/d	184	182	179	184	189	229	227	175	206	193	196	209
平均温度不高于8℃期间内的平均温度/℃	-4.1	-3.9	-3.8	-5.4	-3.6	-10.8	-11	-3.3	-4.7	-6.5	-8.1	-8.1

山东	济南	青岛	淄博	烟台	潍坊	临沂	德州	菏泽	日照	威海	济宁	泰安
供暖室外计算温度/℃	-5.3	-5	-7.4	-5.8	-7	-4.7	-6.5	-4.9	-4.4	-5.4	-5.5	-6.7
日平均温度不高于5℃的天数/d	99	108	113	112	118	103	114	105	108	116	104	113
平均温度不高于5℃期间内的平均温度/℃	1.4	1.3	0	0.7	-0.3	1	0	0.9	1.4	1.2	0.6	0
日平均温度不高于8℃的天数/d	122	141	140	140	141	135	141	130	136	141	137	140
平均温度不高于8℃期间内的平均温度/℃	2.1	2.6	1.3	1.9	0.8	2.3	1.3	2.2	2.4	2.1	2.1	1.3

山东	滨州	东营
供暖室外计算温度/℃	-7.6	-6.6
日平均温度不高于5℃的天数/d	120	115
平均温度不高于5℃期间内的平均温度/℃	-0.5	0
日平均温度不高于8℃的天数/d	142	140
平均温度不高于8℃期间内的平均温度/℃	0.6	1.1

续表

新疆

	乌鲁木齐	克拉玛依	吐鲁番	哈密	和田	阿勒泰	喀什	伊宁	库尔勒	奇台	精河	阿克苏
供暖室外计算温度/℃	−19.7	−22.2	−12.6	−15.6	−8.7	−24.5	−10.9	−16.9	−11.1	−24	−22.2	−12.5
日平均温度不高于5℃的天数/d	158	147	118	141	114	176	121	141	127	164	152	124
平均温度不高于5℃期间内的平均温度/℃	−7.1	−8.6	−3.4	−4.7	−1.4	−8.6	−1.9	−3.9	−2.9	−9.5	−7.7	−3.5
日平均温度不高于8℃的天数/d	180	165	136	162	132	190	139	161	150	187	170	137
平均温度不高于8℃期间内的平均温度/℃	−5.4	−7	−2	−3.2	−0.3	−7.5	−0.7	−2.6	−1.4	−7.4	−6.2	−1.8

新疆 / **浙江**

	塔城	乌恰	杭州	温州	金华	衢州	宁波	嘉兴	绍兴	舟山	台州	丽水
供暖室外计算温度/℃	−19.2	−14.1	0	3.4	0.4	0.8	0.5	−0.7	−0.3	1.4	2.1	1.5
日平均温度不高于5℃的天数/d	162	153	40	0	27	9	32	44	40	8	0	0
平均温度不高于5℃期间内的平均温度/℃	−5.4	−3.6	4.2	—	4.8	4.8	4.6	3.9	4.4	4.8	—	—
日平均温度不高于8℃的天数/d	182	182	90	33	68	68	88	99	91	77	43	57
平均温度不高于8℃期间内的平均温度/℃	−4.1	−1.9	5.4	7.5	6	6.2	5.8	5.2	5.6	6.3	6.9	6.8

陕西

	西安	延安	宝鸡	汉中	榆林	安康	铜川	咸阳	商洛
供暖室外计算温度/℃	−3.4	−10.3	−3.4	−0.1	−15.1	0.9	−7.2	−3.6	−3.3
日平均温度不高于5℃的天数/d	100	133	101	72	153	60	128	101	100
平均温度不高于5℃期间内的平均温度/℃	1.5	−1.9	1.6	3	−3.9	3.8	−0.2	1.2	1.9
日平均温度不高于8℃的天数/d	127	159	135	115	171	100	148	133	139
平均温度不高于8℃期间内的平均温度/℃	2.6	−0.5	3	4.3	−2.8	4.9	0.6	2.7	3.3

甘肃	兰州	酒泉	平凉	天水	陇南	张掖	白银	金昌	庆阳	定西	武威	临夏州
供暖室外计算温度/℃	-9	-14.5	-8.8	-5.7	0	-13.7	-10.7	-14.8	-9.6	-11.3	-12.7	-10.6
日平均温度不高于5℃的天数/d	130	157	143	119	64	159	138	175	144	155	155	156
平均温度不高于5℃期间内的平均温度/℃	-1.9	-4	-1.3	0.3	3.7	-4	-2.7	-4.3	-1.5	-2.2	-3.1	-2.2
日平均温度不高于8℃的天数/d	160	183	170	145	102	178	167	199	171	183	174	185
平均温度不高于8℃期间内的平均温度/℃	-0.3	-2.4	0	1.4	4.8	-2.9	-1.1	-3	-0.2	-0.8	-2	-0.8

甘肃	甘南州
供暖室外计算温度/℃	-13.8
日平均温度不高于5℃的天数/d	202
平均温度不高于5℃期间内的平均温度/℃	-3.9
日平均温度不高于8℃的天数/d	250
平均温度不高于8℃期间内的平均温度/℃	-1.8

上海、江苏	徐汇	南京	徐州	南通	连云港	常州	淮安	盐城	扬州	苏州
供暖室外计算温度/℃	-0.3	-1.8	-3.6	-1	-4.2	-1.2	-3.3	-3.1	-2.3	-0.4
日平均温度不高于5℃的天数/d	42	77	97	57	102	56	93	94	87	50
平均温度不高于5℃期间内的平均温度/℃	4.1	3.2	2	3.6	1.4	3.6	2.3	2.2	2.8	3.8
日平均温度不高于8℃的天数/d	93	109	124	110	134	102	130	130	119	96
平均温度不高于8℃期间内的平均温度/℃	5.2	4.2	3	4.7	2.6	4.7	3.7	3.4	4	5

安徽	合肥	芜湖	蚌埠	安庆	六安	亳州	黄山	滁州	阜阳	宿州	巢湖	宣城
供暖室外计算温度/℃	-1.7	-1.3	-2.6	-0.2	-1.8	-3.5	-9.9	-1.8	-2.5	-3.5	-1.2	-1.5
日平均温度不高于5℃的天数/d	64	62	83	48	64	93	148	67	71	93	59	65
平均温度不高于5℃期间内的平均温度/℃	3.4	3.4	2.9	4.1	3.3	2.1	0.3	3.2	2.8	2.2	3.5	3.4
日平均温度不高于8℃的天数/d	103	104	111	92	103	121	177	110	111	121	101	104
平均温度不高于8℃期间内的平均温度/℃	4.3	4.5	3.8	5.3	4.3	3.2	1.4	4.2	3.8	3.3	4.5	4.5

续表

福建	福州	厦门	漳州	三明	南平	龙岩	宁德
供暖室外计算温度/℃	6.3	8.3	8.9	1.3	4.5	6.2	0.7
日平均温度不高于5℃的天数/d	0	0	0	0	0	0	0
平均温度不高于5℃期间内的平均温度/℃	—	—	—	—	—	—	—
日平均温度不高于8℃的天数/d	0	0	0	66	0	0	87
平均温度不高于8℃期间内的平均温度/℃	—	—	—	6.8	—	—	6.5

江西	南昌	景德镇	九江	上饶	赣州	吉安	宜春	抚州	鹰潭
供暖室外计算温度/℃	0.7	1	0.4	1.1	2.7	1.7	1	1.6	1.8
日平均温度不高于5℃的天数/d	26	25	46	8	0	0	9	0	0
平均温度不高于5℃期间内的平均温度/℃	4.7	4.8	4.6	4.9	—	—	4.8	—	—
日平均温度不高于8℃的天数/d	66	68	89	67	12	53	66	54	56
平均温度不高于8℃期间内的平均温度/℃	6.2	6.1	5.5	6.3	7.7	6.7	6.2	6.8	6.6

河南	郑州	开封	洛阳	新乡	安阳	三门峡	南阳	商丘	信阳	许昌	驻马店	周口
供暖室外计算温度/℃	-3.8	-3.9	-3	-3.9	-4.7	-3.8	-2.1	-4	-2.1	-3.2	-2.9	-3.2
日平均温度不高于5℃的天数/d	97	99	92	99	101	99	86	99	64	95	87	91
平均温度不高于5℃期间内的平均温度/℃	1.7	1.7	2.1	1.5	1	1.4	2.6	1.6	3.1	2.2	2.5	2.1
日平均温度不高于8℃的天数/d	125	125	118	124	126	128	116	125	105	122	115	123
平均温度不高于8℃期间内的平均温度/℃	3	2.8	3	2.6	2.2	2.6	3.8	2.8	4.2	3.3	3.5	3.3

湖北	武汉	黄石	宜昌	恩施	荆州	襄樊	荆门	十堰	黄冈	咸宁	随州
供暖室外计算温度/℃	-0.3	0.7	0.9	2	0.3	-1.6	-0.5	-1.5	-0.4	0.3	-1.1
日平均温度不高于5℃的天数/d	50	38	28	13	44	64	54	72	54	37	63
平均温度不高于5℃期间内的平均温度/℃	3.9	4.5	4.7	4.8	4.2	3.1	3.8	2.9	3.7	4.4	3.3
日平均温度不高于8℃的天数/d	98	88	85	90	91	102	95	121	100	87	102
平均温度不高于8℃期间内的平均温度/℃	5.2	5.7	5.9	6	5.4	4.2	4.9	4.1	5	5.6	4.3

续表

湖南	长沙	常德	衡阳	邵阳	岳阳	郴州	张家界	益阳	永州	怀化	娄底	湘西州
供暖室外计算温度/℃	0.3	0.6	1.2	0.8	0.4	1	1	0.6	1	0.8	0.6	1.3
日平均温度不高于5℃的天数/d	48	30	0	11	27	0	30	29	0	29	30	11
平均温度不高于5℃期间内的平均温度/℃	4.3	4.5	—	4.7	4.5	—	4.5	4.5	—	4.7	4.6	4.8
日平均温度不高于8℃的天数/d	88	86	56	67	68	55	88	85	56	69	87	68
平均温度不高于8℃期间内的平均温度/℃	5.5	5.8	6.4	6.1	5.9	6.5	5.8	5.8	6.6	5.9	5.9	6.1

广东	广州	湛江	汕头	韶关	阳江	深圳	江门	茂名	肇庆	惠州	梅州	汕尾
供暖室外计算温度/℃	8	10	9.4	5	9.4	9.2	8	8.5	8.4	8	6.7	10.3
日平均温度不高于5℃的天数/d	0	0	0	0	0	0	0	0	0	0	0	0
平均温度不高于5℃期间内的平均温度/℃	—	—	—	—	—	—	—	—	—	—	—	—
日平均温度不高于8℃的天数/d	0	—	0	0	—	—	—	—	0	—	0	0
平均温度不高于8℃期间内的平均温度/℃	—	—	—	—	—	—	—	—	—	—	—	—

广东	河源	清远	揭阳
供暖室外计算温度/℃	6.9	4	10.3
日平均温度不高于5℃的天数/d	0	0	0
平均温度不高于5℃期间内的平均温度/℃	—	—	—
日平均温度不高于8℃的天数/d	0	—	28
平均温度不高于8℃期间内的平均温度/℃	—	—	7.5

广西	南宁	柳州	桂林	梧州	北海	百色	钦州	玉林	防城港	河池	来宾	贺州
供暖室外计算温度/℃	21.8	20.7	18.9	21.1	8.2	8.8	7.9	7.1	10.5	6.3	5.5	4
日平均温度不高于5℃的天数/d	—	—	0	0	0	0	0	0	0	0	0	0
平均温度不高于5℃期间内的平均温度/℃	0	0	—	—	—	—	—	—	—	—	—	—
日平均温度不高于8℃的天数/d	—	—	0	0	—	—	0	—	0	0	—	—
平均温度不高于8℃期间内的平均温度/℃	—	—	—	—	—	—	—	—	—	—	—	—

续表

广西、海南、重庆、四川

地区	供暖室外计算温度/℃	日平均温度不高于5℃的天数/d	平均温度不高于5℃期间内的平均温度/℃	日平均温度不高于8℃的天数/d	平均温度不高于8℃期间内的平均温度/℃
崇左	9	0	—	0	—
海口	12.6	0	—	0	—
三亚	17.9	0	—	0	—
重庆	4.1	0	—	53	7.2
万州	4.3	0	—	54	7.2
奉节	1.8	12	—	85	6
南充	3.6	0	—	62	6.8
凉山州	4.7	0	—	0	—
遂宁	3.9	0	—	62	6.9
内江	4.1	0	—	50	7.3
乐山	3.9	0	—	53	7.2
泸州	4.5	0	—	33	7.7
绵阳	2.4	0	—	73	6.1
达州	3.5	0	—	56	6.6

四川

地区	供暖室外计算温度/℃	日平均温度不高于5℃的天数/d	平均温度不高于5℃期间内的平均温度/℃	日平均温度不高于8℃的天数/d	平均温度不高于8℃期间内的平均温度/℃
成都	2.7	0	—	69	6.2
广元	2.2	7	4.9	75	6.1
甘孜州	-6.5	145	0.3	187	1.7
宜宾	4.5	0	—	32	7.7
资阳	3.6	0	—	62	6.9

四川

地区	供暖室外计算温度/℃	日平均温度不高于5℃的天数/d	平均温度不高于5℃期间内的平均温度/℃	日平均温度不高于8℃的天数/d	平均温度不高于8℃期间内的平均温度/℃
雅安	2.9	0	—	64	6.6
巴中	3.2	0	—	67	6.2
阿坝州	-4.1	122	1.2	162	2.5

续表

贵州	贵阳	遵义	毕节	安顺	铜仁	兴仁	罗甸	凯里	六盘水
供暖室外计算温度/℃	-0.3	0.3	-1.7	-1.1	1.4	0.6	5.5	-0.4	0.6
日平均温度不高于5℃的天数/d	27	35	67	41	5	0	0	30	0
平均温度不高于5℃期间内的平均温度/℃	4.6	4.4	3.4	4.2	4.9	—	—	4.4	—
日平均温度不高于8℃的天数/d	69	91	112	99	64	65	0	87	66
平均温度不高于8℃期间内的平均温度/℃	6	5.6	4.4	5.7	6.3	6.7	—	5.8	6.9

云南	昆明	保山	昭通	丽江	普洱	红河州	景洪	文山州	曲靖	玉溪	临沧	楚雄
供暖室外计算温度/℃	3.6	6.6	-3.1	3.1	9.7	6.8	13.3	5.6	1.1	5.5	9.2	5.6
日平均温度不高于5℃的天数/d	0	0	73	0	0	0	0	0	0	0	0	0
平均温度不高于5℃期间内的平均温度/℃	—	—	3.1	—	—	—	—	—	—	—	—	—
日平均温度不高于8℃的天数/d	27	6	122	82	0	0	0	0	60	0	0	8
平均温度不高于8℃期间内的平均温度/℃	7.7	7.9	4.1	6.3	—	—	—	—	7.4	—	—	7.9

云南	大理	瑞丽	泸水	香格里拉
供暖室外计算温度/℃	5.2	10.9	6.7	-6.1
日平均温度不高于5℃的天数/d	0	0	0	176
平均温度不高于5℃期间内的平均温度/℃	—	—	—	0.2
日平均温度不高于8℃的天数/d	29	0	0	208
平均温度不高于8℃期间内的平均温度/℃	7.5	—	—	1.1

续表

西藏	拉萨	昌都	那曲	日喀则	林芝	阿里	错那
供暖室外计算温度/℃	-5.2	-5.9	-17.8	-7.3	-2	-19.8	-14.4
日平均温度不高于5℃的天数/d	132	148	254	159	116	238	251
平均温度不高于5℃期间内的平均温度/℃	0.61	0.3	-5.3	-0.3	2	-5.5	-3.7
日平均温度不高于8℃的天数/d	179	185	300	194	172	263	365
平均温度不高于8℃期间内的平均温度/℃	2.17	1.6	-3.4	1	3.4	-4.3	-0.1

青海	西宁	玉树	格尔木	河南	共和	达日	祁连	民和
供暖室外计算温度/℃	-11.4	-11.9	-12.9	-18	-14	-18	-17.2	-10.5
日平均温度不高于5℃的天数/d	165	199	176	243	183	255	213	146
平均温度不高于5℃期间内的平均温度/℃	-2.6	-2.7	-3.8	-4.5	-4.1	-4.9	-5.8	-2.1
日平均温度不高于8℃的天数/d	190	248	203	285	210	302	252	173
平均温度不高于8℃期间内的平均温度/℃	-1.4	-0.8	-2.4	-2.8	-2.7	-2.9	-3.8	-0.8

宁夏	银川	惠农	同心	固原	中卫
供暖室外计算温度/℃	-13.1	-13.6	-12	-13.2	-12.6
日平均温度不高于5℃的天数/d	145	146	143	166	145
平均温度不高于5℃期间内的平均温度/℃	-3.2	-3.7	-2.8	-3.1	-3.1
日平均温度不高于8℃的天数/d	169	169	168	189	170
平均温度不高于8℃期间内的平均温度/℃	-1.8	-2.3	-1.4	-1.9	-1.6

附录 B　水及水蒸气焓值表

表 B-1　水焓值表

温度/℃	10	20	30	40	50	60	70	80	90	100
焓值/(kJ·kg⁻¹)	42.3	84	126	167.7	209.5	251.3	293.2	335.1	377.1	419.2

表 B-2　饱和水蒸气焓表

项目	数值									
压力/MPa	0.1	0.12	0.14	0.16	0.18	0.2	0.25	0.3	0.35	0.4
温度/℃	99.63	104.81	109.32	113.32	116.93	120.23	127.43	133.54	138.88	143.62
焓值/(kJ·kg⁻¹)	2675.7	2683.8	2690.8	2696.8	2702.1	2706.9	2717.2	2725.5	2732.5	2738.5
压力/MPa	0.45	0.5	0.6	0.7	0.8	0.9	1	1.1	1.2	1.3
温度/℃	147.92	151.85	158.84	164.96	170.42	175.36	179.88	184.06	187.96	191.6
焓值/(kJ·kg⁻¹)	2743.8	2748.5	2756.4	2762.9	2768.4	2773	2777	2780.4	2783.4	2786
压力/MPa	1.4	1.5	1.6	1.7	1.8	1.9	2	2.2	2.4	2.6
温度/℃	195.04	198.28	201.37	204.3	207.1	209.79	212.37	217.24	221.78	226.03
焓值/(kJ·kg⁻¹)	2788.4	2790.4	2792.2	2793.8	2795.1	2796.4	2797.4	2799.1	2800.4	2801.2
压力/MPa	2.8	3	3.5	4	5	6	7	8	9	10
温度/℃	230.04	233.84	242.54	250.33	263.92	275.56	285.8	294.98	303.31	310.96
焓值/(kJ·kg⁻¹)	2801.7	2801.9	2801.3	2799.4	2792.8	2783.3	2771.4	2757.5	2741.8	2724.4
压力/MPa	11	12	13	14	15	16	17	18	19	20
温度/℃	318.04	324.64	330.81	336.63	342.12	347.32	352.26	356.96	361.44	365.71
焓值/(kJ·kg⁻¹)	2705.4	2684.8	2662.4	2638.3	2611.6	2582.7	2550.8	2514.4	2470.1	2413.9
压力/MPa	21	22								
温度/℃	369.79	373.68								
焓值/(kJ·kg⁻¹)	2340.2	2192.5								

附录 C 设 备 选 型 表

序号	规格型号	型号	蓄热量/(kW·h)	加热功率/kW	额定电流/kA	长/mm	宽/mm	高/mm	重量/t	换热器类型	额定换热功率/kW	循环风机功率/kW	进出水口直径	循环泵功率/kW	补水泵功率/kW
						400 V 固体蓄热设备									
1	GXR-50A	A	260	50	72	2450	1370	2110	2.7	卧式	50	0.75	DN25	0.33	0.2
2	GXR-100B	B	320	100	144	2450	1620	2700	4.5		80	1.1	DN40	0.6	0.55
3	GXR-150C	C	640	150	216	3650	1620	2700	7.8		150	1.5	DN50	1.5	0.75
4	GXR-200D	D	1200	200	288	3650	2125	2830	9.6		150	1.5	DN50	1.5	0.75
5	GXR-320G	G	2000	320	461	5480	2210	2910	18.3		250	3	DN65	5.5	0.75
6	GXR-480H	H	2400	480	692	5480	2460	2910	22		250	3	DN65	5.5	0.75
7	GXR-480I	I	2900	480	692	5980	2460	2910	26		400	5.5	DN80	5.5	0.75
8	GXR-640J	J	3400	640	923	6480	2460	2910	31	立式	400	5.5	DN80	7.5	1.1
9	GXR-800K	K	3900	800	1154	5980	2960	2910	34		600	7.5	DN100	7.5	1.1
10	GXR-960L	L	4400	960	1385	5980	3210	2910	39		600	7.5	DN100	11	1.5
11	GXR-960M	M	4900	960	1385	6030	3210	3360	43		800	11	DN125	11	1.5
12	GXR-1120N	N	5400	1120	1616	6280	3210	3360	47		800	11	DN125	11	1.5
13	GXR-1120P	P	5900	1120	1616	6730	3210	3360	51		800	11	DN125	15	2.2
14	GXR-1280Q	Q	6200	1280	1847	6480	3210	3735	55		1000	15	DN125	15	2.2
15	GXR-1440R	R	6800	1440	2078	6730	3210	3735	59		1000	15	DN150	15	2.2
16	GXR-1440S	S	7400	1440	2078	6980	3210	3735	63		1000	15	DN150	15	2.2
17	GXR-1600T	T	7900	1600	2309	7530	3210	3735	68		1500	22	DN150	15	2.2
18	GXR-1760U	U	8500	1760	2540	7950	3210	3735	72		1500	22	DN150	22	3
19	GXR-1920V	V	9600	1920	2771	8450	3210	3735	82		1800	30	DN150	22	3
20	GXR-1920W	W	10200	1920	2771	8700	3210	3735	86		1800	30	DN150	30	5.5
21	GXR-1920X	X	10800	1920	2771	8950	3210	3735	91		1800	30	DN150	30	5.5

续表

10kV固体蓄热设备

序号	规格型号	型号	蓄热量/(kW·h)	加热功率/kW	额定电流/kA	长/mm	宽/mm	高/mm	重量/t	换热器类型	额定换热功率/kW	循环风机功率/kW	进出水口直径	循环泵功率/kW	补水泵功率/kW
1	GXR-2000GA	GA	10600	2000	115	7380	4100	4260	92	立式	1800	30	DN150	30	5.5
2	GXR-2500GB	GB	13300	2500	144	7380	4850	4260	114		1800	30	DN150	30	5.5
3	GXR-3200GC	GC	15900	3200	184	7380	5600	4260	137		2400	30	DN200	30	5.5
4	GXR-4000GD	GD	20800	4000	230	8380	5600	4260	178		3000	45	DN200	45	7.5
5	GXR-5000GE	GE	25700	5000	288	9380	5600	4260	220		4500	75	DN250	75	11
6	GXR-6000GF	GF	30600	6000	346	10380	5600	4260	261		5400	90	DN250	90	11
7	GXR-7000GG	GG	35500	7000	404	11380	5600	4260	303		5400	90	DN250	90	11
8	GXR-8000GH	GH	40400	8000	461	12380	5600	4260	344		7500	120	DN300	120	15
9	GXR-8000GI	GI	45300	8000	461	13380	5600	4260	386		7500	120	DN300	120	15

注：地面静载荷不小于5t/m²，N台设备并列排布安装时，总宽度＝单台宽度×N−(N−1)×200，长度和高度不变。

附录 D　居民供暖面积测算

序号	规格型号（400V）	蓄热量/(kW·h)	加热功率/kW	居民最大供暖面积测算/m²				
				新疆	山东	京津冀地区	内蒙古	辽宁
1	GXR-50A	260	50	500	700	750	540	540
2	GXR-100B	500	100	950	1300	1500	1000	1000
3	GXR-150C	850	150	1650	2300	2500	1750	1750
4	GXR-200D	1200	200	2300	3200	3500	2500	2500
5	GXR-320G	2000	320	4000	5400	6200	4000	4000
6	GXR-480H	2400	480	4600	6400	7200	5000	5000
7	GXR-480I	2900	480	5600	7800	8600	6000	6000
8	GXR-640J	3400	640	6600	9000	10000	7000	7000
9	GXR-800K	3900	800	7500	10400	11500	8000	8000
10	GXR-960L	4400	960	8500	11800	13000	9000	9000

续表

序号	规格型号（400V）	蓄热量/(kW·h)	加热功率/kW	居民最大供暖面积测算/m²				
				新疆	山东	京津冀地区	内蒙古	辽宁
11	GXR-960M	4900	960	9500	13000	14500	10100	10100
12	GXR-1120N	5400	1120	10500	14400	16000	11200	11200
13	GXR-1120P	5900	1120	11500	15800	17400	12300	12300
14	GXR-1280Q	6200	1280	12000	16500	18400	13000	13000
15	GXR-1440R	6800	1440	13200	18000	20000	14200	14200
16	GXR-1440S	7400	1440	14200	19600	21800	15400	15400
17	GXR-1600T	7900	1600	15300	21000	23500	16500	16500
18	GXR-1760U	8500	1760	16400	22500	25000	17700	17700
19	GXR-1920V	9600	1920	18600	25500	28500	20000	20000
20	GXR-1920W	10200	1920	20000	27200	30200	21200	21200
21	GXR-1920X	10800	1920	21000	28800	32000	22500	22500
22	GXR-1000GJ	5400	1000	10500	14400	16000	11200	11200
23	GXR-1250GK	6200	1250	12000	16500	18500	13000	13000
24	GXR-1500GL	7900	1500	15200	21000	23000	16400	16400
25	GXR-1750GM	8500	1750	16600	22500	25000	17700	17700
26	GXR-2000GA	10600	2000	20600	28500	31500	22000	22000
27	GXR-2500GB	13300	2500	25000	35500	39500	28000	28000
28	GXR-3000GC	15900	3000	31000	42500	47000	33200	33200
29	GXR-4000GD	20800	4000	40500	55500	61000	43200	43200
30	GXR-5000GE	25700	5000	49800	68500	76000	53600	53600
31	GXR-6000GF	30600	6000	59500	81500	90500	64000	64000
32	GXR-7000GG	35500	7000	69000	93500	100500	74000	74000
33	GXR-8000GH	40400	8000	79200	107500	120000	84500	84500
34	GXR-8000GI	45300	8000	87600	120000	134000	94500	94500

注：居民供暖面积测算，按照省会城市温度，居民建筑，95%含电利用效率折算。

附录 E　换热风机参数型号

表 E-1　　　　　　　　　　　　9-19 型高压风机

机号	功率/kW	转速/(r·min⁻¹)	流量/(m³·h⁻¹)	全压/Pa
3.5A	1.5	2900	552~847	2745~2744
4A	2.2	2900	824~1246	3584~3597
	3	2900	1410~1704	3507~3253
4.5A	4	2900	1174~2062	4603~4447
	5.5	2900	2281~2504	4297~4112
5A	7.5	2900	1610~2844	5697~5517
	11	2900	3166~3488	5323~5080
5.6A	11	2900	2262~3619	7182~7109
	18.5	2900	3996~4901	6954~6400
6.3A	18.5	2900	3220~5153	9149~9055
	30	2900	5690~6978	8857~8148
7.1D	37	2900	4610~7376	11717~11596
	55	2900	8144~9988	11340~10426
8D	75	2900	6594~11649	15034~14546
	110	2900	12968~14287	14021~13362
	7.5	1450	3297~4616	3620~3647
	15	1450	5275~7144	3584~3231
9D	15	1450	4695~7511	4597~4551
	22	1450	8294~10171	4453~4101
10D	30	1450	6440~12450	5840~5495
	37	1450	13952~15455	5244~4958
11.2D	45	1450	9047~15380	7364~7236
	75	1450	17491~21713	6927~6246
	15	960	5990~11580	3182~2996
	22	960	12978~14375	2860~2705
12.5D	75	1450	12577~18447	9229~9310
	110	1450	8327~19985	9068~7822

注：1. 9-19 型高压风机一般用于锻冶炉、玻璃、电镀等行业高压强制通风。
　　2. 输送的介质为空气和其他不自然、对人体无害、无腐蚀性气体。
　　3. A 式传动气体温度不高于 80℃，D 式传动气体温度不高于 250℃。机壳、风叶、传动主轴采用不锈钢材质不高于 400℃。

表 E-2　　　　　　　　　　　　Y9-38 型锅炉引风机

机号	功率/kW	转速/(r·min⁻¹)	风量/(m³·h⁻¹)	风压/Pa
4D	5.5	2900	3297~4396	2275~2334
	7.5	2900	4945~5495	2294~2226

机号	功率/kW	转速/(r·min⁻¹)	风量/(m³·h⁻¹)	风压/Pa
4.5D	11	2900	4694～7824	2873～2814
5D	15	2900	6439～7513	3550～3648
	18.5	2900	8586～10733	3658～3481
5.6D	30	2900	9047～12063	4452～4579
	37	2900	13571～15079	4551～4364
6.3D	5.5	1450	6441～7514	1402～1441
	7.5	1450	8588～10735	1451～1372
	45	2900	12882～15029	5639～5786
	55	2900	17176～19323	5805～5707
	75	2900	21470	5521
7.1D	11	1450	9219～12293	1784～1873
	15	1450	13829～16902	1863～1794
	18.5	1450	18439	1735
8D	22	1450	13189～19783	2275～2363
	30	1450	21982～26378	2334～2206
9D	37	1450	18778～25038	2873～3010
	55	1450	28168～37557	2991～2785
10D	55	1450	25760～30053	3550～3687
	75	1450	34346～42933	3716～3648
	90	1450	47226～51519	3569～3442

注：1. Y9-38 型锅炉引风机具有效率高、噪声低、性能高效区宽广等优点，但最高进气温度不得超过 250℃。

　　2. 在引风机前必须加装除尘效率不低于 85% 的除尘装置，以降低进入风机的烟气含量。

表 E-3　　　　　　　　　　**GG 系列通风机及 GY 系列引风机**

机号	功率/kW	转速/(r·min⁻¹)	风量/(m³·h⁻¹)	全压/Pa
GG0.5-15	1.5	2900	11495～668	1758～2156
GG1-15	4	1450	2400～3500	1834～1579
GG2-15	5.5	2900	2600～4200	3138～2550
GG4-15	11	2900	7200～9700	3314～2951
	15	2900	12000	2844
GG6-15	11	1450	7000～10000	3099～2824
	15	1450	11000～12000	2745～2647
GG10-15	22	1450	14645～20795	2999～2734
GG15-15	37	1450	21362～25435	3812～3704
	45	1450	26878～27964	3675～3655
GG20-15	55	1450	35000～62000	3138～2300

机号	功率/kW	转速/(r·min⁻¹)	风量/(m³·h⁻¹)	全压/Pa
GG35 – 15	90	1450	48000～67000	3812～3577
	110	1450	71950～86300	3400～3989
GY0.5 – 15	5.5	2500	2080～3065	3097～2842
GY1 – 15	7.5	2000	3800～3065	2942～2373
GY2 – 15	11	1450	5200～8500	3668～3020
GY4 – 15	22	1450	11500～14000	3805～3628
	30	1450	15000～16000	3579～3510
GY6 – 15	37	1450	15756～19320	4106～4057
GY10 – 15	55	1450	26321～32138	3714～3802
	75	1450	33458～36746	3900～3812
GY15 – 15	55	1450	37754～46543	2450～1960
GY20 – 15	110	1450	62888～92540	3695～2811
GY35 – 15	132	1450	74000～95000	3677～3432

注：GG系列通风机及GY系列引风机为0.5～20t/h工业锅炉配套的专用通引风机。

附录 F　常用保温材料热物理性能计算参数

序号	材料名称	耐火等级		导热系数/(W·m⁻¹·K⁻¹)	工作温度/℃	密度/(kg·m⁻³)	适用范围
1	岩棉	A	不燃	0.026～0.035	−260～700	≤150	工业锅炉、设备管道、建筑内保温
2	矿渣棉	A	不燃	0.041～0.055	≤650	60～100	管道的隔热、保温
3	复合硅酸盐保温材料	A	不燃	0.028～0.045	−40～700	30～80	化工、电业罐体、管道的保温隔热
4	普通硅酸铝棉	A	不燃	0.03～0.045	<1000	80～140	窑炉、化工业、建筑业防火
5	玻璃棉板	A	不燃	0.03～0.04	−120～400	24～96	室内保温材料
6	离心玻璃棉管	A	不燃	0.032～0.035	−4～454	100～400	管道保温
7	泡沫石棉板材	A	不燃	0.033～0.044	≤600	20～40	化工、电力系统管道、设备、窑炉的保温
8	硅酸镁管壳	A	不燃	≤0.042	−40～800	190～210	适用于管道设备保温
	硅酸镁板材				−20～800		适用于蒸汽管道
9	无机墙体保温砂浆	A	不燃	≥0.04	≤600	280	外墙抹灰，代替砂浆及保温材料
10	彩钢夹芯板（岩棉）	A	不燃	0.026～0.035	−260～700	≤150	钢结构厂房外墙保温
11	橡塑海绵（一类）	B1	难燃	≤0.038	≤110	65～85	空调、风机

序号	材料名称	耐火等级		导热系数 /(W·m⁻¹·K⁻¹)	工作温度 /℃	密度 /(kg·m⁻³)	适用范围
12	聚酯胺发 泡板材	B1	难燃	≤0.025	≤120	≥30	建筑外墙保温
13	酚醛保温板	B1	难燃	0.022～0.029	≤1500	45～75	建筑外墙保温
14	阻燃挤塑板	—	阻燃	≤0.032	离火自熄	850	建筑外墙保温

注：1. 导热系数越小越好。

　　2. 无机墙体保温砂浆：新型保温材料，耐火等级 A 级，保温效果接近挤塑板。保温系数达到 40％以上，可以替代砂浆和保温材料。

附录 G 商品电热合金线材计算用数据表

电热合金牌号	表号	电阻率/(μΩ·m)	密度/(g·cm⁻³)	线材直径/mm
中国商品电热合金线材				
Cr20Ni80	A17，A16	1.08，1.09	8.30	0.05～8.00
Cr30Ni70	A12	1.19	8.10	0.05～8.00
Cr15Ni60	A15	1.11	8.20	0.05～8.00
Cr20Ni35	A18	1.04	7.90	0.05～8.00
Cr20Ni30	A18	1.04	7.90	0.05～8.00
1Cr13Al4	A10	1.25	7.40	0.05～8.00
0Cr19Al3	A11	1.23	7.35	0.05～8.00
0Cr20Al3	A11	1.23	7.35	0.05～8.00
0Cr19Al5	A9	1.33	7.20	0.05～8.00
0Cr23Al5	A8	1.35	7.25	0.05～8.00
0Cr25Al5A	A5	1.40	7.15	0.05～8.00
0Cr25Al5	A4	1.42	7.10	0.05～8.00
0Cr21Al6	A4	1.42	7.15	0.05～8.00
0Cr21Al6Nb	A13	1.43	7.10	1.00～9.00
0Cr21Al6R（HRE）	A3	1.45	7.10	1.00～10.00
0Cr27Al7Mo2	A2	1.53	7.10	1.00～10.00
日本理研株式会社线材				
PX－NI（Cr20Ni80）	A17	1.08	8.40	0.05～8.00
PX－N2（Cr15Ni60）	A14	1.12	8.25	0.05～8.00
PX－C（Cr26Al7.5）	A1	1.60	7.00	0.05～8.00
PX·PM－D（Cr23Al6）	A3	1.45	7.10	1.00～10.00
PX－DS（Cr23Al6）	A3	1.45	7.10	0.05～10.00
PX－D（Cr23Al5.5）	A5	1.40	7.20	0.05～10.00
PX－D1（Cr25Al5）	A4	1.42	7.20	0.05～8.00
PX－D2（Cr19Al4）	A11	1.23	7.35	0.05～8.00

续表

电热合金牌号	表号	电阻率/($\mu\Omega \cdot m$)	密度/($g \cdot cm^{-3}$)	线材直径/mm
日本 TKK 合金工业公司线材				
TKK－A（Cr20Ni80）	A17	1.08	8.40	0.05～12.00
TKK－B（Cr15Ni60）	A14	1.12	8.25	0.05～12.00
TKK－C（Cr25Al5）	A4	1.42	7.20	0.05～12.00
TKK－D（Cr19Al4）	A11	1.23	7.35	0.05～12.00
瑞典 Kanthal 公司线材				
Kanthal APM（Cr22Al5.8）	A3	1.45	7.10	1.00～8.00
Kanthal A，AF（Cr22Al5.3）	A6	1.39	7.15	0.05～12.00
Kanthal D（Cr22Al5）	A8	1.35	7.25	0.02～8.00
Kanthal LT（Cr19Al3）	A11	1.23	7.35	0.10～6.00
Alkrothal 14（Cr 15A14）	A10	1.25	7.30	1.00～6.50
Nikrothal 80（Cr20Ni80）	A16	1.09	8.30	0.02～6.50
Nikrothal 60（Cr15Ni60）	A15	1.11	8.20	0.05～6.00
Nikrothal 40（Cr2CNi35）	A18	1.04	7.90	0.10～6.00
其他线材				
CrAl20 5（Cr20Al5）	A7	1.37	7.2	0.05～6.50
CrNi25 20（Cr25Ni20）	A20	0.95	7.80	0.10～6.50
NCH－3（Cr20Ni35）	A19	1.01	7.90	—